GENERAL
EDUCATION

高等学校通识教育系列教材

Visual Foxpro
程序设计基础

彭相华　余波　编著

清华大学出版社

北 京

内 容 简 介

本书以非计算机专业计算机基础课的教学要求为基础,从实用的角度出发,结合编者多年的教学实践和编程经验,以"学生成绩管理系统"的设计作为实例,由浅入深、循序渐进地介绍了数据库的基础知识、数据库的基本操作、查询与视图、结构化查询语言 SQL、结构化程序设计、Visual FoxPro 面向对象程序设计、报表设计和菜单及工具栏设计等内容。全书各章配有精心设计的实验和习题,方便学生上机操作和巩固练习,实验部分安排了"公司员工管理系统"开发范例,并贯穿全书,便于学生系统地进行课程实验,有利于提高操作技能。

本书内容安排合理,符合教学现状,适合作为高等院校教材,也可供自学 Visual FoxPro 的有关技术人员参考。由于在编写时参考了新的《全国计算机等级考试二级考试大纲(Visual FoxPro 程序设计)》,二级考试考点穿插在整个教材中,并对相关考点内容进行了标注,所以也适合参加全国计算机等级考试的读者参考。

本书封面贴有清华大学出版社防伪标签,无标签者不得销售。

版权所有,侵权必究。侵权举报电话: 010-62782989 13701121933

图书在版编目(CIP)数据

Visual FoxPro 程序设计基础/彭相华,余波编著. —北京:清华大学出版社,2017
(高等学校通识教育系列教材)
ISBN 978-7-302-46459-4

Ⅰ. ①V… Ⅱ. ①彭… ②余… Ⅲ. ①关系数据库系统—程序设计—教材 Ⅳ. ①TP311.138

中国版本图书馆 CIP 数据核字(2017)第 024675 号

责任编辑:刘向威 薛 阳
封面设计:文 静
责任校对:胡伟民
责任印制:宋 林

出版发行:清华大学出版社
   网   址:http://www.tup.com.cn, http://www.wqbook.com
   地   址:北京清华大学学研大厦 A 座   邮 编:100084
   社 总 机:010-62770175   邮 购:010-62786544
   投稿与读者服务:010-62776969, c-service@tup.tsinghua.edu.cn
   质 量 反 馈:010-62772015, zhiliang@tup.tsinghua.edu.cn
   课 件 下 载:http://www.tup.com.cn, 010-62795954
印 装 者:清华大学印刷厂
经 销:全国新华书店
开 本:185mm×260mm   印 张:22.5   字 数:565 千字
版 次:2017 年 3 月第 1 版   印 次:2017 年 3 月第 1 次印刷
印 数:1~2000
定 价:45.00 元

产品编号:073570-01

前　言

随着计算机的日益普及,数据库技术已被广泛地应用于各个领域,学习和掌握数据库技术已成为广大计算机使用者的普遍要求。Visual FoxPro 6.0 是在微机上最流行的新一代小型数据库管理系统。它以强大的功能,完善、丰富的工具,可靠、高效的管理方式,友好的界面,简单易学、便于开发为主要特点,深受许多小型数据库应用系统开发者的喜爱。同时全国计算机等级考试采用的也是经典 Visual FoxPro 6.0 版本。在小型数据库管理信息系统应用领域,Visual FoxPro 拥有广阔的市场空间。一方面,Visual FoxPro 6.0 提供了丰富的菜单和命令,用户可交互式地完成组织数据、定义数据库规则和建立应用程序等工作;另一方面,Visual FoxPro 6.0 还提供了一个集成化的系统开发环境,它不仅支持面向过程的程序设计,而且支持面向对象的编程技术,加上其功能强大的可视化编程方式,使之成为实用数据库应用系统开发的理想工具。

本书较系统地介绍了 Visual FoxPro 6.0 的基本知识,并通过设计“学生成绩管理系统”介绍数据库管理、SQL 查询语言、结构化程序设计和面向对象程序设计的概念和方法,理论联系实际,叙述详尽,概念清晰,做到理论知识、操作技能和学习方法并重。本书的课后实验和习题皆以“员工管理”数据库为操作实体,易于读者理解和接受。

本书在编写的过程中充分考虑了当代学生的特点和当前教学的需要及现状,例如第 1章首先提出了为什么要学 Visual FoxPro 数据库应用基础,然后提出学什么,再介绍怎么学习 Visual FoxPro,最后介绍 Visual FoxPro 的操作界面,使学生首先对数据库基础的作用和内容有整体的概念,产生学习欲望,以提高其学习主动性,便于更好地理解 Visual FoxPro的相关知识,这对于未接触过数据库原理的读者来说是很有必要的,一般 Visual FoxPro 图书是不介绍这部分内容的;另外,本书通过一个完整案例开发,介绍教材的各个部分,目的是为了训练学生综合运用知识的能力和培养实战技能,让学生明白各个章节的主要作用,学生可以据此举一反三,设计出其他方面的数据库应用系统。每章后面均配有上机实验和习题,方便学生上机练习和教师教学时使用,本书所选例题和习题是编者在多年教学实践中精选出来的,已经过数届学生的使用和实践,效果较好。

全书内容体现了高等学校 Visual FoxPro 课程教学的大纲要求,同时还充分考虑了新的《全国计算机等级考试二级考试大纲(Visual FoxPro 程序设计)》的要求。本书可作为高等院校教学用书和参加“全国计算机等级考试二级考试(Visual FoxPro)”考生的参考书,也可供各类计算机培训班和个人自学使用。

本书主要由彭相华、余波编著,计算机与电信教研室的全体同仁参与了本书的编写工作,并提出了指导性意见,在成书过程中得到了中南林业科技大学涉外学院院领导、教务部和理工系等单位的大力支持,在此一并表示感谢。

　　为了便于读者学习,本书还免费提供电子教案 CAI 课件和相关应用系统。作者联系电话:0731-89814002,E-mail:pxh20000@163.com。

　　由于作者水平有限,书中难免存在缺点和不妥之处,敬请读者批评指正。

作　者

2016 年 11 月

目 录

第 1 章　　　　　初识 Visual FoxPro

数据库技术是 20 世纪 60 年代中期兴起的一种数据管理技术,其应用范围已经由早期的科学计算渗透到办公自动化系统、信息管理系统、市场营销、情报检索、金融市场、过程控制和计算机辅助设计等领域。经过近 50 年的发展,它不仅成为计算机软件学科的一个重要分支,而且与我们的生活息息相关。

本章就大家最关心的问题进行简单的阐述,为什么要学习 Visual FoxPro,Visual FoxPro 是什么,怎样学习 Visual FoxPro,Visual FoxPro 的基本工作环境等,让同学们整体认识 Visual FoxPro,有一个良好的心态,为后续章节的学习做好充分的准备。

1.1　为什么要学习 Visual FoxPro

每年的第一学期我们开设 Visual FoxPro 数据库应用基础这门课程时,总有同学来问我:"老师,为什么要让我们学习 Visual FoxPro 啊?"有些是正在边学习边兼职工作的学生,在工作中,他们可能天天与数据打交道,Microsoft Excel 用起来得心应手,觉得没有必要再学什么数据库管理技术。也有些学生觉得自己能操作计算机就行,Visual FoxPro 数据库设计与自己所学专业不相关,不值得学习。还有些学生道听途说,Visual FoxPro 已经过时了,不用再学它。当然,也有部分同学觉得这门课程抽象,程序设计有难度,不好学,有一定的畏惧心理。我的学生很多,问问题的也就很多。如果不很好地回答这个问题,学生的学习热情就不会高,学习的效果也就不会好。

其实,对这个问题的回答是非常简单的,只要你今后的生活和工作不与数据打交道,你完全没有必要学习 Visual FoxPro 数据库设计。我们的生活和工作到底能不能离开数据?我们不妨先来了解一下数据与信息这两个基本概念。

数据(Data)是指存储在某一种媒体上、能够识别的物理符号。数据的概念包括两个方面,即数据内容和数据形式。数据内容是指所描述的客观事物的具体特性;数据形式则是指数据内容存储在媒体上的具体表现形式。目前数据主要有数字、文字、声音、图形和图像等形式。

信息(Information)是指数据经过加工处理后所获取的有用内容。信息是以某种数据形式来表现的。数据和信息是两个相互联系但又相互区别的概念;数据是信息的具体表现形式,信息是数据有意义的表现。

我们将数据转换为信息的过程称为数据处理(Data Processing),也叫信息处理(Information Processing)。数据处理的内容主要包括数据的收集、整理、存储、加工、分类、维护、排序、检索和传输等一系列活动的总和。数据处理的目的是从大量的数据中,根据数据自身的规律及其相互联系,通过分析、归纳、推理等科学方法,利用计算机、数据库等技术手段,提取有效的信息资源,为进一步分析、管理、决策提供依据。

例如,学校要评国家奖学金,每个班一个名额,以学生各门成绩为原始数据,经过计算得出平均成绩、总成绩和绩点成绩等信息,最后综合排名,排名第一获取这个名额,这个计算处理的过程就是数据处理。还有如某同学想获取国家奖学金名额,在一年前,他可能通过分析班级的成绩信息和自身的相关特征,得出一些竞争对手信息和自身信息,根据自己的特点和对手的特征,可以产生决策,制订一份完整的学习计划,通过努力,争取到这个名额,这个过程也就是一个信息处理过程。

事实上,信息化已经是当今世界经济和社会发展的大趋势,信息化水平已经成为衡量一个国家和地区现代化水平的重要标志。目前,无论是事业单位还是企业单位,信息化成为解决生产和管理中突出问题的有效措施。信息化中关键的问题就是对信息资源的开发和利用,所谓的信息资源,归根结底就是各类相关的"信息"——本质上就是数据。因此,在信息时代的今天,你能否离得开数据,答案可想而知了,肯定是不能的。

在这个信息时代,计算机成为了处理数据的主要工具,数据的形式和处理的过程也有了很大的变化。在计算机处理数据的过程中,计算机使用外存储器来存储数据,通过计算机软件来管理数据,通过应用程序来对数据进行加工处理。

随着信息时代的发展,数据库的应用领域进一步扩展。例如,信息数据库在会计管理工作中的应用,在建立现代管理体制的基础上,充分利用现代科学技术,对各项会计管理工作的处理、传递,实现数据化、信息化、高速化,从而提高财政部门在会计管理工作中的效率。同样,在我接触过的银行用户中,绝大部分都在使用数据库产品,当然还有一大批证券公司也在使用。由此可见,越来越多的领域开始选择数据库,数据库技术与其他专业也是息息相关的,甚至数据库技术与很多专业已经融为一体。

Visual FoxPro 是否已经过时,不值得学习?对于这个问题,我们只能说从听到了 Visual FoxPro 过时的声音开始,这一听就是十多年,到今天 Visual FoxPro 的版本已经发生了多次变化,近年来,Visual FoxPro 7.0、Visual FoxPro 8.0 和 Visual FoxPro 9.0 也相继推出,这些版本都不断增强了软件的网络功能和兼容性。而 Visual FoxPro 6.0 是目前流行的小型数据库管理系统中性能最好、功能最强的优秀软件之一,而且 Visual FoxPro 6.0 在不同领域得到广泛的应用。我们选择 Visual FoxPro 6.0 来学习数据库应用技术和提高学生信息处理能力是非常必要的,同时全国计算机等级考试采用的也是经典 Visual FoxPro 6.0 版本,这也坚定了我们选择 Visual FoxPro 6.0 来讲述数据库应用技术的信心。

没有吃过梨子的人不知道梨子的滋味,没有使用过数据库管理应用系统的人,也很难理解数据库管理的奥妙。那就让我们来尝尝这"梨子"的滋味吧,通过学习 Visual FoxPro 6.0 来掌握什么是数据库管理,什么是数据库管理应用系统,来提升自身的信息素质和提取信息的能力。

1.2　Visual FoxPro 是什么

Visual FoxPro 是为数据库结构和应用程序开发而设计的功能强大的面向对象的环境。无论是组织信息、运行查询、创建集成的关系型数据库系统,还是为最终用户编写功能全面的数据管理应用程序,Visual FoxPro 都可以提供管理数据所需的工具,并在应用程序或数据库开发的任何一个领域中提供帮助。

Visual FoxPro 是一种关系数据库管理系统。同时 Visual FoxPro 也是一种在 Windows 环境下面向对象的可视化编程的计算机高级语言。

1.2.1 数据库的出现

数据处理的中心问题是数据管理。计算机对数据的管理是指对数据的组织、分类、编码、存储、检索和维护提供操作手段。伴随着计算机硬件、软件技术和计算机应用范围的发展，计算机在数据管理方面也经历了由低级到高级的发展过程，其发展过程大致经历了人工管理、文件管理和数据库管理等几个阶段。人工管理阶段，数据处理都是通过人工管理来进行的，应用程序和数据之间结合相当紧密，每次处理一批数据，都要特地为这批数据编写相应的应用程序，工作量相当大，存在着大量重复数据(数据冗余)，数据与程序不具有独立性。文件管理阶段，计算机开始大量地用于管理中的数据处理工作。科学家编写专门管理数据的软件，按一定规则将数据组织成一个文件，用户可以通过文件名来访问文件，而不必过多考虑物理细节。虽然这一阶段较人工管理阶段有了很大的改进，但仍存在明显的缺点。文件系统中文件基本上对应着某个应用程序，数据还是面向应用的。当应用程序所需要的数据有部分相同时，仍然必须建立各自的文件。因此，同样存在数据冗余度大，数据和程序缺乏独立性的缺点。文件系统存在的问题阻碍了数据处理技术的发展，不能满足日益增长的信息需求，这正是数据库技术产生的原动力，也是数据库系统产生的背景。

随着计算机数据管理应用的发展，20 世纪 60 年代中期产生了数据库系统。数据库系统的出现是计算机应用的一个里程碑，它使得计算机应用从科学计算转向数据处理，从而使计算机得以在各行各业乃至家庭中得到普遍使用。

数据库技术使数据有了统一的结构，对所有数据能实行统一、集中、独立的管理，以实现数据的共享，保证数据的完整性和安全性。数据库也是以文件方式存储数据的，但它是数据的一种高级组织形式。应用程序对数据库的操作是在数据库管理系统的支持和控制下完成的。其程序与数据之间的关系如图 1.1 所示。

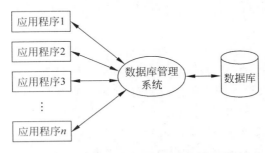

图 1.1　数据库系统阶段程序与数据之间的关系

1.2.2 数据库系统

数据库系统(Data Base System,DBS)是由数据库及其管理软件组成的系统。它是为适应数据处理的需要而发展起来的一种较为理想的数据处理的核心机构。它是一个实际可运行的存储、维护并为应用系统提供数据的软件系统，是存储介质、处理对象和管理系统的集合体。

　　数据库系统是指在计算机系统中引入数据库后的系统,它由硬件系统、数据库集合、数据库管理系统、应用程序、相关软件、相关人员组成,如图 1.2 所示。

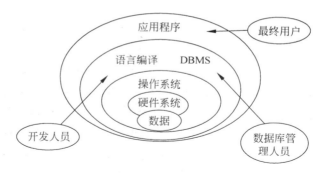

图 1.2　数据库系统的组成

　　(1) 硬件系统:构成计算机系统的各种物理设备,包括存储所需的外部设备。硬件的配置应满足整个数据库系统的需要。

　　(2) 数据库(Data Base,DB)是指长期存储在计算机内的,有组织,可共享的数据的集合。数据库中的数据按一定的数据模型组织、描述和存储,具有较小的冗余,较高的数据独立性和易扩展性,并可为各种用户共享。

　　(3) 数据库管理系统(Data Base Management System,DBMS)是对数据库进行管理的软件系统。它的功能可概括为 5 个方面:数据的组织和存储,数据的查询,数据的增加、删除和修改,数据的排序和索引,数据的统计和分析。DBMS 提供对数据库中数据资源进行统一管理和控制的功能,将用户应用程序与数据库数据相互隔离。它是数据库系统的核心,其功能的强弱是衡量数据库系统性能优劣的主要指标。DBMS 必须在操作系统和相关的系统软件支持下,才能有效地运行。

　　(4) 应用程序(Application)是在 DBMS 的基础上,由用户根据应用的实际需要所开发的、处理特定业务的应用程序。应用程序的操作范围通常只是数据库的一个子集,也就是用户所需的那部分数据。

　　(5) 相关软件:包括操作系统、语言编译等软件,它们是数据库管理系统的运行基础。

　　(6) 相关人员:主要有四类。第一类为系统分析员和数据库设计员,系统分析员(System Analyst,SA)负责应用系统的需求分析和规范说明,他们和用户及数据库管理员一起确定系统的硬件配置,并参与数据库系统的概要设计。数据库设计员(Data Base Practitioner,DBP)负责数据库中数据的确定、数据库各级模式的设计。第二类为应用程序员(Application Programmer,AP),负责编写使用数据库的应用程序。这些应用程序可对数据进行检索、建立、删除或修改。第三类为最终用户(End-User),他们利用系统的接口或查询语言访问数据库。第四类用户是数据库管理员(Data Base Administrator,DBA),负责数据库的总体性控制。DBA 的具体职责包括:分析数据库中的信息内容和结构,决定数据库的存储结构和存取策略,定义数据库的安全性要求和完整性约束条件,监控数据库的使用和运行,负责数据库的性能改进、数据库的重组和重构,以提高系统的性能。

1.2.3 数据库管理系统的分类

任何一个数据库管理系统都是基于某种数据模型的。数据模型是指用来表示事物本身及事物之间的各种联系的一种数据结构,也就是数据库管理系统用来表示实体及实体间联系的方法。目前数据库管理系统所支持的基本数据模型分为三种:层次模型、网状模型、关系模型。因此,使用支持某种特定数据模型的数据库管理系统开发出来的应用系统相应地称为层次数据库系统、网状数据库系统、关系数据库系统。

1. 层次模型

用树形结构表示实体及其之间联系的模型称为层次模型。在这种模型中,数据被组织成由"根"开始的"树",每个实体由"根"开始沿着不同的分支放在不同的层次上。如果不再向下分支,那么此分支序列中最后的节点称为"叶"。上级节点与下级节点之间为一对多的联系,图1.3给出了一个涉外学院机构的层次模型的例子。

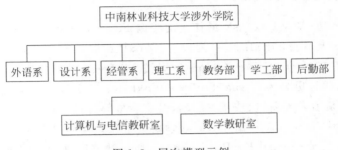

图 1.3　层次模型示例

2. 网状模型

用网状结构表示实体及其之间联系的模型称为网状模型。网中的每一个节点代表一个实体类型。网状模型突破了层次模型的两点限制:允许节点有多于一个的父节点;可以有一个以上的节点没有父节点。因此,网状模型可以方便地表示各种类型的联系。图1.4给出了一个简单城市交通运行的网状模型。

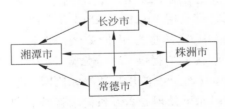

图 1.4　网状模型示例

3. 关系模型

用二维表结构来表示实体以及实体之间联系的模型称为关系模型。关系模型是以关系数学理论为基础的,在关系模型中,操作的对象和结果都是二维表,这种二维表就是关系。

关系模型与层次模型、网状模型的本质区别在于数据描述的一致性,模型概念单一。在关系型数据库中,每一个关系都是一个二维表,无论实体本身还是实体间的联系均用称为"关系"的二维表来表示,使得描述实体的数据本身能够自然地反映它们之间的联系。而传统的层次和网状模型数据库是使用链接指针来存储和体现联系的。

关系模型的特点如下:

(1) 一个二维表中,所有的记录格式相同,长度相同。

(2) 同一字段数据的性质是相同的,它们均为同一属性的值。

(3) 行和列的排列顺序并不重要。

关系数据库以其完备的理论基础、简单的模型、说明性的查询语言和使用方便等优点得到了广泛的应用。关系模型对数据库的理论和实践产生了很大影响,成为当今流行的数据库模型。近几年在此基础上数据库模型进一步发展,产生了对象数据库、XML(Extensible Markup Language,可扩展标记语言)数据库等新的模型。

1.2.4 Visual FoxPro 简介

Visual FoxPro 原名为 FoxBase,最初是由美国 Fox Software 公司于 1988 年推出的数据库产品,在 DOS 上运行,与 xBase 系列兼容。FoxPro 是 FoxBase 的加强版,最高版本曾出过 2.6。之后于 1992 年,Fox Software 公司被 Microsoft 收购,加以发展,使其可以在 Windows 上运行,并且更名为 Visual FoxPro。FoxPro 比 FoxBase 在功能和性能上又有了很大的改进,主要是引入了窗口、按钮、列表框和文本框等控件,进一步提高了系统的开发能力。目前最新版为 Visual FoxPro 9.0,而在学校教学和教育部门考证中还依然沿用经典版的 Visual FoxPro 6.0。Visual FoxPro Windows 版本数据库具有查询与管理功能、数据库表、可视化的界面操作工具、支持更多的 SQL 语言、互操作性强和支持网络等的特点。

Visual FoxPro 是为数据库结构和应用程序开发而设计的功能强大的面向对象的环境。Visual FoxPro 是 Microsoft 公司推出的最新可视化数据库管理系统平台,是功能特别强大的 32 位数据库管理系统。它提供了功能完备的工具、极其友好的用户界面、简单的数据存取方式、独一无二的跨平台技术,有良好的兼容性、真正的可编译性和较强的安全性,是目前最快捷的、最实用的数据库管理系统软件之一。在桌面型数据库应用中,处理速度极快,是日常工作中的得力助手。

Visual FoxPro 由于自带免费的 DBF 格式的数据库,在国内曾经是非常流行的开发语言,现在许多单位的 MIS 系统都是用 Visual FoxPro 开发的。Visual FoxPro 主要用在小规模企业单位的 MIS 系统开发中,当然也有用于像工控软件、多媒体软件的开发中。Visual FoxPro 作为数据库开发工具,为我们提供了十分强健、高效的数据引擎,它容量大、速度快、灵活、健壮,所以用 Visual FoxPro 开发的用户数据库比同类型其他数据库管理软件来得高效——曾经有人嘲笑 Visual Basic 处理五六万条记录就趴下,但 Visual FoxPro 处理百万条记录也不觉吃力,数据引擎的强健威力也是它一直处于不败之地的主要原因。

Visual FoxPro 将过程化程序设计与面向对象程序设计结合在一起,帮助用户创建出功能强大、灵活多变的应用程序。从概念上讲,程序设计就是为了完成某一具体任务而编写的一系列指令;从深层次来看,Visual FoxPro 程序设计涉及对存储数据的操作。Visual FoxPro 不但仍然支持标准的过程化程序设计,而且在语言上还进行了扩展,提供了面向对象程序设计的强大功能和更大的灵活性。

Visual FoxPro 是程序设计语言与 DBMS 的完美结合,而 VC++、Delphi、Visual Basic、Power Builder 都只是程序设计语言,而不是 DBMS。Visual FoxPro 的这一特性,决定了它更适合于任何类型的企事业单位。也许有人把网络数据库如 Oracle、SQL Server 与 Visual FoxPro 相比较,这是不应该的,大型数据库与桌面数据库在系统开发中的作用是不一样的,两者是相辅相成的。这就好比评论是男人漂亮还是女人美丽——毫无意义。

由此可见,Visual FoxPro 是一个关系数据库管理系统软件。Visual FoxPro 也是为数据库结构和应用程序开发而设计的功能强大的面向过程与面向对象相结合的程序设计语言。

计算机等级考试考点:

(1) 数据库、数据模型、数据库管理系统的基本概念。

(2) 关系数据库、关系模型和关系模式的基本概念。

(3) Visual FoxPro Windows 版本数据库的特点。

1.3 怎么学习 Visual FoxPro

Visual FoxPro 是什么,通过前一节的学习,我们应该有所了解,现在来讨论怎么学习 Visual FoxPro。全国计算机等级考试是国内颇具影响力的一项考试,Visual FoxPro 属于它的一个模块。有很多同学想学好,通过考试获得等级证书,希望今后对个人的就业有所帮助。这些同学的学习是非常积极的,但有不少同学在学习中陷入了"不识庐山真面目,只缘身在此山中"的境地,他们不知道自己在学什么,更不知道怎么去学,只有一个感觉,就是这门课太难。

对 Visual FoxPro 的学习,我们应该先站在一定高度,首先要知道学什么,然后才能怎么学。我们已经知道 Visual FoxPro 是一种关系数据库管理系统,也是一种计算机高级语言。那么我们的学习就从两个方面入手,如图 1.5 所示。

一方面,Visual FoxPro 是一种关系数据库管理系统,我们要学习利用 Visual FoxPro 来组织数据,如图 1.5 所示的数据库设计,具体工作就是设计和管理二维表及其联系。这些内容将在第 2 章和第 3 章详细介绍。

另一方面,Visual FoxPro 是一种计算机高级语言,我们要学习这种语言,利用它来告诉计算机帮我们做什么,使我们与计算机之间的交流没有障碍,这就如图 1.5 所示的应用程序设计。在 Visual FoxPro 中应用程序设计分两个层次,第一层次是面向对象的程序设计,其实就是利用 Visual FoxPro 提供的可视化工具,设计方便美观的用户界面,如图 1.5 中的用户登录界面等。这些内容将在第 6~8 章中详细介绍。第二层次就是结构化程序设计(面向过程程序设计),当我们填好用户名和口令,单击"登录"按钮后,我们要告诉计算机怎样判定用户名和口令,正确做什么,错误又做什么,这就是图 1.5 中的程序代码设计。

学习一门语言,我们要从语言的词汇、语法和语境等方面着手,具体学习要注意以下几个方面:

(1) 对语言中的符号要牢记,知道其具体的含义和怎么写(词汇),要知道符号怎样组织成表达式和语句(语法),要知道表达式和语句在具体环境中的含义(语境)。

（2）学习中"以本为本，以纲为纲"是最重要的。在初次学习教材的过程中应以通俗易懂为出发点，可打破教材安排，暂时回避困难问题，抓住主干，忽略小节，以掌握全书的理论体系及知识点为中心任务。

（3）Visual FoxPro 是人与计算机进行交流的工具，靠死记硬背是学不好的，一定要与计算机多交流。编程对大家来说，可能会感觉有些困难，最好是先阅读教程，认真理解每一句话，再输入到计算机，如果计算机理解的和你理解的如出一辙，那你就成功了，自己也能用语言告诉计算机帮你做什么了。

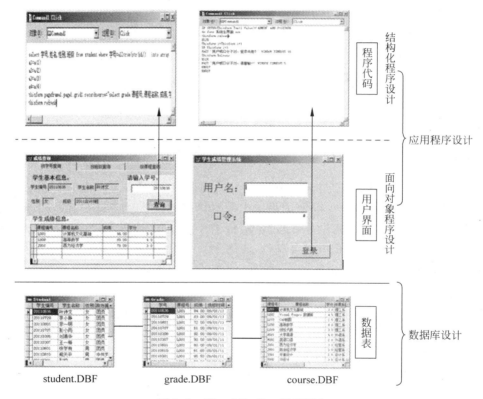

图 1.5　Visual FoxPro 学习层次

1.4　Visual FoxPro 6.0 的工作环境

1.4.1　Visual FoxPro 6.0 的运行环境

1. 硬件环境

Visual FoxPro 6.0 对硬件环境要求并不高。目前的 Pentium 计算机都能正常运行。硬件的基本配置要求如下。

（1）处理器：486DX/66MHz 处理器，推荐使用奔腾或更高档处理器的 PC 兼容机。

（2）内存储器：16MB 以上的内存，推荐使用 24MB 内存。

（3）硬盘空间：典型安装 85MB，最大安装 90MB。

（4）需要鼠标、光驱，推荐使用 VGA 或更高分辨率的监视器。

2. 软件环境

Visual FoxPro 6.0 是 32 位的数据库管理系统，需要在 Windows 98 或更高版本的 32 位的操作系统支持下运行。

1.4.2　Visual FoxPro 的安装

首先准备 Visual FoxPro 6.0 的软件压缩包，可以从网站下载（http://www.downxia. com/downinfo/15953.html），下面是解压，安装流程。

（1）解压你所下载的软件压缩包 Visual_Foxpro6.0_CN.rar 到你计算机的任一目录下，打开其目录，选择 Visual_Foxpro6.0 文件夹，打开其文件夹，其目录结构如图 1.6 所示。

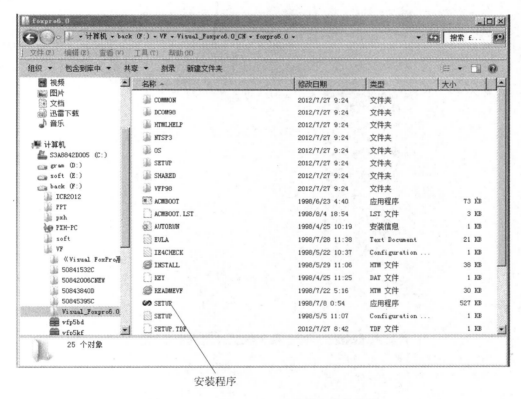

安装程序

图 1.6　Visual FoxPro 6.0 文件夹目录结构

（2）运行 Visual FoxPro 6.0 中的 SETUP.exe 安装程序，打开其安装向导，单击"下一步"按钮，出现最终用户许可协议，如图 1.7 所示。

（3）选择"接受协议"，单击"下一步"按钮，出现产品号和用户 ID，如图 1.8 所示。产品的 ID 号填 111-1111111 或者 000-0000000，姓名和公司名称可以自己随便填写。

（4）单击"下一步"按钮出现安装目录选择，选择公用文件的文件夹，省略就行了，如果要修改公用文件安装目录，可以单击"浏览"按钮选择所需目录，如图 1.9 所示。

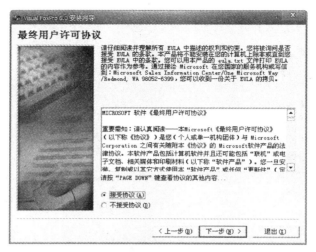

图 1.7　用户许可协议

图 1.8　产品号和用户 ID

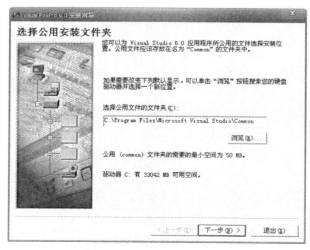

图 1.9　公用文件安装目录

（5）单击"下一步"按钮出现欢迎安装界面，单击"继续"按钮，出现信息确认界面，提示用户电脑上的产品标识号，单击"确定"按钮，出现安装类型选择界面，如图 1.10 所示。

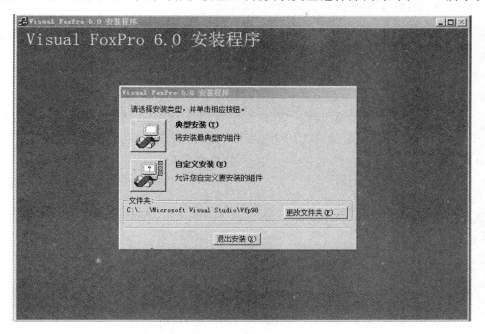

图 1.10　安装类型选择

（6）选择安装类型和更改安装目录等，建议选择"典型安装"，采用默认文件夹，这时出现正在安装界面，请等待，一直到出现安装成功界面为止，如图 1.11 所示。

图 1.11　安装成功界面

（7）单击"确定"按钮，出现选择 MSDN 安装界面，这个版本是不带 MSDN 的，不要选择"安装 MSDN"，直接单击"下一步"按钮，出现注册界面，这个也不需要了。不要选择"现在注册"，单击"完成"按钮。终于大功告成了。

1.4.3 Visual FoxPro 的启动和退出

1. 启动 Visual FoxPro

启动 Visual FoxPro 6.0 有多种方法，通常采用以下三种方式。

（1）单击"开始"按钮→弹出"开始"菜单→选择"所有程序"→选择 Microsoft Visual FoxPro 6.0 文件夹→选择 Microsoft Visual FoxPro 6.0 命令。

（2）从资源管理器中启动。打开"开始"菜单，选择"资源管理器"选项，进入"资源管理器"窗口；利用资源管理器找到 VFP98 目录，再从 VFP98 目录下找到 VFP6 图标，在 Visual FoxPro 图标上双击，完成 Visual FoxPro 系统的启动。

（3）从"运行"对话框中启动。打开"开始"菜单，选择"运行"选项，进入"运行"窗口；在对话框中输入"VFP6.exe"，再单击"确定"按钮，完成 Visual FoxPro 系统的启动。

第一次启动后，出现 Visual FoxPro 欢迎屏，关闭欢迎屏，即显示 Visual FoxPro 6.0 主窗口，如图 1.12 所示。

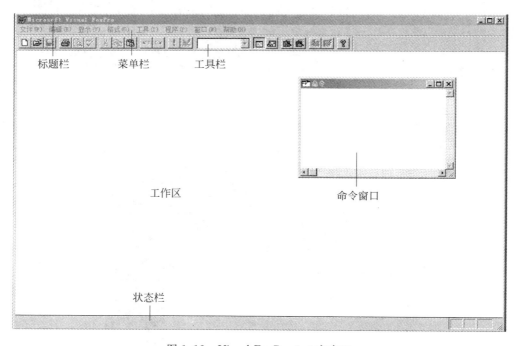

图 1.12　Visual FoxPro 6.0 主窗口

Visual FoxPro 6.0 系统主界面由标题栏、菜单栏、工具栏、工作区、状态栏和命令窗口组成。Visual FoxPro 主窗口具有 Windows 应用程序窗口的共性，但是又具有个性，即主窗口内嵌套了一个"命令窗口"。

2. 退出 Visual FoxPro

要退出 Visual FoxPro 6.0 系统，可以使用以下 4 种方法：

（1）在 Visual FoxPro 主菜单下，打开"文件"菜单，选择"退出"选项。

（2）按 Alt＋F4 组合键。

（3）在 Visual FoxPro 系统主窗口中单击"关闭"按钮。

（4）在"命令"窗口中输入"QUIT"命令，并按 Enter 键。

1.4.4 Visual FoxPro 的开发环境

Visual FoxPro 工作方式可分为两类：交互方式和程序方式。

$$
\text{Visual FoxPro 工作方式}\begin{cases}\text{交互方式（单命令）}\begin{cases}\text{命令（在命令窗口中输入，按 Enter 键执行）}\\\text{菜单（选择下拉菜单或快捷菜单中的命令）}\end{cases}\\\text{程序方式（批命令）}\begin{cases}\text{编写程序代码，然后运行程序}\\\text{利用生成器自动生成程序，然后运行程序}\end{cases}\end{cases}
$$

1. 最常用的窗口——命令窗口

在 Visual FoxPro 6.0 中，执行命令的方法有多种，可以通过它的菜单来执行，也可通过命令（Command）窗口直接执行命令。命令窗口是系统定义的窗口，当用户打开 Visual FoxPro 6.0 时，它就会出现在主屏幕上。Visual FoxPro 6.0 中的所有可执行的命令、函数、表达式等都可以通过命令窗口输入命令来执行。

打开 Visual FoxPro 主窗口后，默认显示命令窗口。显示或隐藏命令窗口有如下三种方法：

（1）执行"窗口"菜单中的"命令窗口"命令，则显示命令窗口；执行"窗口"菜单中的"隐藏"命令或单击命令窗口右上角的"关闭"按钮，则隐藏命令窗口。

（2）按组合键 Ctrl＋F2 显示命令窗口，按组合键 Ctrl＋F4 隐藏命令窗口。

（3）反复单击"常用"工具栏中的"命令窗口"按钮，这是显示或隐藏命令窗口最方便的方法。

【例 1.1】 求一元二次方程 $x^2+6x-5=0$ 的根。

解：先通过数学知识将其根转化为数学形式：

$$
x_{1,2}=\frac{-b\pm\sqrt{b^2-4ac}}{2a}\qquad\text{（已知 }a\text{、}b\text{、}c\text{ 分别为 }1,6,-5\text{）}
$$

这时我们可以通过 Visual FoxPro 6.0 来求一元二次方程的根，在命令窗口中输入如下代码：

```
a = 1                                    && 赋值
b = 6
c = - 5
x1 = ( - b - (sqrt(b * b - 4 * a * c)))/(2 * a)    &&sqrt()函数是开平方
x2 = ( - b + (sqrt(b * b - 4 * a * c)))/(2 * a)
?"x1 = ",x1                              && 显示结果
?"x2 = ",x2
```

其命令及运行结果如图 1.13 所示。

在命令窗口中可以按如下方法编辑和操作命令：

（1）在按 Enter 键执行命令之前，可按 Esc 键删除文本。

（2）将光标移到以前命令行的任意位置按 Enter 键重新执行此命令。

（3）选择要重新执行的代码块，然后按 Enter 键。

（4）若要分隔很长的命令，可以在所需位置的空格后接分号，然后按 Enter 键。

13

第 1 章

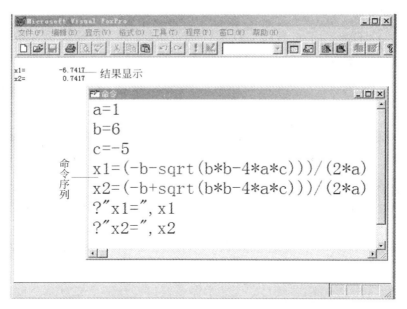

图 1.13　计算命令及结果

(5)可在命令窗口内或向其他编辑窗口中移动文本,选择需要的文本,并将其拖动到需要的位置。

(6)可在命令窗口内或向其他编辑窗口中复制文本,而不用使用"编辑"菜单的命令。选择需要的文本,按住 Ctrl 键,将其拖动到需要的位置。

(7)从"格式"(Format)菜单中选择合适的命令,可以改变命令窗口中的字体、行间距和缩进方式。

(8)所用符号必须是英文状态下输入,所用命令和函数可以只输入前面 4 个字符,字符大小写没有区别。

(9)在命令窗口中右击,可弹出一个快捷菜单,可以用来对命令进行编辑和命令文本的格式的调整。该菜单各选项如下。

- 剪切(Cut)、复制(Copy)、粘贴(Paste):在命令窗口中复制、移动或删除字符,或向命令窗口外移动或复制字符。
- 生成表达式(Build Expression):显示"表达式生成器"窗口,在该窗口中用户可以使用命令、原义字符串、字段或其他表达式定义一个表达式。单击"确定"按钮后,所生成的表达式就粘贴到"命令"窗口中。
- 运行所选区域(Execute Selection):将命令窗口中选定的文本作为新命令执行。
- 清除(Clear):从命令窗口中移去以前执行命令的列表。
- 属性(Properties):显示"编辑属性"窗口,在该窗口中,可以改变命令窗口中的编辑行为、制表符宽度、字体和语法着色选项。

2. 菜单操作

Visual FoxPro 菜单是一种动态菜单,它会随着打开文件的不同而改变。Visual FoxPro 共有 11 个菜单,通常只显示其中的一部分菜单,我们将其称为基本菜单,包括文件

（File）、编辑（Edit）、显示（View）、格式（Format）、工具（Tools）、程序（Program）、窗口（Window）、帮助（Help）8 项主菜单。Visual FoxPro 6.0 菜单和其他 Windows 应用程序一样，是典型的 Windows 菜单系统并服从 Windows 的菜单约定。

1) 文件(File)菜单

该菜单主要用来对文件进行操作，它主要包括如下选项。

(1) 新建(New)：打开新建对话框，创建新文件。文件类型为项目（Project）、数据库（Database）、表（Table）、查询（Query）、连接（Connect）、视图（View）、远程视图（Remote view）、表单（Form）、报表（Report）、标签（Label）、程序（Program）、类（Class）、文本文件（Text file）、菜单（Menu）等。

(2) 打开(Open)：打开上面提到的几种文件。

(3) 关闭(Close)：关闭当前窗口。

(4) 保存(Save)：保存当前修改的文件。

(5) 另存为(Save As)：用新文件名保存当前的文件。

(6) 另存为 HTML 文件(Save As HTML)：把当前的文件存为 HTML 文件。

(7) 还原(Revert)：将当前文件还原为最后保存的版本。

(8) 导入(Import)：导入 Visual FoxPro 文件或其他应用程序的文件。

(9) 导出(Export)：将 Visual FoxPro 6.0 文件以其他应用程序的文件格式输出。

(10) 页面设置(Page Setup)，如设置页面布局和打印机。

(11) 打印预览(Page Preview)：在打印前显示整个页面。

(12) 打印(Print)：打印报表、标签、文本文件、命令窗口或剪贴板的内容。

(13) 退出(Exit)：退出 Visual FoxPro 6.0 文件格式输出。

2) 编辑(Edit)菜单

该菜单中的命令是对文本及对象进行编辑，它主要包括如下选项。

(1) 撤销(Undo)：撤销上一次命令或操作。

(2) 重复(Redo)：重复上一次命令或操作。

(3) 剪切(Cut)：移去选定内容，并将其放到剪贴板上。

(4) 复制(Copy)：将选定的内容复制到剪贴板上。

(5) 粘贴(Paste)：将剪贴板上的内容粘贴到当前位置。

(6) 选择性粘贴(Paste Special)：链接或嵌入剪贴板上的 OLE 对象。

(7) 清除(Clear)：删除窗口。

(8) 全部选定(Select All)：选择当前窗口中的所有对象及文本。

(9) 查找(Find)：搜索指定的文本。

(10) 再次查找(Find Again)：重复上一次查找。

(11) 替换(Replace)：用其他文本代替当前文本。

(12) 定位行(Go to Line)：在指定行放置插入点。

(13) 插入对象(Insert Object)：向通用字段中链接或嵌入一个对象。

(14) 对象(Object)：编辑选定对象。

(15) 链接(Links)：修改或断开一个链接。

(16) 属性(Properties)：设置编辑属性。

3) 显示(View)菜单

显示菜单是一个动态菜单,它随着当前操作的不同具有不同的子菜单。当刚进入 Visual FoxPro 6.0 的环境还未进行任何操作时,它只有 Toolbars(工具栏)一个选项。选择 Toolbars 时,系统显示 Toolbars 对话框,定制系统的工具栏。

4) 格式(Format)菜单

该菜单中的命令用来控制窗口中的文本和其他对象的显示效果。它主要包括如下选项。

(1) 字体(Font):该命令启动标准 Windows 字体对话框,对字体的类型、字形及大小进行调整。

(2) 放大字体(Enlarge Font):将字体放大到更大的尺寸。

(3) 缩小字体(Reduce Font):将字体缩小到更小的尺寸。

(4) 单倍行距(Single Space):显示文本时文本行之间无空白行。

(5) 1.5 倍行距(1 1/2 Space):以 1.5 倍行距显示文本。

(6) 两倍行距(Double Space):以 2 倍行距显示文本。

(7) 缩进(Indent):将选定的行缩进一个 Tab 键宽度。

(8) 撤销缩进(Unindent):一次删除一个先前插入的缩进。

(9) 注释(Comment):注释所选的行。

(10) 撤销注释(Uncomment):撤销对所选行的注释。

5) 工具(Tools)菜单

Tools 菜单是命令比较多的一个菜单,它主要包括如下选项。

(1) 向导(Wizards):它不但包括了新建对话框中的所有向导,还包括了 MailMerge(邮件合并)、PivotTable(数据透视表)、Import(导入)、Documenting(文档)、Setup(安装)、Upsizing(升迁)、Application(应用程序)、Web Publishing(Web 页发布)、All(全部)。

(2) 拼写检查(Spelling):拼写检查错误。

(3) 宏(Macros):创建、删除或修改键盘宏。

(4) 类浏览器(Class Browser):运行类浏览器。

(5) 组件管理库(Component Gallery):打开组件管理库。

(6) 代码范围分析器应用程序(Coverage Profiler):运行代码范围分析器应用程序。

(7) 修饰(Beautify):对程序进行修饰。

(8) 运行 Active Document (Run Active Document):显示 Run Active Document 对话框,选择 Active Document 运行。

(9) 调试器(Debugger):显示调试器,调试程序。

(10) 选项(Options):显示选项卡,更改 Visual FoxPro 6.0 的选项。

6) 程序(Program)菜单

该菜单中的命令用于对程序进行运行、编译等操作。它主要包括以下几个子菜单。

(1) 运行(Do):用户通过选择该命令运行一个程序、应用程序、表单、报表、查询或菜单。

(2) 取消(Cancel):停止运行当前程序。

(3) 继续执行(Resume):继续执行当前挂起的程序。

（4）挂起（Suspend）：挂起当前正在运行的程序。

（5）编译（Compile）：编译当前程序或选定程序。

7）Window（窗口）菜单

通过该窗口菜单，用户可以方便地调整、安排多个窗口。它主要包括如下选项。

（1）全部重排（Arrange All）：用非重叠方式重排窗口。

（2）隐藏（Hide）：隐藏活动窗口。

（3）循环（Cycle）：在所打开的窗口间循环切换。

（4）命令窗口（Command Window）：显示或隐藏命令窗口。

（5）数据工作期（Data Session）：显示数据工作期窗口。

8）Help（帮助）菜单

Help 菜单提供了对各种问题的帮助。它主要包括如下选项。

（1）Microsoft Visual FoxPro 帮助主题（Microsoft Visual FoxPro Help Topics）：用户可以通过输入关键字来查找帮助主题。

（2）文档（Contents）：打开 Visual FoxPro 6.0 的联机文档。该文档对 Visual FoxPro 6.0 的全部功能与用法以及所有的函数与对象等都做了全面的讲述，而且可以以目录的形式进行查阅。

（3）索引（Index）：以索引的形式显示帮助主题。

（4）查找（Search）：查找帮助主题。

（5）技术支持（Technical Support）：提供获得另外的技术帮助的信息。

（6）Microsoft on the Web：启动用户的 Web 浏览器进入微软的 Web 节点。

（7）关于 Microsoft Visual FoxPro 6.0：显示 Visual FoxPro 6.0 的版本和版权信息。

3. 工具栏

Visual FoxPro 6.0 有很大的工具栏，最常用的工具栏在系统菜单栏的下面，如图 1.14 所示。

图 1.14　工具栏

表 1.1 是对此常用工具栏中的各个按钮的说明。

表 1.1　常用工具栏按钮说明

按　钮	功　能	说　明
	新建	使用设计器或向导创建新文件
	打开	打开一个已有的文件或创建一个新文件
	保存	保存对活动文件所做的修改
	打印一个副本	打印文本文件、报表、标签以及"命令"窗口或剪贴板中的内容
	打印预览	显示工作的结果但不打印。可以预先浏览要打印的文档的效果
	拼写检查	进行拼写检查。编辑文本或备注字段时可用
	剪切	把选定的文本、控件或任何其他可选定的对象移动到剪贴板
	复制	复制选定的文本、控件或任何其他可选的对象到剪贴板

续表

按　　钮	功　　能	说　　明
	粘贴	把剪切或复制的文本、控件或任何其他可选定的对象放置在插入点位置
	撤销	撤销上一个操作
	重做	重做上一个撤销的操作
	运行	执行"运行查询""运行表单""执行＜程序＞"或"运行报表"命令
	修改表单	对表单进行修改
	数据库	指定当前的数据库
	"命令"窗口	打开命令窗口,显示执行的命令,并提供输入命令的空间
	"查看"窗口	打开表、建立关系以及设置工作区属性等
	表单向导	运行 Visual FoxPro 6.0 表单向导。其中包括"表单向导"和"一对多表单向导"
	报表向导	运行报表向导。其中包括"报表向导"、"分组/总计报表向导"和"一对多报表向导"
	自动表单向导	不使用向导创建一个表单
	自动报表向导	不使用向导创建一个报表
	帮助	显示联机帮助

同时这些工具栏也是动态的,它随着用户的操作显示或关闭工具栏。其他的工具栏用户可以自己定制,打开"显示"菜单中的"工具栏"选项,或用鼠标在工具栏任意区域内右击,会弹出"工具栏"对话框,如图 1.15 所示。

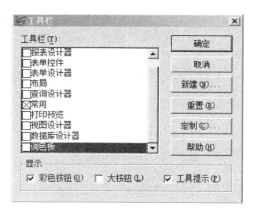

图 1.15 "工具栏"选项对话框

在"工具栏"选项对话框中单击鼠标选中 ⊠(显示)或清除 □(隐藏)相应的工具栏,单击"确定"按钮后会显示或隐藏该工具栏。

（1）新建(New)：显示"新工具栏"对话框,在其中为新建的工具栏输入名称。

（2）重置(Reset)：将选定工具栏返回到它的内置状态。如果选定了自定义工具栏,这个按钮将变成"删除"。不能重置自定义工具栏。

（3）定制(Customize)：显示"定制工具栏"对话框,从中可以添加或删除工具栏按钮。

（4）彩色按钮(Color)选项：在内置工具栏和自定义工具栏中显示彩色按钮。如果使用的是黑白监视器,应清除此复选框。

（5）大按钮（Large button）选项：显示比标准尺寸大的工具栏按钮。如果监视器具有高分辨率，用户可能希望显示大按钮。

（6）工具提示（Tool Tips）选项：当鼠标指针在工具栏任何一个按钮上方时，此命令显示该按钮的名称。

4．Visual FoxPro 的环境设置

Visual FoxPro 6.0 安装完毕之后，自动使用系统默认的环境参数值。用户可以根据实际需要和个人习惯设置个性化的应用开发环境。Visual FoxPro 6.0 提供了很多设置，可以通过这些设置来改变 Visual FoxPro 6.0 的环境，例如主窗口标题、默认目录、临时文件的存放位置和其他的选项。系统选项对话框中几乎列出了 Visual FoxPro 6.0 的所有系统设置项。选择"工具"菜单下的"选项"将激活该对话框，如图 1.16 所示。

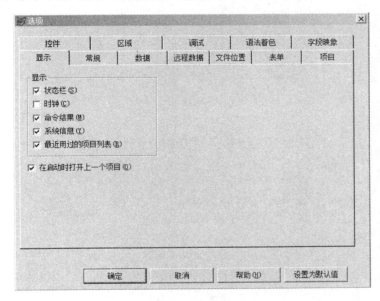

图 1.16 "选项"对话框

该对话框共包括 12 个选项卡，下面主要介绍一些常用选项的作用和功能。

1）语法着色（Syntax Coloring）选项卡

"语法着色"选项卡用于指定命令窗口和所有编辑窗口中 Visual FoxPro 6.0 程序元素的颜色和字体，如图 1.17 所示。其中区域（Area）选项用于选择要设置颜色的程序元素类型，如注释、关键字、数字等，字体（Font style）、前景（Foreground）和背景（Background）选项用于设置选定区域的显示。

2）数据（Data）选项卡

"数据"选项卡用于处理数据和表，如图 1.18 所示。

（1）以独占方式打开：当选中该项时，所有表都以独占方式打开。它对应于 SET EXCLUSIVE 命令。

（2）显示字段名：设定在使用 AVERAGE，CALCULATE，DISPLAY LIST 及 SUM 命令输出时是否使用字段名作为每一列的题头。它对应于命令 SET HEADING。

（3）忽略已删除记录：使用这一项来告诉 Visual FoxPro 6.0 是否处理被标记为删除的

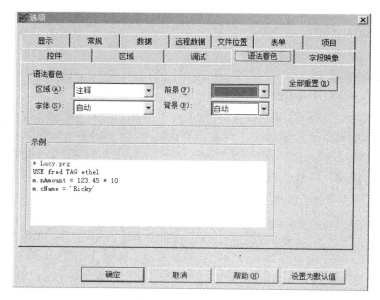

图 1.17 "语法着色"选项卡

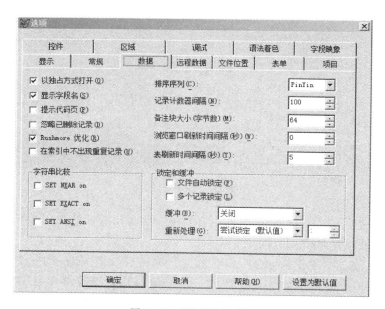

图 1.18 "数据"选项卡

记录。该选项对应命令 SET DELETED。

（4）在索引中不出现重复记录：该项用来确定是否在索引文件中全部保留具有相同索引键值的记录。它对应命令 SET UNIQUE。

（5）排序列：该选项确定在进行索引及排序操作时对字符型字段的排列顺序。如果使用语言不同，索引及排序结果就不同。它对应命令 SET COLLATE。

（6）字符串比较（String comparisons）选项组

- SET NEAR on：当这一项被选中时，如果一个查找未找到匹配记录，那么 Visual FoxPro 6.0 就将记录指针定位到一个最接近的记录上。它对应命令 SET NEAR。
- SET EXACT on：设定当比较不同长度的字符串时，两个字符串的每个字符是否都必须相同，尾部空格被忽略。它对应命令 SET EXACT。
- SET ANSI on：设定当在 FoxPro 6.0 的 SQL 命令中用等号（＝）比较两个不同长度的字符串时，在较短的字符串后面加空格以使长度与较长的字符串一致。它对应命令 SET ANSI。

3）文件位置（File Locations）选项卡

"文件位置"选项卡设置 Visual FoxPro 6.0 用到的不同文件的路径。既可以直接在文本框中输入路径及文件名，也可以单击每个文本框右侧的按钮调出对话框进行选择，如图 1.19 所示。

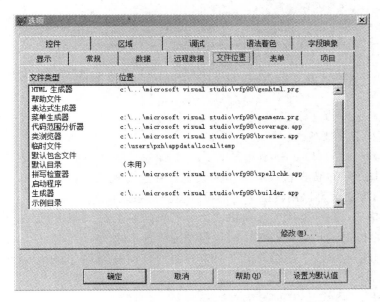

图 1.19 "文件位置"选项卡

该选项卡中的基本选项功能如下。

（1）默认目录：在这里设置 Visual FoxPro 6.0 的默认工作目录。它对应于 SET DEFAULT 命令。

（2）搜索路径：这个设置告诉 Visual FoxPro 6.0 到哪些目录中去寻找在默认工作目录下找不到的文件。各路径间必须以逗号或分号隔开，使用这一选项右侧的按钮可以在加入多个路径时自动在各路径间插入分号。该设置对应于 SET PATH 命令。

（3）临时文件：设置 Visual FoxPro 6.0 存放临时文件的目录。

（4）帮助文件：指定 Visual FoxPro 6.0 显示帮助文件的方式，左侧的复选框用于打开或关闭帮助文件。

4）区域（Regional）选项卡

"区域"选项卡可设置日期、时间及数字的格式，可以临时或永久性地修改 Visual FoxPro 6.0 的系统设置。该选项卡的设置效果将反映在日期、时间及货币的输出上，如

图 1.20 所示。

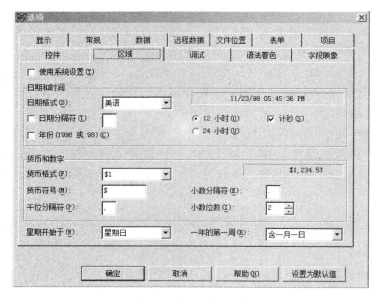

图 1.20 "区域"选项卡

它主要包括下列选项。

(1) 使用系统设置(Use System Setting),如果选中该项,则所有本表选项的设置都将从系统读出;显示设置依据在控制表中的设置。在这种模式下,大部分选项是只读的。如果不选这一项,那么就可以用自己指定的设置覆盖掉系统设置。

(2) 日期格式:在这里指定日期格式。尽管可选日期格式很多,但基本上只有三种形式:月/日/年、年/月/日、日/月/年。其他仅是分隔符不同。

(3) 日期分隔符:该选项用于指定一个不同的日期分隔符,例如短划线"_",默认时日期分隔符为右斜线"/"。

(4) 年:选中时,表示年的数字有 4 位长(如 2012),不选时表示年的数字只有两位(如 12)。

(5) 12 小时制:将时间显示设为 12 小时制,用 am 和 pm 区分上下午。

(6) 24 小时制:将时间显示设为 24 小时制。

(7) 计秒:选中时将显示秒数。

(8) 货币格式:设置货币符号是出现在数字串的前面还是后面。

(9) 货币符号:改变货币符号的设置。

(10) 千位分隔符:如果指定了一个分隔符,Visual FoxPro 6.0 系统将在大数字整数部分中从右向左每三位数字插入一个该字符作为分隔符。这样做的目的是为了更清晰地阅读大数字,常用的千位分隔符是逗号。

(11) 小数分隔符:指定一个字符用作小数位开始的标记。

(12) 小数位数:指定在小数分隔符右边的数字位数。

(13) 星期开始于(Week Starts on):指定一周是从哪一天开始。

(14) 一年的第一周(First Week of Year):指定哪里是一年周次的开始。

5. Visual FoxPro 中的设计器与向导

Visual FoxPro 6.0 提供真正的面向对象程序设计工具,使用它的各种向导、设计器和生成器可以更便捷、快速、灵活地进行应用程序开发。

1) Visual FoxPro 6.0 设计器

Visual FoxPro 6.0 的设计器是创建和修改应用系统各种组件的可视化工具。利用各种设计器使得创建表、表单、数据库、查询和报表以及管理数据变得轻而易举,为初学者提供了极大的方便,为用户提供了一个友好的图形界面,Visual FoxPro 6.0 提供的设计器及其功能如表 1.2 所示。

表 1.2　Visual FoxPro 主要设计器

设计器名称	功能及用途
表设计器(Table Designer)	通过表设计器可以修改表字段和索引的结构,还可以设置有效性规则和触发器
数据库设计器(Database Designer)	可以用数据库设计器编辑、增加以及删除数据库中的表,也可以修改视图和存储程序
标签设计器(Label Designer)	它与报表设计器很相似,用于创建许多标准尺寸的标签,可以创建包括图形、标题、脚注的自定义标签
表单设计器(Form Designer)	它是设计表单的工具。可以把控件放到这些表单中,增加代码并控制事件的发生。表单设计器与前面看到的设计器不同,它实际上有两个窗口,设计器本身和控件的属性窗口
菜单设计器(Menu Designer)	菜单设计器提供一种创建、编辑菜单和子菜单,修改菜单项的图形方法
类设计器(Class Designer)	类设计器用来产生可视化类

2) Visual FoxPro 6.0 的向导

向导是一种交互式程序,用户在一系列向导对话框上回答问题或者选择选项,向导会根据回答生成文件或者执行任务,帮助用户快速完成一般性的任务。

Visual FoxPro 6.0 系统为用户提供了许多功能强大的向导(Wizards)。用户可以在向导程序的引导、帮助下,不用编程就能快速地建立良好的应用程序,完成许多数据库操作、管理功能,为非专业用户提供了一种较为简便的操作方式。Visual FoxPro 6.0 系统提供的向导及其功能如表 1.3 所示。

表 1.3　Visual FoxPro 6.0 中主要向导

向　导　名	功能及用途
应用程序向导	创建一个 Visual FoxPro 6.0 应用程序或项目的框架
文档向导	从项目和程序文件的代码中生成文本文件,并编排文本文件的格式
表单向导	为单个表单创建操作数据的表单
一对多表单向导	为两个相关表创建操作数据的表单,在表单的表格中显示子表的字段
标签向导	创建一个符合标准格式的标签
本地视图向导	利用来源于 Visual FoxPro 6.0 表的数据产生一个视图
远程视图向导	产生一个通过 ODBC 从远程服务器上使用数据的视图
查询向导	创建一个标准的查询
报表向导	用一个单一的表创建一个带格式的报表

3）Visual FoxPro 6.0 的生成器

生成器是带有选项卡的对话框，用于简化对表单、复杂控件和参照完整性代码的创建和修改过程。每个生成器显示一系列选项卡，用于设置选中对象的属性。可以用生成器在数据库之间生成控件、表单、设置控件格式和创建参照完整性。表 1.4 列出了各种不同生成器的名称和功能。

表 1.4　Visual FoxPro 6.0 中主要生成器

生成器名称	功　　能
表单生成器	方便向表单中添加字段，这里的字段用作新的控件。可以在该生成器中选择选项，来添加控件和指定样式
表格生成器	方便为表格控件设置属性。表格控件允许在表单或页面中显示和操作数据的行与列。在该生成器对话框中进行设置表格属性
编辑框生成器	方便为编辑框控件设置属性。编辑框一般用来显示长的字符型字段或者备注型字段，并允许用户编辑文本，也可以显示一个文本文件和剪贴板中的文本。可以在该生成器对话框格式中选择选项设置属性
列表框生成器	方便为列表框控件设置属性。列表框给用户提供一个可滚动的列表，包含多项信息或选项。可在该生成器对话框格式中选择选项设置属性
文本框生成器	方便为文本框控件设置属性。文本框是一个基本的控件，允许用户添加或编辑数据，存储在表中"字符型"、"数值型"和"日期型"字段里。可在该生成器对话框格式中选择选项来设置属性
组合框生成器	方便为组合框控件设置属性。在生成器对话框中，可以选择选项来设置属性命令
按钮生成器	方便为命令按钮组控件设置属性，可在该生成器对话框中选择选项来设置属性
选项按钮生成器	方便为选择按钮控件设置属性，选项按钮允许用户在彼此之间独立的几个选项中选择一个。可在该生成器对话框中选择选项来设置属性
自动格式生成器	对选中的相同类型的控件应用一组样式，例如，选择表单上的两个和多个文本框控件，并使用该生成器赋予它们相同的样式；或指定是否将样式用于所有控件的边框、颜色、字体、布局或三维效果，或者用于其中的一部分
参照完整性生成器	帮助设置触发器，用来控制如何在相关表中插入、更新或者删除记录，确保参照完整性
应用程序生成器	如果选择创建一个完整的应用程序，可在应用程序中包含已经创建了的数据库、表单和报表，也可使用数据库模板从零开始创建新的应用程序。如果选择创建一个框架，则生成一个 Visual FoxPro 应用程序框架，并可向其中添加组件

计算机等级考试考点：

（1）工作方式：交互方式（命令方式、可视化操作）和程序运行方式。

（2）各种设计器和向导的基本含义。

1.5　本章小结

本章主要是让读者对 Visual FoxPro 6.0 有一个整体的初步认识，为后面的学习打下基础。只有知道它是什么，在什么环境下工作，才能游刃有余地进行各种学习和操作，避免各种不必要的障碍和麻烦。本章主要介绍了系统的以下几个方面：

（1）为什么要学习 Visual FoxPro？

（2）Visual FoxPro 是什么？

（3）怎样学习 Visual FoxPro？

（4）Visual FoxPro 的基本工作环境包括 Visual FoxPro 的安装、启动、关闭，命令窗口的使用，最常用的菜单和动态菜单，工具栏的定制和使用，利用选项卡设置系统环境以及对各种设计器和向导的认识。

本章所介绍的内容将在以后的操作中经常用到，读者可以在使用中不断熟悉它们。

1.6 习　　题

一、选择题

1. Visual FoxPro 是一种 DBMS，它是（　　）。

　　A. 操作系统的一部分　　　　　　　B. 操作系统支持下的系统软件

　　C. 一种编译程序　　　　　　　　　D. 一种操作系统

2. 用二维表数据来表示实体及实体之间联系的数据模型称为（　　）。

　　A. 实体—联系模型　　　　　　　　B. 层次模型

　　C. 网状模型　　　　　　　　　　　D. 关系模型

3. 数据库 DB、数据库系统 DBS、数据库管理系统 DBMS 三者之间的关系是（　　）。

　　A. DBS 包括 DB 和 DBMS　　　　　B. DBMS 包括 DB 和 DBS

　　C. DB 包括 DBS 和 BDMS　　　　　D. DBS 就是 DB，也就是 DBMS

4. 在下述关于数据库系统的叙述中，正确的是（　　）。

　　A. 数据库中只存在数据项之间的联系

　　B. 数据库的数据项之间和记录之间都存在联系

　　C. 数据库的数据项之间无关系，记录之间存在联系

　　D. 数据库的数据项之间和记录之间都不存在联系

5. 数据库系统与文件系统的主要区别是（　　）。

　　A. 数据库系统复杂，而文件系统简单

　　B. 文件系统不能解决数据冗长和数据独立性问题，而数据库系统可以解决

　　C. 文件系统只能管理程序文件，而数据库系统能够管理各种类型的文件

　　D. 文件系统管理的数据量较少，而数据库系统可以管理庞大的数据量

6. Visual FoxPro 6.0 是一种关系型数据库管理系统，所谓关系是指（　　）。

　　A. 各条记录中的数据彼此有一定的关系

　　B. 一个数据库文件与另一个数据库文件之间有一定的关系

　　C. 数据模型符合满足一定条件的二维表格式

　　D. 数据库中各个字段之间彼此有一定的关系

7. 数据库系统的核心是（　　）。

　　A. 数据库　　　　　　　　　　　　B. 操作系统

　　C. 数据库管理系统　　　　　　　　D. 文件

8. 退出 Visual FoxPro 的操作方法是（　　）。

A. 从"文件"菜单中选择退出选项

B. 用鼠标单击关闭窗口按钮

C. 在命令窗口中输入 Quit 命令,然后按 Enter 键

D. 以上方法都可以

9. 显示与隐藏命令窗口的操作是( )。

A. 单击"常用"工具栏上的"命令窗口"按钮

B. 通过"窗口"菜单下的"命令窗口"选项来切换

C. 直接按 Ctrl＋F2 组合键或 Ctrl＋F4 组合键

D. 以上方法都可以

10. 在"选项"对话框的"文件位置"选项卡可以设置( )。

A. 表单的默认大小   B. 默认目录

C. 日期和时间的显示格式   D. 程序代码的颜色

11. 在 Visual FoxPro 6.0 中通过哪些工具提供了简便、快捷的开发方法?( )

A. 向导和设计器   B. 向导和生成器

C. 设计器和生成器   D. 以上全部都是

12. 在 Visual FoxPro 6.0 中支持( )两种工作方式。

A. 命令方式和菜单工作方式   B. 交互式操作方式和程序执行方式

C. 命令方式和程序执行方式   D. 交互式操作方式和菜单工作方式

二、填空题

1. 打开"选项"对话框之后,要设置日期和时间的显示格式,应当选择"选项"对话框的_____选项卡。

2. 用二维表的形式来表示实体之间联系的数据模型叫作_____。

3. 计算机在数据管理方面也经历了由低级到高级的发展过程,其发展过程大致经历了_____、文件管理和_____等几个阶段。

4. 数据转换为信息的过程称为_____。

5. 数据库系统是指在计算机系统中引入数据库后的系统,它由硬件系统、_____、_____、应用程序、相关软件、_____组成。

6. 设置 Visual FoxPro 6.0 的默认工作目录的命令是_____。

7. 在命令窗口中,表示当前命令行结束,计算机开始执行命令时,应按_____键。

8. 按组合键_____显示命令窗口,按组合键_____隐藏命令窗口。

第 2 章 | 自由表的基本操作

在 Visual FoxPro 中,数据表分为自由表和数据库表,自由表是指不属于任何数据库的表,反之则为数据库表,但一个表只能属于一个数据库。自由表和数据表之间可以相互转化,在没讲数据库之前,我们所讲的表都是自由表。

Visual FoxPro 是一种程序设计语言,本章对其词义、语法和语境做了系统的介绍,包括数据类型、数据存储(变量和常量)、函数、表达式和相关命令的含义及其用法等。Visual FoxPro 也是一种关系数据库管理系统,表是其最基本内容。关系数据库的管理最终是对表的管理。本章对表的设计、表结构的建立与修改、表数据的基本操作和表数据的导入/导出进行系统的介绍。让同学们打下扎实的基础,为后续章节的学习做充分的准备。

2.1 Visual FoxPro 语言的基础知识

Visual FoxPro 是一种计算机高级语言,是人与计算机交流的工具。我们要将现实世界的事物通过这种语言来描述来告诉计算机。要想让计算机真正明白你的意图,需要真正理解 Visual FoxPro 语言的基本词义,基本语法及其语言的基本环境。

2.1.1 数据类型

现实世界中有多种多样的数据,如时间、商品价格、出生日期、公司名称和公司说明等。数据有型和值之分,型是数据的种类,值是数据的表示。每个数据都有其数据类型,属于同一类型的数据可以按相似的方法进行处理。数据类型决定了数据的存储方式和使用方式。下面说明 Visual FoxPro 的主要数据类型。

1. 字符型

字符型数据(Character)由字母(汉字)、数字、空格等任意 ASCII 码字符组成。字符的长度为 0~254,每个英文字符占 1 个字节,汉字占两个字节。

2. 货币型

货币型数据(Currency)是货币单位数值型数据,小数位数超过 4 位时,系统将进行四舍五入的处理,其取值范围是 −922 337 203 685 477.580 8~922 337 203 685 477.580 7,每个货币型数据占 8 个字节。

3. 日期型

日期型(Date)数据用来存放日期,存储格式为 yyyymmdd,其中 yyyy 为年,占 4 位;mm 为月,占两位;dd 为日,占两位。日期型数据有固定宽度,占用 8 个字节。日期型数据的表示有多种格式,其默认格式为{mm/dd/yyyy}。

4. 日期时间型

日期时间型（Date Time）数据用来存放日期和时间，存储格式为 yyyymmddhhmmss，其中 hhmmss 分别为时间中的时、分和秒，各占两位。日期时间型有固定宽度，占用 8 个字节。其默认格式为{mm/dd/yyyy hh[:mm[:ss]][A|P]}，A 表示上午，P 表示下午。

5. 逻辑型

逻辑型（Logical）数据用来存储只有两个值的数据，即"真"和"假"，常用来做逻辑判断。在输入逻辑型数据时可用.T.、.t.、.Y. 或.y. 中的任何一个字符代表"真"，而用.F.、.f.、.N. 或.n. 中的任何一个字符代表"假"。逻辑型数据有固定宽度，占用 1 个字节。

6. 数值型

数值型（Numerical）数据用来表示数量，它由数字 0～9、一个符号（＋或－）和一个小数点（.）组成。其取值范围是－0.9999999999E＋19～0.9999999999E＋20。数值型数据的长度为 1～20，每个数据占 8 个字节。

7. 双精度型

双精度（Double）字段用来存放双精度数以取代数值型，以便提供更高的数值精度，常用于科学计算。双精度型只能用于数据表中字段的定义，它采用固定存储长度的浮点数形式。与数值型不同，双精度型数据的小数点的位置是由输入的数据值来决定的。双精度型数值的取值范围是＋/－4.94065645841247E－324～＋/－8.9884656743115E＋307。双精度型数据占 8 个字节。

8. 浮点型

浮点型（Float）数据用于存放浮点数值数据，在功能上与数值型等价，但只能用于数据表中字段的定义，包含此类型是为了提供兼容性。

9. 整型

整型（Integer）数据用于存储无小数部分的数值，只能用于数据表中字段的定义。其取值范围是－2 147 483 648～2 147 483 647。整型字段占用 4 个字节。整型以二进制形式存储，不像数值型那样需要转换成 ASCII 字符存储。

10. 备注型

备注型（Memo）数据用于存储较长的字符型数据，只能用于数据表中字段的定义。在数据表中，备注型数据占用 4 个字节，并用这 4 个字节来引用备注的实际内容。实际备注内容的长度只受现有磁盘空间的限制。记录备注项中的信息，实际存放在与表文件同名但扩展名为.FPT 的文件中。创建表文件时，如果定义了备注型字段，则相应的备注文件就会自动生成，也会随表文件的打开而自动打开。

11. 通用型

通用型（General）数据用于存储 OLE 对象，OLE 对象的具体内容可以是文本、图片、电子表格、声音、设计分析图和字符型数据等，只能用于数据表中字段的定义。有了通用型字段就使得 Visual FoxPro 成为全方位的数据库。与备注型数据一样，通用型数据存入与表文件同名而扩展名为.FPT 的文件中，其数据占用 4 个字节，实际数据长度仅受限于现有的磁盘空间。

12. 字符型（二进制）

字符型用于存储任意不经过代码页修改而维护的字符数据，只用在表中的字段。

13. 备注型(二进制)

备注型用于存储任意不经过代码页修改而维护的备注型数据,只用在表中的字段。

其中第 7～第 13 这 7 种数据类型只用于数据表的设计中。

2.1.2 数据存储

在 Visual FoxPro 系统环境下,数据输入、输出是通过数据的存储设备完成的。通常我们都是将数据存储到常量、变量、数组中,而在 Visual FoxPro 系统环境下,数据还可以存储到字段、记录和对象中。我们把这些供数据存储的常量、变量、数组、字段、记录和对象称为数据存储容器。

1. 常量

常量是指在命令操作或程序运行过程中,其值始终保持不变的量。Visual FoxPro 的常量有数值型、字符型、日期型、日期时间型、逻辑型和货币型等多种类型。

1) 数值型常量

整数、小数或用科学计数法表达的数都是数值型常量,例如 1、0、－1、3.14159、125E－5 和 0.123E2,其中 125E－5 表示数学中的 125×10^{-5},0.123E2 表示数学中的 0.123×10^{2}。

2) 字符型常量

字符型常量是用双引号、单引号或方括号等定界符括起来的字符串,例如"湖南长沙"、'13975290008'、[Visual FoxPro]。Visual FoxPro 字符串的最大长度为 254 个字符。使用字符型常量时有以下情况。

- 定界符只能是英文输入状态下的字符,不能是其他输入状态下的字符。
- 左、右定界符必须匹配,即若左边是双引号,右边也必须是双引号。
- 定界符可以嵌套,但同一种定界符不能互相嵌套。如果字符串本身含有定界符,这时只能采用其他的定界符,如[That's not funny!]或"That's not funny",但'That's not funny'是非法字符串。

字符串的长度是指字符串中所含字符的个数,其中,每个汉字相当于两个字符。字符串的最大长度不能超过 254。只有定界符没有任何字符的字符串称为空串,长度为 0 的空串与包含空格的字符串(" ")不同。

3) 逻辑型常量

逻辑型常量也称布尔型常量,它只有两种值:逻辑真和逻辑假,逻辑真用.T.、.t.、.Y.或.y.表示,逻辑假用.F.、.f.、.N.或.n.表示。逻辑值用字母表示时,前后必须有两个紧靠的英文输入状态下的小圆点。

4) 日期型常量

日期型常量的定界符是一对花括号。花括号内包括年、月、日三部分内容,各部分内容之间用分隔符分隔,系统默认的分隔符为斜杠(/)。常用的其他日期分隔符有连字号(-)、圆点(.)和空格。

日期型常量的格式有传统的日期格式和严格的日期格式两种。

(1) 传统的日期格式

传统日期格式中的月、日各为两位数字,而年份可以是两位数字,也可以是 4 位数字,如{09/01/03}、{09/01/2003}和{09 01 2003}等。

（2）严格的日期格式

严格的日期格式为{^yyyy-mm-dd}，用这种格式书写的日期常量能表达一个确切的日期。这种格式的日期常量在书写时要注意：花括号内第一个字符必须是脱字符（^）；年份必须用 4 位（如 2003、1999 等）；年月日的次序不能颠倒、不能省略。

年月日的分隔符可以为/（斜杠）、-（连字号）、.（圆点）或空格。如{^2008-8-1}，{^2008/08/01}，{^2008.8.1}，{^2008 8 1}均表示 2008 年 8 月 1 日。

默认情况下只能采用严格的日期格式，当然严格的日期格式可以在任何情况下使用，而传统的日期格式只能在执行命令 SET STRICTDATE TO 0 后才可以使用。输入日期型常量时使用严格的日期格式十分方便。执行命令 SET STRICTDATE TO 1 把系统设置为严格的日期格式。另外，命令 SET MARK TO 是设定日期分隔符。

日期显示的格式默认情况下是美国 mm/dd/yy 的日期格式，显示格式要受到命令语句 SET MARK TO、SET DATE TO 和 SET CENTURY ON/OFF 设置的影响。

- 设定日期分隔符

【格式】命令 SET MARK TO <字符>

命令功能：将该字符设置为年月日的分隔符。

- 日期格式中的世纪值

【格式】SET CENTURY ON|OFF|TO [nCentury]

命令功能：ON：年份 4 位；OFF：（默认值），年份两位；TO [nCentury]：对应的世纪值（01～99）。

- 设置日期显示格式

【格式】SET DATE [TO] AMERICAN | ANSI | BRITISH | FRENCH | GERMAN | ITLIAN|JAPAN|USA| MDY|DMY|YMD|SHORT|LONG

命令功能：设置日期型和日期时间型数据的显示输出格式。系统默认为 AMERICAN 美国格式，各参数说明如表 2.1 所示。

表 2.1　设置日期显示格式的参数

短　　语	格式说明	短　　语	格式说明	短　　语	格式说明
YMD	yy/mm/dd	MDY	mm/dd/yy	DMY	dd/mm/yy
AMERICAN/USA	mm/dd/yy	ANSI	yy. mm. dd	GERMAN	dd. mm. yy
BRITISH/FRENCH	dd/mm/yy	ITALIAN	dd-mm-yy	JAPAN	yy/mm/dd

上述各项设置工作可用菜单方式完成："工具"→"选项"→"区域"。

提示：本书在介绍命令格式时，约定方括号[]中的内容表示可选项；竖杠|分隔的内容表示任选其一；尖括号<>中的内容由用户提供，为必选项。

【例 2.1】　在命令窗口输入如下 4 条命令，并分别按 Enter 键执行：

```
SET CENTURY ON              && 设置4位数字年份
SET MARK TO                 && 恢复系统默认的斜杠日期分隔符
SET DATE TO YMD             && 设置年月日格式
? {^2012 - 08 - 10}
```

主屏幕显示

2012/08/10

【例 2.2】 在命令窗口输入如下 4 条命令,并分别按 Enter 键执行:

```
SET CENTURY OFF              && 设置两位数字年份
SET MARK TO '♯'              && 设置日期分隔符为♯号
SET DATE TO MDY              && 设置月日年格式
? {^2012 − 08 − 10}
```

主屏幕显示

08♯10♯12

5) 日期时间型常量

日期时间型常量包括日期和时间两部分内容:〈<日期>,<时间>〉。<日期>部分与日期型常量相似,也有传统的和严格的两种格式。<时间>部分的格式为:[hh[:mm[:ss]][a|p]]。其中 hh、mn 和 ss 分别代表时、分和秒,默认值分别为 12、0 和 0。a 和 p 分别代表上午和下午,默认值为 a。如果指定的时间大于等于 12,则自然为下午的时间。

【例 2.3】 在命令窗口输入如下命令:

```
SET MARK TO
? {^2012 − 08 − 11,10:10:10}
? {^2012 − 08 − 11,15:10:10}
?{^2012 − 08 − 11,}
?{^2012 − 08 − 11}
```

主屏幕显示

```
08/11/12 10:10:10 AM
08/11/12 03:10:10 PM
08/11/12 12:00:00 AM
08/11/12
```

6) 货币型常量

货币型常量以 $ 符号开头,并四舍五入到小数点后 4 位。例如货币型常量 $123.456789,计算结果为 $123.4568。货币型常量没有科学记数法形式,在内存中占用 8 个字节。

2. 变量

变量是在命令操作、程序运行过程中值可以变化的量。确定一个变量,需要确定其三个要素:变量名、数据类型和变量值,变量值是能够随时更改的,变量的类型取决于变量值的类型。Visual FoxPro 的变量分为字段变量和内存变量(简单内存变量,数组变量和系统变量)两大类。

由于表中的各条记录对同一个字段名取值可能不同,因此,表中的字段名就是变量,称为字段变量。

内存变量是内存中的一个存储区域,变量值就是存放在这个存储区域里的数据。例如,当把一个常量赋给一个变量时,这个常量就被存放到该变量对应的存储位置中而成为该变量新的取值。在 Visual FoxPro 中,内存变量的类型可以改变,也就是说,可以把不同类型的数据赋给同一个变量。

1）命名约定

使用字母，下画线和数字命名。内存变量一般建议不采用汉字命名；命名以字母或下画线或汉字开头；除自由表中字段名、索引的 TAG 标识名最多只能有 10 个字符外，其他的命名可使用 1～128 个字符；避免使用 Visual FoxPro 的保留字；文件名的命名应遵循操作系统的约定。

2）简单内存变量

每一个变量都有一个名字，可以通过变量名访问变量。由于字段变量优先于内存变量，如果当前表中存在一个同名的字段变量，在访问内存变量时，必须在变量名前加上前缀 M.（或 M→），否则系统将访问同名的字段变量。

简单内存变量赋值不必事先定义，定义内存变量就是给内存变量赋值。内存变量赋值既可定义一个新的内存变量，也可改变已有内存变量的值或数据类型。

【例 2.4】 在命令窗口输入如下命令：

```
a1 = 10
a1 = "ABC"
a2 = {^2012 - 08 - 13}
b = .t.
?a1,a2
?? b
```

主屏幕显示

```
ABC 08/13/12 .T.
```

3）数组变量

数组是内存中一片连续的存储区域，是按一定顺序排列的一组内存变量，数组中的各个变量称为数组元素，每个数组元素可通过数组名及相应的下标来访问。每个数组元素相当于一个简单变量，可以给各个元素分别赋值。在 Visual FoxPro 中，一个数组中各个元素的数据类型可以不同。

与简单内存变量不同，规定数组在使用之前一般要用 DIMENSION 或 DECLARE 命令显式创建（定义），说明是一维数组还是二维数组，数组名和数组大小。数组大小由下标值的上、下限决定，下限规定为 1。数组创建后，每个数组元素的值由系统自动赋以逻辑假 .F.。

创建数组的两种命令格式为：

【格式 1】DIMENSION <数组名>(<下标上限 1>[,<下标上限 2>])

【格式 2】DECLARE <数组名>(<下标上限 1>[,<下标上限 2>])

【例 2.5】 用命令创建两个数组：一维数组 aa 包含 5 个元素，二维数组 bb 包含 6 个元素。

在命令窗口输入如下命令，就完成了两个数组的定义：

```
DECLARE aa(5),bb(2,3)
```

一维数组 aa 包含 5 个元素：aa(1),aa(2),aa(3),aa(4),aa(5)。

二维数组 bb 包含 6 个元素：bb(1,1),bb(1,2),bb(1,3),bb(2,1),bb(2,2),bb(2,3)。

整个数组类型为 A(Array),而各个元素可以分别存放不同类型的数据。在使用数组和数组元素时,应注意如下问题。

(1) 在一切使用简单内存变量的地方,均可以使用数组元素。

(2) 重新赋值后,数组元素的数据类型由其值决定。

(3) 数组中各元素的数据类型可以相同,也可以不同。

(4) 在赋值和输入语句中使用数组名时将同一个值同时赋给该数组的全部数组元素。

(5) 在同一个运行环境下,数组名不能与简单变量名重复。

(6) 可以用一维数组的形式访问二维数组。例如,数组 bb 中的各元素用一维数组形式可依次表示为 bb(1),bb(2),bb(3),bb(4),bb(5),bb(6),其中 bb(4) 与 bb(2,1) 是同一变量。

【例 2.6】 在例 2.5 完成的基础上,再执行如下命令序列后,最后一条命令的显示结果是什么?

```
aa = 10
aa(1) = "李明"
aa(2) = "男"
aa(3) = 30
bb(1,1) = 10
bb(1,2) = 20
bb(2,1) = 30
bb(2,2) = 40
?aa(1),aa(3),aa(5),bb(1,1),bb(4),bb(2,3)
```

主屏幕显示

李明 30 10 10 30 .F.

4) 内存变量常用命令

(1) 内存变量的赋值。

内存变量的赋值命令有以下两种格式:

【格式 1】STORE＜表达式＞TO＜变量名表＞

【格式 2】＜内存变量名＞＝＜表达式＞

【功能】计算表达式,然后将计算结果赋给简单变量。使用格式 1,一次可给一个简单变量赋值;使用格式 2,一次可给一批简单变量赋值,各变量之间用逗号分隔。

(2) 内存变量的输出。

【格式 1】? ＜表达式表＞

【格式 2】?? ＜表达式表＞

【功能】计算表达式的值,并将表达式的值显示在屏幕上。

【说明】命令格式中的"?"表示从屏幕下一行的第一列起显示结果,"??"表示从当前行的当前列起显示结果。＜表达式表＞是表示用逗号隔开的多个表达式组,命令执行时遇逗号就空一格。

自由表的基本操作

（3）内存变量的显示。

【格式 1】LIST MEMORY［LIKE <通配符>］［TO PRINTER|TO FILE <文件名>］

【格式 2】DISPLAY MEMORY［LIKE <通配符>］［TO PRINTER|TO FILE <文件名>］

【功能】显示内存变量的当前信息，包括变量名、作用域、类型、取值。选用 LIKE 短语显示与通配符相匹配的内存变量。通配符包括 * 和?，* 表示任意多个字符，? 表示任意一个字符。可选子句 TO PRINTER 或 TO FILE <文件名>用于在显示的同时送往打印机或者存入给定文件名的文本文件中，文件扩展名为. txt。

LIST MEMORY 一次显示与通配符匹配的所有内存变量，如果内存变量多，一屏显示不下，则自动向上滚动。DISPLAY MEMORY 分屏显示与通配符相匹配的所有内存变量，如内存变量多，显示一屏后暂停，按任意键之后再继续显示下一屏。

（4）内存变量的清除。

【格式 1】CLEAR MEMORY

【格式 2】RELEASE <内存变量名表>

【格式 3】RELEASE ALL［EXTENDED］

【格式 4】RELEASE ALL［LIKE <通配符>| EXCEPT <通配符>］

【功能】格式 1 清除所有内存变量。格式 2 清除指定的内存变量。格式 3 清除所有内存变量，在人机会话状态下其作用与格式 1 相同；如果出现在程序中，则应该加上短语EXTENDED，否则不能删除公共内存变量。格式 4 选用 LIKE 短语清除与通配符相匹配的内存变量，选用 EXCEPT 短语清除与通配符不相匹配的内存变量。

（5）内存变量的保存。

【格式 1】SAVE TO <文件名> ALL［LIKE <通配符>| EXCEPT <通配符>］

【功能】将指定范围的内存变量保存在内存变量文件中，内存变量文件的扩展名为. MEN。

（6）内存变量的恢复。

【格式】RESTORE FROM <文件名>［ADDITIVE］

【功能】把内存变量文件中的变量送回内存，不选 ADDITIVE 则送回之前先清除内存中的内存变量。

【例 2.7】 依次执行如下命令序列后，其主屏显示结果是什么？

```
a1 = 10
a2 = a1 + 10
address = "中南林业科技大学涉外学院"
store {^2012/8/7} to 日期1,日期2
flag = .T.
a1 = a2 + 1
a2 = "a1 + 1"
display memo like *
display memo like a*
release 日期1,日期2
release all like a*
disp memo like *
```

主屏幕显示

```
A1          Priv    N   21              (           21.00000000)  cjy9000b
A2          Priv    C   "a1+1"  cjy9000b
ADDRESS     Priv    C   "中南林业科技大学涉外学院"  cjy9000b
日期1       Priv    D   08/07/12  cjy9000b
日期2       Priv    D   08/07/12  cjy9000b
FLAG        Priv    L   .T.  cjy9000b

A1          Priv    N   21              (           21.00000000)  cjy9000b
A2          Priv    C   "a1+1"  cjy9000b
ADDRESS     Priv    C   "中南林业科技大学涉外学院"  cjy9000b

FLAG        Priv    L   .T.  cjy9000b
```

5) 系统变量

系统变量是 Visual FoxPro 系统特有的内存变量,它由 Visual FoxPro 系统定义、维护。系统变量有很多,其变量名均以下画线"_"开始,因此在定义内存变量和数组变量名时,不要以下画线"_"开始,以免与系统变量名冲突。系统变量设置、保存了很多系统的状态、特性,了解、熟悉并且充分地运用系统变量,会给数据库系统的操作、管理带来很多方便,特别是开发应用程序时更为突出,学习时可对这部分内容重点关注。

6) 字段变量

字段变量是数据库管理系统中的一个重要概念,它与记录一纵一横构成了数据表的基本结构,这种变量将在 2.3.3 节重点介绍。

2.1.3 函数

Visual FoxPro 系统中,函数是一段程序代码,用来进行一些特定的运算或操作,支持和完善命令的功能,帮助用户完成各种操作与管理。

Visual FoxPro 系统有数百种不同函数。按函数提供方式,可分为系统函数和用户自定义函数;按函数运算、处理对象和结果的数据类型,可分为数值型函数、字符型函数、逻辑型函数、日期时间型函数、数据转换函数等;按函数的功能和特点,可分为数据处理函数、数据库操作函数、文件管理函数、键盘和鼠标处理函数、输出函数、窗口界面操作函数、程序设计函数、数据库环境函数、网络操作函数、系统信息函数和动态数据操作函数等。

Visual FoxPro 的函数由函数名与自变量两部分组成。标准函数是 Visual FoxPro 系统提供的系统函数,其函数名是 Visual FoxPro 保留字,自定义函数是用户自己定义的函数,函数名由用户指定;自变量必须用圆括号对括起来,如有多个自变量,各自变量以逗号分隔;有些函数可省略自变量,或不需自变量,但也必须保留括号;自变量数据类型由函数的定义确定,数据形式可以是常量、变量、函数或表达式等。

函数是一类数据项,除个别(如宏替换)函数外,函数都不能像命令一样单独使用,只能作为命令的一部分进行操作运算。

1. 数值函数

数值函数用于数值运算,其自变量与函数都是数值型数据。

1) 取绝对值函数 ABS()

【格式】ABS(<数值表达式>)

【功能】计算数值表达式的值,并返回该值的绝对值。

【例 2.8】 ? ABS(-43.29) && 结果为:43.29

2）指数函数 EXP()

【格式】EXP(<数值表达式>)

【功能】求以 e 为底、数值表达式值为指数的幂，即返回该数的指数值。

3）取整函数 INT()

【格式】INT(<数值表达式>)

【功能】计算数值表达式的值，返回该值的整数部分。

【例 2.9】 ? INT(−76.93) && 结果为：−76

4）自然对数函数 LOG()

【格式】LOG(<数值表达式>)

【功能】求数值表达式的自然对数。数值表达式的值必须为正数。

5）平方根函数 SQRT()

【格式】SQRT(<数值表达式>)

【功能】求非负数值表达式的平方根。

【例 2.10】 ? SQRT(5 * 5) && 结果为：5.00

6）最大值函数 MAX() 和最小值函数 MIN()

【格式】

MAX(<数值表达式 1>,<数值表达式 2>[,<数值表达式 3>…])

MIN(<数值表达式 1>,<数值表达式 2>[,<数值表达式 3>…])

【功能】返回数值表达式中的最大值 MAX() 和最小值 MIN()。

7）求余数函数 MOD()

【格式】MOD(<被除数>,<除数>)

【功能】返回<被除数>除以<除数>得到的余数值。

【说明】在求模运算中应注意以下几点：

（1）除数不能为 0。

（2）除数为正数，返回正数；如果除数为负数，返回负数。

（3）如果被除数与除数能够整除，结果为 0。

（4）如果被除数与除数不能整除，且被除数与除数同号，则结果为被除数除以除数而得到的余数。即：$MOD(X1,X2) = X1 - INT(X1/X2) * X2$。

（5）如果被除数与除数不能整除，且被除数与除数异号，则结果为被除数除以除数而得到的余数再加上除数。即：$MOD(X1,X2) = X1 - INT(X1/X2) * X2 + X2$。

【例 2.11】

```
? MOD(10,3)          && 结果为：1
? MOD(−10,−3)        && 结果为：−1
? MOD(−10,3)         && 结果为：2
? MOD(10,−3)         && 结果为：−2
```

8）四舍五入函数 ROUND()

【格式】ROUND(<数值表达式 1>,<数值表达式 2>)

【功能】返回数值表达式 1 四舍五入的值，数值表达式 2 表示保留的小数位数。

【例 2.12】

```
? ROUND(3.14159,4),ROUND(1234.9962,0),ROUND(1234.567,-1)
```

主屏显示结果：

```
3.1416  1235  1230
```

9）π 函数 PI()

【格式】PI()

【功能】返回常量 π 的近似值。

10）随机函数 RAND()

【格式】RAND(<数值表达式>)

【功能】产生 0~1 之间的随机数。

2. 字符函数

字符函数是处理字符型数据的函数，其自变量或函数值中至少有一个是字符型数据。函数中涉及的字符型数据项，均以 cExp 表示；数值型数据项，均以 nExp 表示。

1）子串位置函数

【格式】AT(< cExp1 >,< cExp2 >)

【功能】返回串 cExp1 在串 cExp2 中的起始位置。函数值为整数。如果串 cExp2 不包含串 cExp1,函数返回值为零。

【例 2.13】 X＝"Visual FoxPro6.0"

```
? AT("Fox",X)          && 显示结果为 8
? AT("fox",X)          && 显示结果为 0
? AT("o",X)            && 显示结果为 9
? AT("o",X,2)          && 显示结果为 13,参数中 2 表示第 2 次出现
```

2）取左子串函数 LEFT()

【格式】LEFT(< cExp >,< nExp >)

【功能】返回从< cExp >左边截取由< cExp >的值指定的字符。

【例 2.14】

```
?LEFT('FOXPRO 数据库管理系统',6)
```

主屏幕显示

```
FOXPRO
```

3）取右子串函数 RIGHT()

【格式】RIGHT(< cExp >,< nExp >)

【功能】返回从 cExp 串中右边第一个字符开始截取的 nExp 个字符的子串。

【例 2.15】

```
?RIGHT('FOXPRO 数据库管理系统',14)
```

主屏幕显示

数据库管理系统

4）取子串函数 SUBSTR()

【格式】SUBSTR(< cExp >,< nExp1 >[,< nExp2 >])

【功能】返回从串 cExp 中第 nExp1 个字符开始截取的 nExp2 个字符的子串。若省略 <长度>，或者<长度>超过从<起始位置>到末尾的长度，则截取的子字符串为从<起始位置>到<字符串表达式>末尾的所有字符。

【例 2.16】 CN＝"FOXPRO 数据库管理系统"

```
?SUBSTR(CN,4,3),SUBS(CN,1,3),SUBS(CN,8,6) ,SUBS(CN,14)
```

主屏幕显示

PRO FOX 数据库 管理系统

5）字符串长度函数 LEN()

【格式】LEN(< cExp >)

【功能】返回 cExp 串的字符数（长度），函数值为 N 型。

【例 2.17】 ? LEN("Visual FoxPro6.0") && 结果为：16

6）删除字符串前导空格函数 LTRIM()

【格式】LTRIM(< cExp >)

【功能】删除 cExp 串的前导空格字符。

7）删除字符串尾部空格函数 RTRIM()|TRIM()

【格式】RTRIM|TRIM(< cExp >)

【功能】删除 cExp 串尾部空格字符。

8）空格函数 SPACE()

【格式】SPACE (< nExp >)

【功能】返回一个包含 nExp 个空格的字符串。

【例 2.18】

```
X = SPACE(2) + "学生情况" + SPACE(4)
?LEN(X),LEN(TRIM(X)),LEN(LTRIM(X))
```

主屏幕显示

14 10 12

9）字符串替换函数 STUFF()

【格式】STUFF(< cExp1 >,< nExp1 >,< nExp2 >,< cExp2 >)

【功能】从 nExp1 指定位置开始，用 cExp2 串替换 cExp1 串中 nExp2 个字符。

【例 2.19】

```
X1 = "ABCDEFG"
X2 = "abcd"
? STUFF(X1,4,3,X2),STUFF(X1,1,4,X2)
```

主屏幕显示

ABCabcdG abcdEFG

10）大小写转换函数 LOWER() 和 UPPER()

【格式】LOWER（＜cExp＞）|UPPER（＜cExp＞）

【功能】LOWER()将 cExp 串中字母全部变成小写字母,UPPER()将 cExp 串中字母全部变成大写字母,其他字符不变。

11）字符匹配函数 LIKE()

【格式】LIKE(＜cExp1＞,＜cExp2＞)

【功能】比较两个字符串对应位置上的字符,若所有对应字符都相匹配,函数返回逻辑真(.T.),否则返回逻辑假(.F.)。

【说明】＜cExp1＞中可以使用通配符 * 和?。* 可以与任何数目的字符相匹配,? 可以与任何单个字符相匹配。

【例 2.20】

```
X = "abc"
Y = "abcd"
? LIKE(X,Y),LIKE("ab * ",X),LIKE("a * ",Y),LIKE("?b",X),LIKE(X," * ")
```

主屏幕显示

```
.F. .T. .T. .F. .F.
```

3. 日期时间函数

日期时间函数是处理日期型或日期时间型数据的函数。其自变量为日期型表达式 dExp 或日期时间型表达式 tExp。

1）系统日期函数 DATE()

【格式】DATE()

【功能】返回当前系统日期,此日期由系统设置。函数值为 D 型。

2）系统时间函数 TIME()

【格式】TIME(［＜nExp＞]）

【功能】返回当前系统时间,时间显示格式为 hh:mm:ss。是以 24 小时制表示的。函数值为 C 型。

3）日期函数 DAY()

【格式】DAY(＜dExp＞)

【功能】返回指定的 dExp 式中的天数。函数值为 N 型。

4）星期函数 DOW()、CDOW()

【格式】DOW(＜dExp＞)CDOW(＜dExp＞)

【功能】DOW()函数返回 dExp 式中星期的数值,用 1～7 表示星期日～星期六,函数值为 N 型。CDOW() 函数返回 dExp 式中星期的英文名称,函数值为 C 型。

5）月份函数 MONTH()、CMONTH()

【格式】MONTH(＜dExp＞)CMONTH(＜dExp＞)

【功能】MONTH()函数返回 dExp 式中月份数,函数值为 N 型。CMONTH() 函数则返回月份的英文名,函数值为 C 型。

6）年份函数 YEAR（）

【格式】YEAR(< dExp >)

【功能】函数返回 dExp 式中年份值，函数值为 N 型。

【例 2.21】

```
aa = {^2012-08-15}
? YEAR(aa),MONTH(aa),DAY(aa)
? DOW(aa),CDOW(aa), MONTH(aa),CMONTH(aa)
? YEAR(aa )
```

主屏幕显示

```
2012 8 15
4 Wednesday 8 August
2012
```

4．转换函数

在数据库应用的过程中，经常要将不同数据类型的数据进行相应转换，满足实际应用的需要。Visual FoxPro 系统提供了若干个转换函数，较好地解决了数据类型转换的问题。

1）ASCII 码函数 ASC（）

【格式】ASC（< cExp >)

【功能】返回 cExp 串首字符的 ASCII 码值，函数值为 N 型。

【例 2.22】 ? ASC("abc") && 结果为 97

2）ASCII 字符函数 CHR（）

【格式】CHR(< nExp >)

【功能】返回以 nExp 值为 ASCII 码的 ASCII 字符。函数值为 C 型。

【例 2.23】 ? CHR(99) && 结果为 c

3）字符日期型转换函数 CTOD（）

【格式】CTOD(< cExp >)

【功能】把"××/××/××"格式的 cExp 串转换成对应日期值。函数值为 D 型。

【例 2.24】 DA="08/13/12"

　　　　　 ? CTOD(DA) && 结果为 08/13/12

4）日期字符型转换函数 DTOC（）

【格式】DTOC(< dExp >[，1])

【功能】把日期 dExp 转换成相应的字符串。函数值为 C 型。

【例 2.25】 D={^2012/08/24}

　　　　　 DT=DTOC(D)

　　　　　 ? DT　　　　　　　　 && 结果为 08/24/12

　　　　　 ?? LEN(DT)　　　　　 && 结果为 8

5）数值转换成字符串函数 STR（）

【格式】STR(< nExp1 >[，< nExp2 >][，< nExp3 >])

【功能】将 nExp1 的数值转换成字符串形式，nExp2 为转换后字符串长度，nExp3 为转换后小数点保留位数，函数值为 C 型。在转换时，根据需要四舍五入。设数值表达式的整数部分位数＋小数点所占 1 位＋小数位数的总长度为 L ,若 nExp2 大于 L,则字符串加前导空格以满足长度;若 nExp2 小于 L 而大于整数部分位数(包括负号),则优先满足整数部分而调整小数部分;若 nExp2 小于整数部分位数,则返回星号;nExp2 的默认值为 10,nExp3 的默认值为 0。

【例 2.26】

```
? STR(1324.46,6,1)        && 结果为 1324.5
? STR(1324.46,8,3)        && 结果为 1324.460
? STR(1324.46,3,1)        && 结果为 ***
? STR(1324.46,10,4)       && 结果为 1324.4600
? STR(1324.46)            && 结果为 1324
```

6) 字符串转换成数值函数 VAL()

【格式】VAL（＜cExp＞）

【功能】将 cExp 串中数字转换成对应数值,转换结果取两位小数,函数值为 N 型,只保留两位小数,其余小数四舍五入。若字符表达式的第一个字符不是数字符号,则函数值为零。若字符表达式以数字字符开头,但出现了非数字字符,则函数值为只转换前面数字字符的部分,还要看是否满足科学记数法,如果满足则按科学记数法转换。

【例 2.27】

```
? VAL("32" + "18")        && 结果为 3218.00
? VAL("112GH")            && 结果为 112.00
? VAL("AB204")            && 结果为 0.00
? VAL("10E2ASD")          && 结果为 1000.00
```

7) 宏代换函数 &

【格式】&＜字符型内存变量＞

【功能】取"字符型内存变量"的值。

【说明】

（1）宏代换是一种间接取值的操作,在 & 符号后面必须紧跟(无空格)一个已被赋过值的字符型内存变量的名字。

（2）若 &＜字符型内存变量＞与后面的字符之间无空格分界时,应加上"."符号作为分界符。

（3）宏代换的使用可以嵌套另一个宏代换,但不能嵌套自己。例如,X="&X"的写法是错误的。

（4）对于数字字符串,可以通过 & 函数使其与其他数字进行计算。

【例 2.28】 求宏代换。

```
CH = "X"
X = 8
? &CH             && 结果为 8
Y = "2004"
M = " + "
Y = "&Y.&M.X"
? Y               && 结果为 2004 + X
? &Y              && 结果为 2012
```

5. 测试函数

在数据库应用的操作过程中,用户需要了解数据对象的类型、状态等属性,Visual FoxPro 提供了相关的测试函数,使用户能够准确地获取操作对象的相关属性。

1)数据类型函数 VARTYPE()

【格式】VARTYPE(<表达式>[,<逻辑表达式>])

【功能】返回<表达式>表示的数据对象的数据类型,返回值是一个表示数据类型的大写字母。C:字符型,D:日期型,N:数值型,L:逻辑型,M:备注型,G:通用型,U:未定义,X:NULL 值。若表达式是一个数组,则返回第一个数组元素的类型。若表达式的值是 NULL,若逻辑表达式的值为.F.或省略,则返回 X;若逻辑表达式的值为.T.,则返回表达式的原数据类型。

2)数据类型函数 TYPE()

【格式】TYPE(<表达式>)

【功能】返回<表达式>表示的数据对象的数据类型,该表达式可以是一个变量、数组、字段、备注字段或可返回数据类型的其他表达式。注意:指定的表达式必须包含在引号（""）之内,如果表达式没有包含在引号之内,TYPE()会对表达式进行求值。

【例 2.29】 m='10/1/2012'

```
              ? vartype(m)          && 表达式为 C
              ? vartype(val(m))     && 表达式为 N
              ? vartype(ctod(m))    && 表达式为 D
              ? type("ctod(m)")     && 表达式为 D
              m=.NULL.
              ? type(m)             && 表达式为 N
              ? vartype(m)          && 表达式为 X
              ? vartype(m,.t.)      && 表达式为 C
              ? type("m")           && 表达式为 C
```

3)值域测试函数 BETWEEN()

【格式】BETWEEN(< nExp1 >,< nExp2 >,< nExp3 >)

【功能】判断当表达式< nExp1 >的值大于等于< nExp2 >的值且小于等于< nExp3 >的值时,函数值为真(.T.),否则函数值为假(.F.)。如果< nExp2 >或< nExp3 >有一个是 NULL 值,那么函数值也是 NULL 值。

【例 2.30】 ? BETWEEN(3 * 5,10,50),BETWEEN(80,.null.,100)

显示结果为.T. .NULL.

4)条件测试函数 IIF()

【格式】IIF(< lExp >,< eExp 1 >,< eExp2 >)

【功能】逻辑表达式 lExp 值为真(.T.),返回表达式 eExp1 的值,否则返回表达式 eExp2 的值。eExp1 和 eExp2 可以是任意数据类型的表达式。

【例 2.31】 成绩=78

? IIF(成绩< 60,"不及格","及格") && 结果为及格

5)当前记录号函数 RECNO()

【格式】RECNO([<工作区号>|<别名>])

【功能】返回指定工作区中表的当前记录的记录号。对于空表返回值为 1。

6）表结束标志测试函数 EOF()

【格式】EOF([<工作区号>|<别名>])

【功能】测试记录指针是否移到表结束处。如果记录指针指向表中尾记录之后,函数返回真(.T.),否则为假(.F.)。

7）表起始标识测试函数 BOF()

【格式】BOF([<工作区号>|<别名>])

【功能】测试记录指针是否移到表起始处。如果记录指针指向表中首记录前面,函数返回真(.T.),否则为假(.F.)。

8）记录删除测试函数 DELETED()

【格式】DELETED([<工作区号>|<别名>])

【功能】测试指定工作区中表的当前记录是否被逻辑删除。如果当前记有逻辑删除标记,函数返回真(.T.),否则为假(.F.)。

9）记录个数测试函数 RECCOUNT()

【格式】RECCOUNT([<工作区号>|<别名>])

【功能】返回指定工作区中表的记录个数。如果工作区中没有打开表则返回 0。

10）空值(NULL 值)测试函数 ISNULL()

【格式】ISNULL(<表达式>)

【功能】判断一个表达式的值是否为 NULL 值,若是则返回逻辑值真(.T.),否则返回逻辑值假(.F.),空值(NULL)是 Visual FoxPro 中一种特殊的常量,表示数据为未知。

11）"空"值测试函数 EMPTY()

【格式】EMPTY(<表达式>)

【功能】根据指定表达式的运算结果是否为"空"值,若是,则返回逻辑值真(.T.),否则返回逻辑值假(.F.),空值不等于 NULL 值,表达式的类型可以是字符、数值、日期等多种类型,不同类型的空值有不同的定义,如表 2.2 所示。

表 2.2　Visual FoxPro 中空值的定义

数据类型	空值	数据类型	空值
数值型	0	双精度型	0
字符型	空串空格/制表符/回车符/换行符	日期型	空
货币型	0	日期时间	空
浮点型	0	逻辑型	.F.
整型	0	备注字段	空

【例 2.32】　x＝.NULL.

　　　　　　y＝0

　　　　　　? x,isnull(x)　　　&& 表达式为.NULL.,.T.

　　　　　　? empty(x)　　　　&& 表达式为.F.

　　　　　　? isnull(y)　　　　&& 表达式为.F.

　　　　　　? empty(y)　　　　&& 表达式为.T.

2.1.4 表达式

在 Visual FoxPro 系统中,表达式是由常量、变量、函数及其他数据容器单独或与运算符组成的有意义的运算式子。

运算符是对数据对象进行加工处理的符号,根据其处理数据对象的数据类型,运算符分为算术(数值)运算符、字符运算符、日期时间运算符、逻辑运算符和关系运算符 5 类,相应地,表达式也分为算术表达式、字符表达式、日期时间表达式、逻辑表达式和关系表达式 5 类。

在一个表达式中可能包含多个由不同运算符连接起来的、具有不同数据类型的数据对象,但任何运算符两侧的数据对象必须具有相同数据类型,否则运算将会出错;当表达式中包含多种运算时,必须按一定顺序施行相应运算,在 Visual FoxPro 系统中,各类运算的优先顺序如下:圆括号→算术和日期运算→字符串运算→关系运算→逻辑运算。

同一类运算符也有一定的运算优先顺序,这在各类表达式中将分别介绍。如果有多个同一级别的运算,则按在表达式中出现的先后顺序进行运算。

1. 算术表达式

算术表达式又称数值表达式,其运算对象和运算结果均为数值型数据。数值运算符的功能及运算优先顺序,如表 2.3 所示。表中运算符按运算优先级别从高到低顺序排列。

表 2.3　算术运算符

运算符	功　　能	表达式举例	运算结果	优先级别
( )	圆括号	$(2-5)*(3+2)$	-15	最高
$-$	取相反数	$-(3-8)$	5	
$**$ 、$\wedge$	乘幂	$2**5,3\wedge2$	32、9	
$*$ 、$/$	乘、除	$2*10,25/5$	20、5	
$\%$	取余数	$20\%5$	0	
$+$ 、$-$	加、减	$36+19,29-47$	55、-18	最低

【例 2.33】 计算数学算式 $\left(\dfrac{1}{90}-\dfrac{1}{9}\right)\times\dfrac{33}{17}$ 和 $\dfrac{1+2^{1+0.5}}{2}$ 的值。

可以输入以下命令:

? (1/90 – 1/9) * (33/17),(1 + 2 ^ (1 + 0.5))/2

主屏幕显示:

– 0.19　1.91

2. 字符表达式

字符表达式是由字符运算符(表 2.4)将字符型数据对象连接起来进行运算的式子。字符运算的对象是字符型数据对象,运算结果是字符常量或逻辑常量。

"＋"与"－"都是字符连接运算符,都将两字符串顺序连接,但"＋"是直接连接,"－"则将串 1 尾部所有空格移到串 2 尾部后再连接;"＄"运算实质上是比较两个串的包含关系,因此有些书中将其归于关系运算,其作用是比较、判断串 1 是否为串 2 的子串,如果串 1 是串 2 的子串,运算结果为"真",否则为"假"。所谓子串,如果串 1 中所有字符均连续包含在串 2 中、且与串 1 中排列方式和顺序完全一致,则称串 1 为串 2 的子串。

表 2.4　字符运算符

运　算　符	功　　能	表达式举例	运算结果
＋	串 1 ＋ 串 2:两串顺序相连接	'12□'＋'56'	'12□56'
－	串 1 － 串 2:串 1 尾空格移到串 2 尾后再顺序相连接	'12□'－'56'	'1256□'
$	串 1 $ 串 2:串 1 是否为串 2 子串	'1234' $ '12345'	.T.
		'1234' $ '34512'	.F.

两个连接运算的优先级别相同,但高于 $ 的比较运算,其中□表示空格。

【例 2.34】

```
LEN1 = "Visual FoxPro6.0□"
LEN2 = "数据库应用基础教程"
? LEN1 + LEN2 && 结果为 Visual FoxPro6.0□数据库应用基础教程
? LEN1 - LEN2 && 结果为 Visual FoxPro6.0 数据库应用基础教程□
? len (LEN1 - LEN2) && 结果为 35
? len (LEN1 + LEN2) && 结果为 35
```

【例 2.35】

```
STORE "中南林业科技大学" TO s1
STORE "中南林业科技大学涉外学院" TO s2
? s1 $ s2 && 结果为.T.
? s2 $ s1 && 结果为.F.
```

3. 日期表达式

由日期运算符将一个日期型或日期时间型数据与一个数值型数据连接而成的运算式称为日期表达式。日期运算符分为"＋"和"－"两种,其作用分别是在日期数据上增加或减少一个天数,在日期时间数据上增加或减少一个秒数。两个运算符的优先级别相同。日期时间操作符有:

＋:添加一个天数或秒数,－:减少一个天数或秒数

【例 2.36】

```
? {^2012-08-14} + 10          && 结果为 08/24/12
? {^2012-08-30}-15            && 结果为 08/15/12
? {^2012-08-14 10:10a} + 10   && 结果为 08/14/12 10:10:10 AM
? {^2012-08-14 10:35p} - 10   && 结果为 08/14/12 10:34:50 PM
```

日期和日期、日期时间和日期时间可以相减,不能相加,其值为相隔的天数或秒数。

【例 2.37】

```
? {^2012-08-19} - {^2012-8-10}   && 结果为 9
? {^2012-08-19 11:10:10AM } - {^2012-08-19 10:10:10AM}   && 结果为 3600
```

4. 关系表达式

由关系运算符(表 2.5)连接两个同类数据对象进行关系比较的运算式称为关系表达

自由表的基本操作

式。关系表达式的值为逻辑值,关系表达式成立则其值为"真",否则为"假"。

表 2.5 关系运算符

运 算 符	功 能	表达式举例	结 果
<或<=	小于或小于等于	15<4*6	.T.
>或>=	大于或大于等于	'A'>'1'	.T.
=或==	等于或精确等于	2+4=3*5	.F.
<>、#、!=	不等于	5<>-10	.T.

关系运算符的优先级别相同。关系表达式运算时,就是比较两个同类数据对象的"大小",对于不同类型的数据,其"大小"或者是值的大小,或者是先后顺序。日期或日期时间数据以日期或时间的先后顺序为序。

(1) 数值型和货币型数据比较,按数值的大小比较,包括负号。

【例 2.38】 ? 2+3=6,10>-11,$10>$15 && 结果为.F..T..F.。

(2) 日期或日期时间型数据比较,越早的日期或时间越小,越晚的日期或时间越大。

【例 2.39】 ? {^2012-01-01}>{^2011-12-28} && 结果为 .T. 。

(3) 逻辑型数据比较,逻辑型数据.T.大于.F.。

【例 2.40】 ? .t.>.f. && 结果为 .T. 。

(4) 字符型数据比较。

在 Visual FoxPro 系统中,字符型数据的比较相对复杂,默认规则为:字符型数据比较时,按某一种排序次序,先比较第一个字符的大小,若第一个字符大,则该串大;若第一个字符相同,则比较第二个字符,直到比较出大小。

Visual FoxPro 规定了 Machine 机内码、PinYin 拼音、Stork 笔画三种字符的排列次序,默认为拼音次序。可以通过 SET COLLATE TO < MACHINE | PINYIN | STROKE > 或 "工具"菜单→"选项"→"数据"来设置。

① PinYin 拼音次序:汉字按照拼音顺序排列。西文字符中空格最小,小写 abcd 字母序列排在前面,大写 ABCD 字母序列排在后面。

② Machine 机内码次序:汉字按照国标码顺序排列;西文字符按照字符的 ASCII 码值大小排列。

③ Stork 笔画次序:中文按笔画多少的顺序排列,西文默认为拼音次序。

【例 2.41】

```
SET COLLATE TO "MACHINE"                    && 按机内码排序
?"acb">"abc","a"<"A","湖南">"湖北"          && 表达式的值为.T..F..T.
SET COLLATE TO "PINYIN"                     && 按拼音排序
?"acb">"abc","a"<"A","湖南">"湖北"          && 表达式的值为.T..T..T.
SET COLLATE TO "STROKE"                     && 按笔画排序
?"acb">"abc","a"<"A","湖南">"湖北"          && 表达式的值为.T..T..T.
```

(5) "= ="和"="运算符。

- 精确比较:用运算符==进行两串的精确比较时,只有当两串长度相同、字符相同、排列一致时才成立。
- 模糊比较:用运算符=进行两串比较,当设置为 SET EXACT OFF 状态时,只要右边的字符串与左边字符串的前面部分内容相匹配,结果就为真.T.;当处于 SET EXACT ON 状态时,先在较短字符串的尾部加上若干个空格,使两个字符串长度相等,然后再进行比较。

【例 2.42】

```
SET EXACT OFF
?"湖南长沙" = "湖南"          && 表达式的值为.T.
?"湖南" = "湖南长沙"          && 表达式的值为.F.
? "湖南长沙" = "长沙"          && 表达式的值为.F.
?"湖南长沙" = = "湖南"         && 表达式的值为.F.
?"湖南□" = "湖南"             && 表达式的值为.T.
?"湖南" = "湖南□"             && 表达式的值为.F.
SET EXACT ON
?"湖南长沙" = "湖南"          && 表达式的值为.F.
?"湖南" = "湖南长沙"          && 表达式的值为.F.
? "湖南长沙" = "长沙"          && 表达式的值为.F.
?"湖南□" = "湖南"             && 表达式的值为.T.
?"湖南" = "湖南□"             && 表达式的值为.T.
```

5. 逻辑表达式

由逻辑运算将逻辑型数据对象连接而成的式子称为逻辑表达式。逻辑表达式的运算对象与运算结果均为逻辑型数据。表 2.6 为逻辑运算符的功能。逻辑运算符前后一般要加圆点".".标记,以示区别。

表 2.6　逻辑运算符

运　算　符	功　　能	优先级别
( )	圆括号	最高
. NOT. 或 !	逻辑非	↓
. AND.	逻辑与	
. OR.	逻辑或	最低

对于各种逻辑运算,其运算规则可由逻辑运算真值表确定,具体规则如表 2.7 所示。

表 2.7　逻辑运算真值表

A	B	A . AND. B	A . OR. B	. NOT A
T	T	T	T	F
T	F	F	T	F
F	T	F	T	T
F	F	F	F	T

【例 2.43】　身高＝1.8

　　　　体重＝130

　　　? 身高＞1.75 AND 体重＞110　　&& 主屏幕显示为.T.

　　　? 身高＞1.75 AND 体重＞150　　&& 主屏幕显示为.F.

　　　? NOT 身高＞1.75 AND 体重＞150　　&& 主屏幕显示为.F.

　　　? NOT(身高＞1.75 AND 体重＞150)　　&& 主屏幕显示为.T.

自由表的基本操作

? 身高＞1.75 OR 体重＞150　　　　　　&& 主屏幕显示为.T.

? NOT 身高＞1.75 OR 体重＞150　　　　&& 主屏幕显示为.F.

6. 运算符优先级

前面介绍了各种表达式以及它们所使用的运算符。在每一类运算符中,各个运算符有一定的运算优先级。而不同类型的运算也可能出现在同一个表达式中,这时它们的运算优先级顺序为:先执行算术运算符、字符串运算符和日期时间运算符,其次执行关系运算符,最后执行逻辑运算符。

圆括号作为运算符,可以改变其他运算符的运算次序。圆括号中的内容作为整个表达式的子表达式,在与其他运算对象进行各类运算前,其结果首先要被计算出来。也就是说圆括号的优先级最高,圆括号可以嵌套。

【例 2.44】 NOT（7＞6）AND 'ABV'＞'ABC' OR 5＊2＝8

NOT（7＞6）AND 'ABV'＞'ABC' OR 5＊2＝8
　　↓
NOT（.T.）AND 'ABV'＞'ABC' OR　5＊2＝8
　　　　　　　　　　　　　　　　　　↓
NOT（.T.）AND 'ABV'＞'ABC' OR 10＝8
　　　　　　　　　↓　　　　　　　　↓
NOT（.T.）AND　　　.T.　　　OR　.F.
　↓
.F.　　　AND　　　.T.　　　OR　.F.
　　　　　↓
　　　.F.　　　　　　　OR　.F.
　　　　　　　　　　↓
　　　　　.F.

计算机等级考试考点:

(1) 各种数据类型。

(2) 常量、变量、表达式。

(3) 常用函数:字符处理函数、数值计算函数、日期时间函数、数据类型转换函数和测试函数等。

2.2　数据表的设计

数据表需要根据应用系统中数据的性质、内在联系,按照管理的要求来设计和组织。人们把客观存在的事物以数据的形式存储到计算机中,经历了对现实生活中事物特性的认识、概念化到计算机数据库里的具体表示的逐级抽象过程。

2.2.1　数据模型的设计

1. 数据模型

(1) 数据模型的概念:是数据特征的抽象,它从抽象层次上描述了系统的静态特征、动态行为和约束条件,为数据库系统的信息表示与操作提供一个抽象的框架。

(2) 数据模型所描述的内容有三个部分,它们是数据结构、数据操作与数据的约束条件。

- 数据结构:数据结构是所研究的对象类型的集合,包括与数据类型、内容、性质有关的对象以及与数据之间联系有关的对象。它用于描述系统的静态特性。
- 数据操作:数据操作是对数据库中各种对象(型)的实例(值)允许执行的操作的集合,包括操作的含义、符号、操作规则及实现操作的语句等。它用于描述系统的动态特性。
- 数据的约束条件:数据的约束条件是一组完整性规则的集合。完整性规则是给定的数据模型中数据及其联系所具有的制约和依存规则,用以限定符号数据模型的数据库状态及状态的变化,以保证数据的正确、有效和相容。

(3) 数据模型分为概念数据模型、逻辑数据模型和物理数据模型三类。

- 概念数据模型:简称概念模型,是对客观世界复杂事物的结构描述及它们之间的内在联系的刻画。概念模型主要有 E-R 模型(实体联系模型)、扩充的 E-R 模型、面向对象模型及谓词模型等。
- 逻辑数据模型:又称数据模型,是一种面向数据库系统的模型,该模型着重于在数据库系统一级的实现。逻辑数据模型主要有层次模型、网状模型、关系模型、面向对象模型等。
- 物理数据模型:又称物理模型,它是一种面向计算机物理表示的模型,此模型给出了数据模型在计算机上物理结构的表示。

2. 实体联系模型及 E-R 图

现实世界存在各种事物,事物与事物之间存在着联系。这种联系是客观存在的,是由事物本身的性质所决定的。例如,图书馆中有图书和读者,读者借阅图书;学校的教学系统中有教师、学生和课程,教师为学生授课,学生选修课程并取得成绩。如果管理的对象较多或者比较特殊,事物之间的联系就可能较为复杂。

1) 实体

客观事物在信息世界中称为实体,它是现实世界中任何可区分、识别的事物。实体可以是具体的人或物,也可以是抽象概念。例如,学生、图书等属于实际事物;借阅图书、比赛等活动是比较抽象的事件。

2) 属性

实体具有许多特性,实体所具有的特性称为属性。一个实体可用若干属性来刻画。每个属性都有特定的取值范围即值域,值域的类型可以是整数型、实数型、字符型等。例如,学生实体用(学号,姓名,性别,身高,出生年月,班级,系别)等若干个属性来描述。

3) 实体型和实体集

属性值的集合表示一个实体,而属性的集合表示一种实体的类型,称为实体型。同类型的实体的集合称为实体集。

例如,(学号,姓名,性别,身高,出生年月,班级,系别)表示学生实体的类型;(20110981,张蕾,女,1.7,1995-12-12,2011 会计 9 班,理工系)表示一个具体学生,即一个实体;一个班的学生就构成一个集合,叫实体集。

4）实体联系

实体之间的对应关系称为联系，它反映现实世界事物之间的相互关联，如学生可以选修多门课程，老师可以承担多门课程教学工作等。实体间联系的种类是指一个实体型中可能出现的每一个实体与另一个实体型中多少个具体实体存在联系。

建立实体模型的一个主要任务就是要确定实体之间的联系。常见的实体联系有 3 种：一对一联系、一对多联系和多对多联系，如图 2.1 所示。

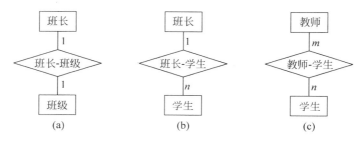

图 2.1　实体联系

（1）一对一联系（1∶1）

若两个不同型实体集中，任一方的一个实体只与另一方的一个实体相对应，称这种联系为一对一联系。如班长与班级的联系，一个班级只有一个班长，一个班长对应一个班级。

（2）一对多联系（1∶n）

若两个不同型实体集中，一方的一个实体对应另一方若干个实体，而另一方的一个实体只对应本方一个实体，称这种联系为一对多联系。如班长与学生的联系，一个班长对应多个学生，而本班每个学生只对应一个班长。

（3）多对多联系（$m∶n$）

若两个不同型实体集中，两实体集中任一实体均与另一实体集中若干个实体对应，称这种联系为多对多联系。如教师与学生的联系，一位教师为多个学生授课，每个学生也有多位任课教师。

E-R 模型的基本成分是实体和联系。

- 实体集：用矩形表示。
- 属性：用椭圆形表示。
- 联系：用菱形表示。
- 实体集与属性间的联接关系：用无向线段表示。
- 实体集与联系间的联接关系：用无向线段表示。

2.2.2　关系模型的设计

1. 关系模型简介

Visual FoxPro 是一个关系数据库管理系统，关系数据库是建立在关系模型基础上的。关系模型采用二维表来表示，简称表，由表框架及表的元组组成。一个二维表就是一个关系。

一个关系就是一张二维表，每个关系有一个关系名。在 Visual FoxPro 中，一个关系存储为一个文件，其扩展名为.DBF，称为"表"。在关系模型中，关系具有以下基本特点：

- 关系必须规范化,属性不可再分割。
- 在同一关系中不允许出现相同的属性名(字段)。
- 关系中不允许有完全相同的元组(记录)。
- 在同一关系中元组(行)的顺序可以任意。
- 任意交换两个属性(列)的位置,不会改变关系模式。

以上是关系的基本性质,也是衡量一个二维表格是否构成关系的基本要素。在这些基本要素中,有一点是关键,即属性不可再分割,也即表中不能套表,一个二维表由单一的行和单一的列组成。如表 2.8 就不是一个二维表,而表 2.9 是一个典型的二维表。

表 2.8　学生成绩表

姓名	课程成绩				平均分	总分
	高等数学	大学英语	计算机	电子技术		
李一明	90	87	77	76	82.5	330

表 2.9　学生信息表

学号	姓名	性别	出生年月	班级	系别
20110102	叶诗文	女	12-11-96	2011 会计 9 班	经管系
20110203	李一明	女	09-12-94	2011 园林 3 班	设计系
20110305	王一梅	女	08-15-95	2011 工设 2 班	理工系
20110406	彭帅	男	03-05-94	2011 工设 2 班	理工系

在二维表中有些与实体模型中相对应的概念。

1) 元组

在一个二维表(一个具体关系)中,水平方向的行称为元组,每一行是一个元组,元组对应存储文件中的一个具体记录,在 Visual FoxPro 中表示为记录。如表 2.9 中的(20110102,叶诗文,女,12-11-96,2011 会计 9 班,经管系)。

2) 属性

二维表中垂直方向的列称为属性,每一列有一个属性名,与前面讲的实体属性相同,在 Visual FoxPro 中表示为字段名。如表 2.9 中的学号、姓名、性别等字段名及其相应的数据类型组成表的结构。

3) 域

属性的取值范围,即不同元组对同一个属性的取值所限定的范围。例如,姓名的取值范围是文字字符;性别只能从“男”“女”两个汉字中取一个。

4) 关键字

属性或属性的组合,其值能够唯一地标识一个元组。在 Visual FoxPro 中表示为字段或字段的组合,表 2.9 中的学号可以作为标识一条记录的关键字。由于具有某一出生年月的可能不只一个人,出生年月字段就不能作为起唯一标识作用的关键字。在 Visual FoxPro 中,主关键字和候选关键字就起唯一标识一个元组的作用。

5) 外部关键字

如果表中的一个字段不是本表的主关键字或候选关键字,而是另外一个表的主关键字或候选关键字,这个字段(属性)就称为外部关键字。

自由表的基本操作

从集合论的观点来定义关系,可以将关系定义为元组的集合。关系模式是命名的属性集合。元组是属性值的集合。一个具体的关系模型是若干个有联系的关系模式的集合。

二维表的表框架由 n 个命名的属性组成,n 称为属性元数。每个属性有一个取值范围称为值域。表框架对应了关系的模式,即类型的概念。在表框架中按行可以存放数据,每行数据称为元组,实际上,一个元组是由 n 个元组分量所组成的,每个元组分量是表框架中每个属性对应的值。

2. 关系运算

1) 关系的数据结构

关系是由若干个不同的元组所组成的,因此关系可视为元组的集合。n 元关系是一个 n 元有序组的集合。关系模型的基本运算包括:①插入;②删除;③修改;④查询(包括投影、选择、笛卡儿积运算)。

2) 集合运算

(1) 并(∪):关系 R 和 S 具有相同的关系模式,R 和 S 的并是由属于 R 或属于 S 的元组构成的集合。

(2) 差(一):关系 R 和 S 具有相同的关系模式,R 和 S 的差是由属于 R 但不属于 S 的元组构成的集合。

(3) 交(∩):关系 R 和 S 具有相同的关系模式,R 和 S 的交是由属于 R 且属于 S 的元组构成的集合。

(4) 广义笛卡儿积(×):设关系 R 和 S 的属性个数分别为 n、m,则 R 和 S 的广义笛卡儿积是一个有 $(n+m)$ 列的元组的集合。每个元组的前 n 列来自 R 的一个元组,后 m 列来自 S 的一个元组,记为 R×S。

根据笛卡儿积的定义:有 n 元关系 R 及 m 元关系 S,它们分别有 p、q 个元组,则关系 R 与 S 经笛卡儿积记为 R×S,该关系是一个 $n+m$ 元关系,元组个数是 $p×q$,由 R 与 S 的有序组组合而成。

例如,有两个关系 R 和 S,分别进行并、差、交和广义笛卡儿积运算,具体结果如图 2.2 所示。

R

A	B	C
a1	b1	c1
a1	b2	c2
a2	b2	c1

(a)

S

A	B	C
a1	b2	c2
a1	b3	c2
a2	b2	c1

(b)

R∪S

A	B	C
a1	b1	c1
a1	b2	c2
a2	b2	c1
a1	b3	c2

(c)

R−S

A	B	C
a1	b1	c1

(d)

R∩S

A	B	C
a1	b2	c2
a2	b2	c1

(e)

图 2.2　集合运算实例 1

R×S

R.A	R.B	R.C	S.A	S.B	S.C
a1	b1	c1	a1	b2	c2
a1	b1	c1	a1	b3	c2
a1	b1	c1	a2	b2	c1
a1	b2	c2	a1	b2	c2
a1	b2	c2	a1	b3	c2
a1	b2	c2	a2	b2	c1
a2	b2	c1	a1	b2	c2
a2	b2	c1	a1	b3	c2
a2	b2	c1	a2	b2	c1

(f)

图 2.2 （续）

（5）除运算：给定关系 R(X,Y)与 S(Y,Z)，其中 X、Y、Z 为属性组。R 中的 Y 与 S 中的 Y 可以有不同的属性名，但是必须出自相同的域集。R 与 S 的除运算得到一个新的关系 P(X)，P 是 R 中满足下列条件的元组在 X 属性列上的投影：元组在 X 上的分量值 x 的象集 Y_x 包含 S 在 Y 上的投影的集合。记作：

$$R \div S = \{t_r[X] \mid t_r \in R \land Y_x \geqslant \prod Y(S)\}$$

其中 Y_x 为 x 在 R 中的象集，$x = t_x[X]$。

设关系 R,S 分别如图 2.3(a)、图 2.3(b)所示，则 R÷S 的结果为图 2.3(c)。

R

A	B	C
A1	B1	C2
A2	B3	C7
A3	B4	C6
A1	B2	C3
A4	B6	C6
A2	B2	C3
A1	B2	C1

(a)

S

B	C	D
Bl	C2	D1
B2	C1	D1
B2	C3	D2

（b）

R÷S

A
A1

(c)

图 2.3 集合运算实例 2

3）关系运算

（1）选择运算是根据给定的条件，从一个关系中选出若干个元组。被选出的元组组成一个新的关系，这个新的关系是原关系的子集，其关系模型不变。选择运算就是从 n 维空间的所有点中选出满足给定条件的点。

（2）投影运算是从一个关系中指定若干个属性组成新的关系。投影运算就是将一个维度较高的空间坐标系转变为维度较低的空间坐标系。

（3）联接运算是将两个关系按一定条件组成一个新的关系。联接运算是将两个关系进行笛卡儿相乘而得到的乘积。

注意：选择是对元组(行)的限制；投影是对属性(列)的指定；联接是按一定条件将两个表进行笛卡儿相乘。

3. 数据的完整性

1) 实体完整性

实体完整性保证了表中记录的唯一性,即在一个表中不能出现重复记录。

2) 参照完整性

参照完整性与表之间的联系有关,当插入、删除或修改一个表中的数据时,通过参照引用相互关联的另一个表中的数据,可以检查对表的数据的操作是否正确。

3) 域完整性

数据类型的定义即属于域完整性的范畴。例如对于数值型字段,通过指定宽度,可以限定字段的取值类型和取值范围。

4. 具体关系模型设计

如高校学生成绩管理中,一个学生可以选修多门课程,一门课程由多个学生选修,学生和课程间存在多对多的联系,学生和课程两个实体型及其联系可以用 E-R 模型描述,如图 2.4 所示。

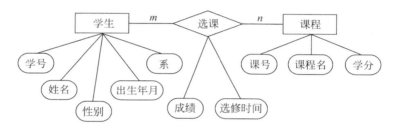

图 2.4　E-R 模型示例

在关系数据库中,E-R 模型中的实体及其联系将用关系模型来表示,即用二维表来表示。一个具体的关系模型由若干个关系模式组成。在 Visual FoxPro 中,一个数据库中包含相互之间存在联系的多个表。这个数据库文件就代表一个实际的关系模型。为了反映出各个表所表示的实体之间的联系,公共字段名往往起着"桥梁"的作用。图 2.4 所示的学生成绩管理 E-R 模型在关系数据库中将转化下列三种关系(二维表):

学生表:(学号,姓名,性别,出生年月,班级,所属系别)

成绩表:(学号,课程号,成绩,选修时间)

课程表:(课程号,课程名称,学分,开课系别)

关系模型中的各种关系不是孤立的,不是随意堆砌在一起的一些二维表,关系模型正确地反映事物及事物之间的联系。在关系数据库中,表之间的联系常通过不同表中的公共字段来体现。

5. 表的结构设计

一个关系数据库就是相关二维表的集合,二维表结构设计的好坏关系到整个数据库系统,表结构的设计是我们最为基础的部分,也是至关重要的部分。对于每一个数据表,要设计表结构,即数据表包括哪些字段,各字段的名称、数据类型、字段宽度和小数位数等信息。

1) 字段的确定

在确定所需字段时,应注意将与表的主题相关的字段存放在一个数据表中。综合以上分析,学生成绩管理各数据表的字段如下:

学生表:(学号,姓名,性别,政治面貌,出生年月,班级,相片,个人简介)

成绩表:(学号,课程号,成绩,选修时间)

课程表:(课程号,课程名称,学分,开课系别)

在设计数据表时,应尽量避免在各个表之间出现重复的字段。数据库表字段名称最长可达 128 个字母,自由表字段名称最长可达 10 个字母。字段名称可包含中文、字母、数字与下画线,但第一个字母不能是数字与下画线。在同一个表中,各个字段的名称绝对不能重复。

2) 字段数据类型的确定

字段的数据类型决定了该字段所存储数据的特性,Visual FoxPro 共提供了 13 种数据类型。

3) 字段宽度的确定

字段宽度指字段中所能容纳的最大数据量。对于字符型字段,字段宽度是指其所能输入的文本长度。其中,一个汉字所占宽度为 2。例如姓名字段,最多要容纳 4 个汉字,应设置其宽度为 8。对于数值型与浮点型字段,字段宽度指其可能的最大位数(包括小数点和符号位)。例如,若字段最大可能为 100.00,应定义其字段宽度为 3(整数最大位数)+1(小数点)+2(小数位数),即宽度为 6。有些数据类型的宽度是固定的:日期型、日期时间型、货币值类型、双精度型宽度固定为 8;整数型宽度固定为 4;逻辑型宽度固定为 1;备注型与通用型宽度固定为 4。对于数值型、浮点型和双精度型字段,根据该字段需要的数据精度,设置小数位数。

4) NULL 值的确定

NULL 值也称为空值,是关系型数据表中的一个重要概念。空值与数值零、空格和不含任何字符的空字符串等具有不同的含义。空值表示还没有确定的值,一个字段是否允许为 NULL 值与实际应用有关,对于那些暂时无法确切知道具体数据的字段往往可设定为允许空值。例如,对于一个成绩的字段值,如果未向其输入数据,系统会给它赋予 0 值,为了表明这个 0 不是零分,而是一时拿不出数据来填写,有必要将该字段指定为“允许为空值”。

5) 主关键字的确定

每个数据表必须有一个主关键字来唯一标识每一条记录。例如,学号字段能标识学生的唯一性,课程号字段能标识课程的唯一性,学号+课程号能标识成绩的唯一性,它们是表的主关键字。

6) 表间联系的确定

用户在进行数据处理或查询时,需要用到的数据项可能存放在不同的数据表中。根据表之间的关联将各个表的信息联系在一起。学生表和成绩表通过公共字段“学号”有着一对多的关联。课程表和成绩表通过公共字段“课程号”有着一对多的关联。

根据表结构设计的要素,我们将学生、成绩、课程三个表的结构设计如表 2.10~表 2.12 所示。

表 2.10　学生表

字段名称	字段类型	宽度	备注
学号	字符型	8	主关键字
姓名	字符型	8	
性别	字符型	2	
政治面貌	字符型	8	
出生年月	日期型	8	
班级	字符型	20	
简介	备注型	4	
相片	通用型	4	

表 2.11　成绩表

字段名称	字段类型	宽度	备注
学号	字符型	8	外部关键字
课程号	字符型	4	外部关键字
成绩	数值型	6	小数位数两位
选修时间	日期型	8	

注：学号＋课程号作为成绩表的主关键字。

表 2.12　课程表

字段名称	字段类型	宽度	备注
课程号	字符型	4	主关键字
课程名称	字符型	20	
学分	数值型	3	小数位数 1 位
开课系别	字符型	6	

计算机等级考试考点：

（1）关系、元组、属性、域、主关键字和外部关键字等基本概念。

（2）关系运算。

（3）数据的完整性。

2.3　表结构的建立与修改

在 Visual FoxPro 中，数据表的创建主要分以下两步进行。

（1）表结构的建立，即表由哪些字段组成，需要说明其字段名、字段类型、字段宽度、小数位数以及是否允许为空等。

（2）输入表记录。

2.3.1　表结构的建立

可以用表设计器或表向导创建表结构，由于根据"表向导"建立新表很烦琐，其中有一些不必要的步骤,而且表向导中的样表很少有与实际使用的表类似的,故实际上很少用"表向导"方式来创建表,在这只要理解就行,在此主要介绍利用表设计器定义表结构的方式。

1. 利用菜单创建表结构

Visual FoxPro 提供了一个设计表的工具,称为表设计器,可用来建立表的结构。下面以表 2.10 指定的学生表结构为例,利用"表设计器"说明建立数据表的过程。

操作步骤如下:

(1) 选择系统菜单:"文件"→"新建",会弹出一个"新建"对话框,如图 2.5 所示。

(2) 在打开的"新建"对话框中选择"表"文件类型,然后单击"新建文件"图标,此时系统会打开"创建"对话框,如图 2.6 所示。

(3) 在该对话框的"输入表名"文本框中,输入要建立的表名称"student",并单击"保存"按钮,系统将会显示表设计器,如图 2.7 所示。

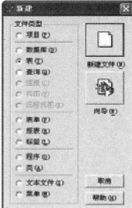

图 2.5 "新建"对话框

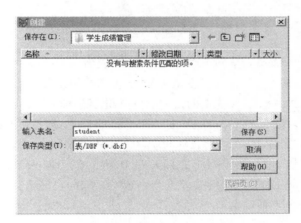

图 2.6 "创建"对话框

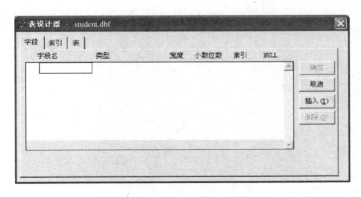

图 2.7 "表设计器"对话框

默认情况下，Visual FoxPro 把用户创建的文件放在 Visual FoxPro 的主目录中。为了不把创建的数据表与 Visual FoxPro 内含的数据混在一起，创建数据表之前，最好建立一个自己的工作目录，并用工作目录存放开发的数据，这样才能对开发的所有文件进行有效的管理。

（4）按表 2.10 提供的结构在表设计器中依次定义字段名、类型、宽度和小数位数等，如图 2.8 所示。

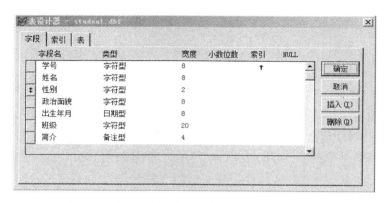

图 2.8　在"表设计器"对话框中定义学生表字段

输入数据时，每项输入完毕可按 Tab 键切换，或者直接用鼠标单击，以确定输入位置。对于"类型"项的输入，则可直接用鼠标单击下拉按钮选择，或用光标移动键（↑ ← ↓ →）前后选择数据类型。在输入数据的过程中可以随时修改输入信息，只要将光标先移动到目标位置，就可以进行各种编辑操作。如果要删除某条字段的信息，应当先把光标移动到该行上，单击"删除"按钮完成。如果要插入某条字段信息，先把光标移动到指定位置，单击"插入"按钮，以在当前行上方插入一个新行，然后输入字段名、类型等。当光标移动到某行时，可以看到该行左端的按钮上会出现一个双向小箭头，如图 2.8 中的"性别"字段左端。用鼠标左键上下拖动该双向箭头，可以改变当前行的位置。当全部字段描述信息设置正确后，单击"确定"按钮以结束表结构的创建过程，这时将会弹出一个对话框，如图 2.9 所示。用户可以选择是否立即输入该数据表的数据记录。如果选择"否"按钮，数据表 student 就是一个只有结构、没有记录的空表；如果选择"是"按钮，系统将弹出记录输入窗口，等待用户输入记录。

图 2.9　数据输入提示对话框

2. 用命令建立表结构

在命令窗口中输入操作命令，同样可以打开表设计器创建数据表。

【格式】CREATE［<表文件名[.DBF]>|?］

【说明】表文件名前可以指定盘符号和文件的保存路径；如果只在命令窗口执行命令CREATE 或 CREATE ? 命令，则将弹出如图 2.6 所示的"创建"对话框，指定保存位置并输入表名后单击"保存"按钮，即可在弹出的如图 2.7 所示的"表设计器"对话框中设计该表的结构。

【例 2.45】 新建一个成绩表 grade.dbf。

可执行如下命令：

CREATE F:\学生成绩管理\grade.dbf

该命令在 F 盘的学生成绩管理目录下创建名为 grade.dbf 的表文件，在随后打开的表设计器中做表结构的定义，如图 2.10 所示。

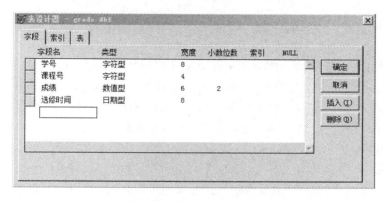

图 2.10　在"表设计器"对话框中定义成绩表字段

在 Visual FoxPro 中，同一个操作，往往既可以利用菜单（或设计器）操作实现，又可以直接在命令窗口中输入命令来实现，同时还有很多操作能在我们后面学习的一个管理工具——项目管理器中来实现，这一点大家一定要搞清楚，正所谓"条条道路通罗马"。当利用菜单进行操作时，相应的命令会在命令窗口中自动出现。对于 Visual FoxPro 的初学者，可先用直观的菜单操作法，再到命令窗口中学习其相应的命令。

3. 使用表向导建立表结构

启动表向导的方法有多种，在这里仅介绍利用系统菜单启动表向导。具体方法是选择系统菜单"文件"→"新建"，在打开的"新建"对话框中选择"表"文件类型，然后单击"向导"按钮，此时系统会打开"表向导"对话框，如图 2.11 所示。

对话框用于从不同样表中选取所需字段进行组合，形成新的表结构。当选择"业务表"或"个人表"后，"样表"列表框列出了一些可供选取的表。图中各选项的功能如下。

- "加入"按钮：如果"样表"列表框中没有所需的表，可通过"加入"按钮添加所需的表到"样表"列表框中。
- "可用字段"：当从"样表"列表框中选择了一个表时，这个表中的所有字段将在"可用字段"列表框中显示出来。
- "选定字段"：用于显示所选取的字段。
- ▶按钮：把"可用字段"中选定的一个字段移到"选定字段"列表框中。

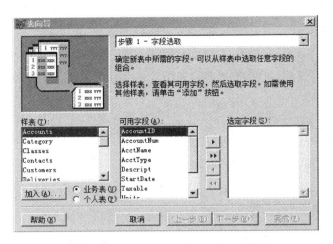

图 2.11 "表向导"中"字段选取"对话框

- ▶▶按钮：把"可用字段"中的所有字段移到"选定字段"列表框中。
- ◀按钮：把"选定字段"中选定的一个字段移到"可用字段"列表框中。
- ◀◀按钮：把"选定字段"中的所有字段移到"可用字段"列表框中。

系统固有的"样表"中的字段一般都不符合需要，下面以创建表 2.12 课程表为例说明用向导创建表的过程。

1）添加表

在图 2.11 表向导的"字段选取"对话框中，单击"加入"按钮，从"打开"对话框中选取已创建好且新表中所需要的数据表成绩表 grade，添加后可以看到选取的表已经被添加到"样表"中了。

2）选取字段

在图 2.11 表向导中，选取成绩表 grade 表中的所有可用字段，然后单击"下一步"按钮，进入表向导步骤 1，并选择是创建自由表还是创建数据库表。本例要创建自由表，选择"创建独立的工作表"后，单击"下一步"按钮，进入表向导步骤 2，如图 2.12 所示。

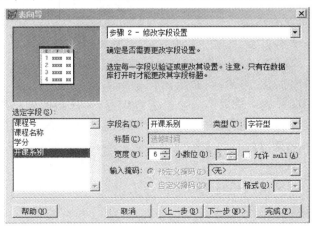

图 2.12 "表向导"中字段修改对话框

3）修改字段

用于修改字段设置,如果某一字段的设置不符合要求,还可以从"选定字段"中选定该字段,然后修改其设置,能修改的内容包含字段名、类型和宽度等。对字段设置按表 2.12 所示进行修改后,单击"下一步"按钮,以进入表向导步骤 3,如图 2.13 所示。

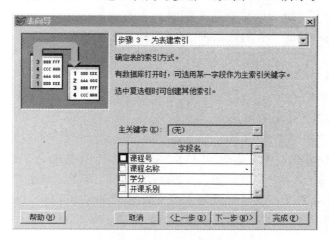

图 2.13　"表向导"中建索引对话框

4）建立索引

表向导步骤 3 用于建立索引。关于索引的概念及操作将在第 3 章介绍,此时,单击"下一步"按钮,进入表向导步骤 4 的完成阶段。

5）完成

此时,表向导步骤基本结束,如果表中还有字段未定义,可选择"保存表,然后在表设计器中修改该表"选项,单击"完成"按钮,紧接着在弹出的"另存为"对话框的"输入表名"文本框中输入表名 course,然后单击"保存"按钮,此时,使用表向导创建表的工作就完成了。

2.3.2　表结构的修改

在 Visual FoxPro 中,表结构可以任意修改,例如可以增加、删除字段,可以修改字段名、字段类型、字段的宽度,可以建立、修改、删除索引,数据库表还可以建立、修改、删除有效性规则等(索引和有效性规则将在后面介绍)。

通常利用表设计器来修改表的结构。先打开表,然后任选下面两种方法之一打开相应的表设计器。

（1）使用菜单方法,执行"显示"→"表设计器"菜单命令。

（2）使用命令方法,打开表设计器的命令是:MODIFY STRUCTURE。

修改表结构的界面和建立表时的表设计器界面完全一样。

① 修改已有的字段,用户可以直接修改字段的名称、类型和宽度。

② 增加新字段,如果要在原有的字段后增加新的字段,则首先将光标移动到最后,然后输入新的字段名、定义类型和宽度。如果要在原有的字段中间插入新字段,则首先将光标定位在要插入新字段的位置,然后用鼠标单击"插入"命令按钮,这时会插入一个新字段,随后输入新的字段名、定义类型和宽度。

自由表的基本操作

③ 删除字段,如果要删除某个字段,首先将光标定位在要删除的字段上,然后用鼠标单击"删除"命令按钮。

2.3.3　表记录的输入

在创建表结构时可以按系统提示直接输入表的数据(记录),也可以在以后追加记录。追加记录时必须先打开磁盘上的数据表(刚刚创建的表是打开的)。可选"文件"→"打开"菜单命令(或工具栏上的"打开"按钮),在"打开"对话框中选定要打开的文件名,然后单击"确定"按钮即将该表打开。

表打开后,常常使用以下方法给表追加记录。

1. 使用 APPEND 命令的方法

【格式】APPEND［BLANK］

APPEND 命令是在表的尾部增加记录,APPEND BLANK 命令后在表中添加一条空记录,而执行 APPEND 命令打开如图 2.14 所示的界面,需要立刻交互输入新的记录值,一次可以连续输入多条新的记录。然后按 Ctrl＋W 组合键或单击窗口的"关闭"按钮结束并保存输入的新记录;按 Esc 键结束并不保存输入的新记录。

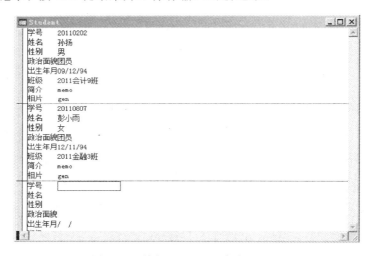

图 2.14　执行 APPEND 命令的界面

2. 使用菜单方法

执行"显示"→"浏览"菜单命令,出现如图 2.15 所示的浏览窗口,再执行"显示"→"追加方式"菜单命令或执行"表"→"追加记录"菜单命令(也可以按 Ctrl＋Y 组合键),即在浏览器尾部会增加一条空白记录,在此空白记录处输入新的记录值即可。

在输入时,应注意输入数据的类型、宽度等必须与该字段定义的属性保持一致。字符型、数值型字段的输入比较简单,这里需要说明其他类型的数据输入方法。

1. 逻辑型字段

逻辑型字段只能接受 T,Y,F,N 这 4 个字母之一(大、小写均可)。T 与 Y 同义,若输入 Y 也显示 T;同样,若输入 N 也显示 F。

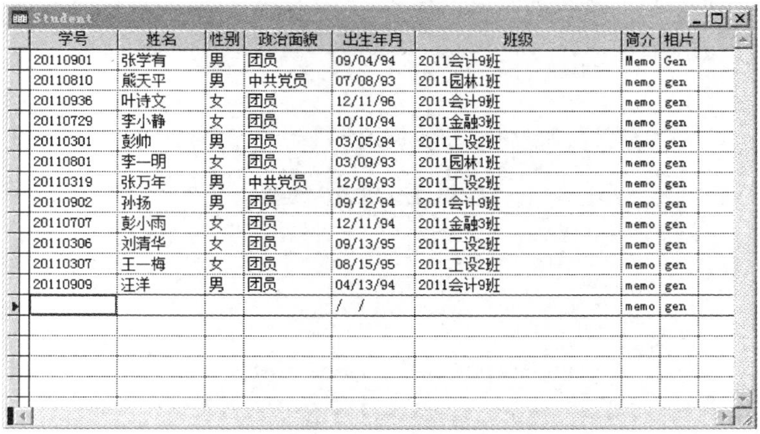

学号	姓名	性别	政治面貌	出生年月	班级	简介	相片
20110901	张学有	男	团员	09/04/94	2011会计9班	Memo	Gen
20110810	熊天平	男	中共党员	07/08/93	2011园林1班	memo	gen
20110936	叶诗文	女	团员	12/11/96	2011会计9班	memo	gen
20110729	李小静	女	团员	10/10/94	2011金融3班	memo	gen
20110301	彭帅	男	团员	03/05/94	2011工设2班	memo	gen
20110801	李一明	女	团员	03/09/93	2011园林1班	memo	gen
20110319	张万年	男	中共党员	12/09/93	2011工设2班	memo	gen
20110902	孙扬	男	团员	09/12/94	2011会计9班	memo	gen
20110707	彭小雨	女	团员	12/11/94	2011金融3班	memo	gen
20110306	刘清华	女	团员	09/13/95	2011工设2班	memo	gen
20110307	王一梅	女	团员	08/15/95	2011工设2班	memo	gen
20110909	汪洋	男	团员	04/13/94	2011会计9班	memo	gen
				/ /		memo	gen

图 2.15　浏览窗口

2. 日期型字段

数据必须与系统的日期格式相符。默认按照美国日期格式 mm/dd/yy 输入，若需要设置中国日期格式 yy. mm. dd，只要在命令窗口中输入 SET DATE ANSI 命令，这时，在输入窗口中日期型字段中的“/”就变为“. ”间隔符了。若需要将年份表示为四位数，则可在命令窗口中输入“SET CENTURY ON”命令。若需切换到美国日期格式则可用 SET DATE AMERICAN 命令。

3. 备注型字段

当光标停留在备注型字段的 memo 字样上时，按 Ctrl＋PgDn 组合键或双击 memo 字样均可打开备注型字段的编辑窗口，即可输入具体的备注内容。输入的文本可以复制、粘贴，也可以设置字体与字号，输入完成后单击“关闭”按钮或按 Ctrl＋W 组合键关闭编辑窗口并存盘。若要放弃本次备注内容的输入，则按 Esc 键或 Ctrl＋Q 组合键。当备注型字段中有具体内容，切换到图 2.15 的输入窗口时，原备注型字段处的 memo 字样将变成 Memo。

4. 通用型字段

当光标停留在通用型字段的 gen 字样上时，按 Ctrl＋PgDn 组合键或双击 gen 字样均可打开通用型字段的编辑窗口，输入完成后单击关闭按钮或按 Ctrl＋W 组合键关闭编辑窗口并存盘。若要放弃本次输入，可按 Esc 键或 Ctrl＋Q 组合键。当图 2.14 的输入窗口中 gen 字样变成 Gen 时，则表示该记录的通用型字段已有具体内容。这些与备注型字段的操作方法类似。

但是通用型字段是用来存储多媒体数据的，其数据的输入可以通过剪贴板粘贴，也可以通过编辑菜单的插入对象功能来插入各种 OLE 对象。例如，名为 student. DBF 的表文件，其照片字段为通用型，现分别用两种方法实现某条记录照片字段数据的输入。

1）编辑/插入对象

（1）打开 student. DBF 表文件，光标定位在某记录的照片字段值处，双击 gen 字样，将弹出标题为“student. 照片”的通用型字段编辑窗口。

（2）选择系统菜单：“编辑”→“插入对象”，打开如图 2.16 所示的“插入对象”对话框。

（3）选定该对话框中的“由文件创建”选项按钮，单击“浏览”按钮以选定文件。

(4) 在浏览对话框中，找到所存储的图形文件，选择"打开"，回到"插入对象"窗口，单击"确定"按钮。在"student.照片"窗口即可出现该图形或图形文件的名称（依图形文件的类型而定）。

图 2.16 "插入对象"对话框

2) 剪贴板

(1) 在画图程序下打开某图形文件。

(2) 单击画图工具箱的"选定"按钮，选择该图形，再执行复制操作，选定的部分即进入到了 Windows 的剪贴板下。

(3) 进入 Visual FoxPro，打开通用型字段编辑窗口，做粘贴操作，剪贴板中的图形就复制到了该窗口。

声音等其他多媒体数据也可用同样的方法插入，在此就不再一一赘述。当某一记录输入内容之后，立即在下面产生一个新的空记录，因而可以连续输入多条记录的信息。该表文件中已有的记录总数和当前记录号将显示在主窗口底部的状态栏中。

在输入记录时，若数据已经填满，光标会自动移到下一字段等待输入；若输入信息不足字段宽度，需按 Enter 键或 Tab 键才能把光标移到下一个字段。输入完数据后，可按 Ctrl＋W 组合键或窗口的"关闭"按钮来保存，也可按 Ctrl＋Q 组合键或 Esc 键放弃保存。

计算机等级考试考点：

表结构的建立与修改。

2.4 表数据的基本操作

2.4.1 Visual FoxPro 命令结构及常用子句

对数据表等的操作常常使用命令，使用命令操作的效率高。Visual FoxPro 的命令结构一般由命令动词、语句体和注释几部分构成。

【格式】<命令动词>［FIELDS <字段名表>］［<范围子句>］［<条件子句>］&& 注释部分

其中符号"&&"后面的文字是注释部分，不是命令的可执行部分，常常用于程序中，本书用来对命令的功能和执行结果进行说明,在实际使用命令时不必输入。

1. 命令动词

命令动词表示命令执行的操作,是命令中必不可少的部分。例如,命令动词 LIST 执行的操作是显示当前表的所有数据。

2. FIELDS <字段名表>

FIELDS <字段名表>用于指定操作的字段,<字段名表>中有多个字段时,字段名之间用逗号分隔。

3. FOR <条件子句>

- FOR <子句>,对满足条件的所有记录进行操作。
- WHILE <条件>,对满足条件的记录进行操作。从表中当前正在使用的记录开始向下顺序判断,当遇到第一个不满足条件的记录时,停止命令执行,而不管其后是否还有满足条件的记录。

4. <范围子句>

<范围子句>表示记录的执行范围,可以是 ALL,NEXT $<n>$,RECORD $<n>$,REST 几项中的一个。其中的 $<n>$ 是数值型表达式。系统对表中的记录是逐条进行处理的。对于一个打开的表文件来说,在某一时刻只能处理一条记录。Visual FoxPro 为每一个打开的表设置了一个内部使用的记录指针,指向正在被操作的记录,该记录称为当前记录。记录指针的作用是标识表的当前记录。记录指针是可以移动的,但只能在命令子句<范围>包括的记录中移动。

- ALL:表示全部记录。
- NEXT $<n>$:表示从当前记录开始的以下 n 条记录。
- RECORD $<n>$:表示第 n 号记录。
- REST:表示从当前记录到最后一条记录。

5. 命令的书写与使用规则

在输入命令时,应注意下面规则:

- 每条命令以命令动词开始,以 Enter 键结束,命令中各短语的顺序是任意的。
- 命令动词、短语中的英文单词及函数名均可缩写为前 4 个字符,大小写可混用。
- 命令动词、语句体及其各短语之间均以空格相隔。
- 一行只能写一个命令,不能将两个命令写在同一行。
- 命令一行写不下时,可以由系统自然换行或在行尾加分号(;),按 Enter 键强制换行。

2.4.2 表的打开与关闭

对表进行任何操作之前都应该先打开表,打开表就是把表文件从磁盘"复制"到计算机的内存。当完成对表的操作后,就要把表关闭,关闭就是把数据表保存到磁盘,并从内存中清除表。

1. 表的打开

(1)可以通过选择"文件"→"打开"菜单命令(或工具栏上的"打开"按钮)打开表。

(2)可以用以下命令打开表:

自由表的基本操作

【格式】USE <数据表名> ［EXCLUSIVE|SHARED］［NOUPDATE］

【说明】EXCLUSIVE 是以独占方式打开数据表,SHARED 是以共享方式打开数据表, NOUPDATE 是以只读方式打开数据表。

【例 2.46】

USE F:\学生成绩管理\student list	&& 打开 F 盘学生成绩管理目录下的表文件 student
	&& 显示 student 表的所有数据

结果如图 2.17 所示。

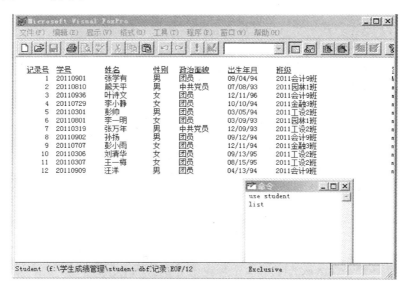

图 2.17　命令执行结果

2. 表的关闭

常常使用下面命令关闭表:

【格式 1】use	&& 关闭当前使用的表
【格式 2】close tables	&& 关闭当前数据库中所有打开的表
【格式 3】close tables all	&& 关闭所有打开的表
【格式 4】close all	&& 关闭所有打开的文件等
【格式 5】clear all	&& 关闭所有打开的文件等,清除所有内存变量

2.4.3　表数据的查看

数据表打开后,其信息已调入内存,但并不在屏幕上显示其记录内容。若要查看或修改已打开的数据表记录,还需执行浏览命令,同样有菜单和命令两种操作方式。

1. 用菜单方式查看数据表

在数据表打开之后,选择系统菜单:"显示"→"浏览",打开的浏览窗口是由一系列的可以滚动的行和列组成的。在"浏览"窗口中显示数据表时,有浏览和编辑两种查看方式, Visual FoxPro 默认进入编辑方式,即图 2.14 所示的方式,记录中的各字段纵向排列。

对已经存在的表,具体是哪一种窗口取决于上次关闭该表时的状态,也可以通过"显示"

菜单下的"浏览"或"编辑"命令在两种显示方式间进行切换。浏览窗口如图 2.15 所示,记录中的各字段横向排列,在浏览窗口中:

(1)改变行高和列宽。当鼠标位于行标头或列标头区的两行或两列的中间时,鼠标将变成上下方向或左右方向的双向箭头,这时拖动鼠标就可以改变浏览窗口中记录的行高或字段的列宽。

(2)调整字段顺序。在浏览窗口中,可以使用鼠标把某一列移动到窗口中新位置上,从而改变字段在浏览窗口中的排列顺序。操作方法是:将鼠标指向要移动的列的列标头上,当鼠标指针变为向下的箭头时,按住鼠标拖动列标头到新的位置上即可。在浏览窗口中改变列宽和列的排列顺序并不影响字段的实际结构,仅仅是改变了列的显示方式。

(3)网格线。选择系统菜单"显示"→"网格线",可显示或隐藏浏览窗口中的网格线。

(4)拆分浏览窗口。为了便于同时查看一个表中两个不同的区域,或者同时在"浏览"和"编辑"方式下查看同一条记录,Visual FoxPro 允许用户拆分浏览窗口,将一个"浏览"窗口分割成两个独立的窗口。操作方法是:将指针指向窗口左下角的黑色小方块(拆分条)上,使之变成左右两个箭头,向右拖动至合适的位置,即可将"浏览"窗口分成两部分,如图 2.18 所示,可在两个窗格中以不同的方式显示当前的数据表。如果将拆分条拖到最左边,拆分的窗口就恢复成原来的窗口。

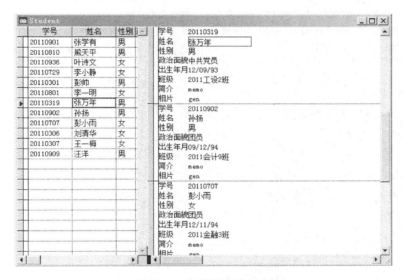

图 2.18　浏览窗口的拆分

2. 用命令方式查看数据表

1) LIST 和 DISPLAY 命令

【格式】LIST|DISPLAY[范围][[FIELDS]<表达式表>][FOR <条件>][WHILE <条件>][OFF][TO PRINT| FILE <文件>]

【功能】在 Visual FoxPro 的主窗口输出指定范围内满足条件的各个记录的有关内容。

【说明】

- LIST 以滚动方式输出(在省略范围时默认为所有记录),DISPLAY 则以分屏方式输出(在省略范围时默认为当前记录)。

- 范围子句,即用来确定执行该命令涉及的记录范围。
- FIELDS 子句,即指定需要操作的字段。保留字 FIELDS 可以省略,表达式表用于列出需要的字段,也可以是含有字段名的表达式,表达式之间用逗号分隔。该子句省略时,则显示除备注型、通用型字段外的所有字段。
- FOR 子句,即其<条件>为逻辑表达式,它指定记录应满足的条件。若命令中含有范围子句,则在指定范围中筛选出符合条件的记录。
- WHILE 子句,即用于指明操作条件,但仅在当前记录符合条件时开始依次筛选记录,一旦遇到不满足条件的记录时就停止操作,而不管后面是否还有满足条件的记录。
- 使用 OFF 选项时,不输出记录号。
- TO PRINT| FILE<文件>,即指定表文件从打印机上输出,还是以文本文件的方式在 Visual FoxPro 的当前路径下保存,选择此选项时,Visual FoxPro 的主窗口上同时有结果的输出。

【例 2.47】 显示记录命令。

```
USE F:\学生成绩管理\student              && 打开 F 盘学生成绩管理目录下的表文件 student
DISPLAY                                && 显示第 1 号记录内容
DISPLAY FOR YEAR(出生年月)< 1995 FIELDS 学号,姓名,出生年月
&& 分屏显示 1995 年以前出生的学生的学号,学生姓名和出生年月字段
LIST FOR 政治面貌 = "中共党员"           && 显示所有的中共党员的记录
LIST FOR 班级 = "2011 会计 9 班" AND 性别 = "女"
&& 显示 2011 会计 9 班的女生
LIST Record 5                          && 显示第 5 号学生记录
USE                                    && 关闭表文件 student
```

2. BROWSE 命令

【格式】BROWSE [LAST][范围][FIELDS <字段名表>][FOR <条件>][LOCK <算术表达式>][FREEZE <字段名>][NOAPPEND][NOMODIFY]

【功能】以浏览窗口方式显示当前数据表并供用户进行修改。

【说明】

- 选择 FIELDS 子句时,不可省略保留字 FIELDS。
- LOCK 子句,即将浏览窗口拆分成左右两个窗格,在左边窗格中显示表文件的前<算术表达式>个字段,以便右边窗格滚动显示时,仍能显示每条记录对应的前面的几个字段值。
- FREEZE 子句,即将光标冻结在指定的字段上,用户仅能对该字段进行修改。
- 使用 NOAPPEND 选项,则禁止在浏览后做追加记录的操作。
- 使用 NOMODIFY 则只能浏览数据表,禁止修改表中任何内容。
- 使用 LAST 选项,按最后一次关闭浏览窗口的方式打开浏览窗口。

【例 2.48】 浏览记录命令示例。

```
USE F:\学生成绩管理\student        && 打开 F 盘学生成绩管理目录下的表文件 student
BROWSE RECORD 3                   && 在浏览窗口仅显示第 3 条记录
BROWSE LOCK 1 + 1                 && 浏览窗口分成左右两部分,左边窗格显示学号和姓名
```

BROWSE FIELDS 学号,姓名,出生年月 FREEZE 出生年月
&& 浏览显示所有学生的学号,姓名和出生年月,并仅能修改出生年月字段的内容
BROWSE LAST   && 与上条命令显示的结果一样

2.4.4　表数据的维护

1. 记录指针的移动

通常一个表中会有很多条记录,但在某一时刻只能编辑一条记录,此记录被称为"当前记录"。当某个数据表文件刚打开时,第一条记录为当前记录。在浏览窗口中,当前记录前有一个黑三角标志。为了更好地理解记录指针的移动,我们在这里了解表文件的逻辑结构,表的逻辑结构如图 2.19 所示。

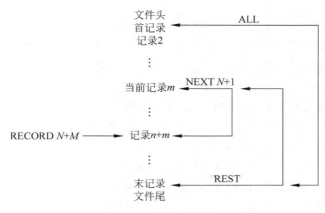

图 2.19　表的逻辑结构

当前记录的记录序号存放在记录指针中,可以在浏览窗口用箭头键和 Tab 键移动记录指针,但当表中记录数很多时,使用上述方法定位记录指针就不太方便了,Visual FoxPro 提供了定位记录的方法。

1) 在浏览窗口中移动指针

启动"浏览"窗口,选择系统菜单:"表"→"转到记录",通过其子菜单下的 6 个选项,可以灵活方便地移动记录指针。

- 第一个:将记录指针移动到表的首部,指向第一条记录。
- 最后一个:将记录指针移动到表的尾部,指向最后一条记录。
- 下一个:记录指针向下移动一个位置,指向当前记录的下一条记录。
- 上一个:记录指针向上移动一个位置,指向当前记录的上一条记录。
- 记录号:选择此项后将弹出"转到记录"对话框,直接输入记录号或通过组合框上下箭头选择记录号,然后单击"确定"按钮,即可将记录指针指向该记录号所对应的记录。
- 定位:选择此项后弹出"定位记录"对话框,如图 2.20 所示,可以设置查找记录的范围和条件,即可将记录指针移到指定范围内满足条件的第一条记录上。在该对话框中,作用范围有 All、Next、Record 和 Rest 4 种选项,当选择后三者时,需要设置的记录数在右边的方框中指定;条件的设置既可以在 For 和 While 后的编辑框中直接

书写,也可选择后面的三点按钮,在弹出的表达式生成器中设置定位条件。

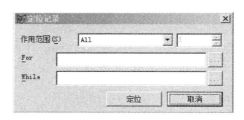

图 2.20 "定位记录"对话框

【**例 2.49**】 要求将指针定位到表文件 student.DBF 中第一个中共党员的学生记录上。

(1) 打开学生表 student。

(2) 在图 2.20 所示的"定位记录"对话框中,作用范围选择 All,然后,选择 For 的三点按钮,打开如图 2.21 所示的"表达式生成器"对话框。"表达式生成器"对话框是一个很有用的工具,可在很多环境中使用以用来建立符合要求的表达式。

(3) 此时光标在"定位记录"编辑框中闪烁,可以依次双击"字段"列表中的"政治面貌"字段,选择"逻辑"列表框中的"=",在编辑框中编写"Student. 政治面貌 =[中共党员]"字样,选择"确定"按钮。切换到图 2.20 所示的对话框,刚才设置的条件"Student. 政治面貌=[中共党员]"又出现在 For 的编辑框中。

(4) 选择"定位"按钮后,记录指针便能快速指向第一个中共党员的学生记录。其实,如果熟悉表达式的写法,可在"定位记录"对话框的 For 编辑框,或"表达式生成器"对话框中的"定位记录"编辑框内直接书写表达式。

图 2.21 "表达式生成器"对话框

2) 使用移动指针命令

移动记录指针的命令分为绝对移动(GO 或 GOTO)、相对移动(SKIP)和查找定位(LOCATE)。

（1）绝对移动。

【格式】GO|GOTO TOP|BOTTOM|<记录号>

【功能】将记录指针移动到指定的记录上。其中 TOP 表示首记录，BOTTOM 表示末记录，<记录号>是一个数值表达式，按四舍五入取整数，但是必须保证其值为正数且位于有效的记录数范围之内。GO 与 GOTO 没有区别。

（2）相对移动。

【格式】SKIP [n]

【功能】记录指针针对当前位置做相对移动。其中 n 为数值表达式，四舍五入取整数。若是正数，向记录号增加的方向移动，若是负数，向记录号减少的方向移动。若省略 n，则默认为 1，即记录指针后移一条记录。

【例 2.50】 记录指针移动命令示例。

```
USE F:\学生成绩管理\student
SKIP 3          && 将记录指针后移三个记录
? RECNO()       && 显示记录号为 4
SKIP - 2        && 将记录指针前移二个记录
? RECNO()       && 显示记录号为 2
```

在此，有必要介绍与记录指针相关的几个函数。

- RECCOUNT()函数，返回表中的记录个数。
- RECNO()函数，返回当前记录的记录号，其范围 1～RECCOUNT()+1。
- BOF()函数，测试记录指针是否指向文件头，若是，返回.T.，否则，返回.F.。要注意的是，文件头并不是首记录，而是首记录之前。也就是说，当执行了 GO TOP 和 SKIP－1 后，BOF()的返回值为.T.，但此时 RECNO ()的返回值为 1。
- EOF()函数测试记录指针是否指向文件尾，若是，返回.T.，否则，返回.F.。同样道理，文件尾并不是末记录，而是末记录之后。也就是说，当执行了 GO BOTTOM 和 SKIP 1 后，EOF()的返回值为.T.，但此时 RECNO() 返回值为 RECCOUNT()+1，而非 RECCOUNT()。

【例 2.51】 测试文件头和文件尾。

```
USE F:\学生成绩管理\student
? RECNO(),BOF(), 姓名          && 结果显示 1 .F. 张学有
SKIP - 1
? RECNO(),BOF(), 姓名          && 结果显示 1 .T. 张学有
GO TOP
? RECNO(),BOF(), 姓名          && 结果显示 1 .F. 张学有
? RECCOUNT()                   && 结果显示 12
GO BOTTOM
? RECNO(),EOF(), 姓名          && 结果显示 12 .F. 汪洋
SKIP
? RECNO(),EOF(), 姓名          && 结果显示 13 .T.
```

可见，文件头的记录号为 1，但记录号为 1 时，不一定是文件头；文件尾的记录号为 RECCOUNT()+1，同时记录号为 RECCOUNT()+1 时，肯定是文件尾。

自由表的基本操作

3）查找定位记录命令

【格式】LOCATE［范围］［FOR <条件>］［WHILE <条件>］

【功能】顺序查找满足条件的第一个记录。若找到，记录指针指向该记录；若文件中无此记录，搜索后 Visual FoxPro 主屏幕的状态栏中将显示"已到定位范围末尾"，此时记录指针指向文件结束处。如没指定范围，则默认为 ALL，查到记录后，要继续往下查找满足<条件>的记录必须用 CONTINUE 命令。

【例 2.52】 查找 student 表中所有是中共党员的学生记录。

```
USE F:\学生成绩管理\student
LOCATE FOR 政治面貌 = "中共党员"        && 查找政治面貌为中共党员的记录,找到后将光标定位到第
                                      && 一个中共党员的学生记录上
DISPLAY                                && 显示当前记录
CONTINUE                               && 继续作 LOCATE 查找
DISPLAY                                && 继续显示下一个中共党员
```

反复用命令 CONTINUE 和 DISPLAY，直至状态栏中显示"已到定位范围末尾"，则表明所有中共党员的记录显示完毕。

在此，有必要介绍与记录定位相关的测试函数 FOUND()。

【格式】FOUND()

【功能】测试执行 LOCATE、CONTINUE、SEEK 和 FIND 等定位命令的定位是否成功，定位成功则 FOUND()的函数值为.T.，否则为.F.。

2. 记录的追加和插入

1）用菜单添加记录

（1）在"浏览"或"编辑"窗口，选择系统菜单"显示"→"追加方式"选项，表的末尾添加一条空记录并显示一输入框，当输入完一条记录后，系统会自动追加下一条记录。

（2）在"浏览"或"编辑"窗口，选择系统菜单"表"→"追加新记录"选项，表的尾部添加一条空记录，并显示一输入框。但这种方式只允许添加一条记录，如果想再添加一条记录，必须再选择一次"追加新记录"命令。

（3）在"浏览"或"编辑"窗口，选择系统菜单"表"→"追加记录"，弹出"追加来源"对话框，如图 2.22 所示。这种方式可从选定的文件中向当前所在的表中一次添加多条记录，具体操作方法如下。

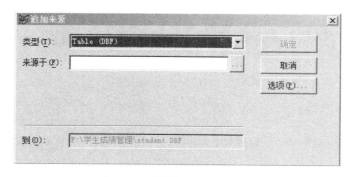

图 2.22 "追加来源"对话框

- 在"追加来源"对话框中选择好数据"类型"后,单击"来源于"右侧的三点按钮,弹出"打开"对话框,在此选择需要的数据所在的表,然后单击"确定"按钮。
- 如果不需要选定表所有的数据,可单击"追加来源"对话框中的"选项"按钮,打开"追加来源选项"对话框,单击"字段"按钮,可打开"字段选择器"对话框,选择需要的字段。
- 也可单击 For 按钮,在打开的"表达式生成器"窗口生成一个表达式。确定好类型、来源和选项后,单击"确定"按钮,系统会自动把选定的表中符合条件的记录添加到当前所在表的尾部。

2）使用命令添加记录

（1）APPEND 命令

【格式】APPEND［BLANK］

【功能】在当前表的末尾添加一个或多个记录。

【说明】如果后面跟参数 BLANK 则是在当前表的末尾添加一条空记录。

（2）APPEND FROM 命令

【格式】APPEND FROM <文件名>|ARRAY <数组名>［FIELDS <字段名表>］［FOR <条件>］［［TYPE］XLS|SDF|DELEMITED［WITH <定界符>|BLANK|TAB］］

【功能】从一个文件或者数组中读入记录,并添加到当前表的尾部。源文件可以是数据表、Excel 电子表格或文本文件。源文件中各列数据应与当前表各字段相匹配。

【说明】若未使用 TYPE 子句,则从数据表文件向当前表追加记录,APPEND FROM 命令允许在相同或不同文件结构的表文件之间添加记录。但是,FIELDS 可选字段中的字段名是两个表文件共有的,若两文件同名字段的宽度不同,则以当前文件的字段宽度为基准,对另一文件的数据进行适当调整后才添加到当前文件中。如果其后跟上 FOR <条件>,则只有源文件中满足条件的记录被追加到当前文件的末尾。若使用 TYPE XLS 子句,则从 Excel 电子表格文件追加数据记录;使用 TYPE SDF 或 DELIMITED 子句,则从文本文件向数据表追加数据,文本文件有标准格式或限定格式文件,标准格式选 SDF,否则选 DELIMITED。此时,不应选择 FIELDS 和 FOR 子句。

注意：源文件中各列的顺序、类型、宽度应该与当前表相匹配。

（3）INSERT 命令

【格式】INSERT［BLANK］［BEFORE］

【功能】用于在表文件的指定位置上插入一条新记录。

【说明】使用 BEFORE 选项,新记录插在当前记录之前,否则,新记录插在当前记录之后。使用 BLANK 选项,将在指定位置插入一个空记录;如果 BLANK 选项省略,则在屏幕上出现编辑窗口,以单记录方式等待用户输入新记录。

注意：如果在表上建立了主索引或候选索引（详见第 3 章）,则不能以 INSERT 命令插入记录,必须用 SQL 的 INSERT 命令（详见第 4 章）插入记录。

3. 记录的删除与恢复

Visual FoxPro 中记录的删除有两种,分别为逻辑删除和物理删除。对要删除的记录做删除标记,称为逻辑删除。在浏览或编辑窗口,某些记录前的小方块变成了黑色;或在主窗口显示记录时,记录号旁有"＊",则都表明该记录已做了删除标记。做了删除标记的记录并没有从数据表中真正删除,只是系统的很多操作就不再针对这些记录进行了。将做了删除标记的记录从数据表中真正删除,称为物理删除。记录的恢复就是把逻辑删除标记去掉。记录的删除与恢复可以通过菜单方法或命令的方法。

1)用窗口或菜单操作

(1)做删除标记。如果要删除少量记录,只需在浏览或编辑窗口,单击记录前的小方块,使其变成黑色,就给该记录打上了删除标记;如果要删除多条记录,用这种方法就很麻烦,那么可选择系统菜单"表"→"删除记录",以打开如图 2.23 所示的"删除"对话框,其操作方法与前面的"定位记录"操作类似。设置某范围内符合某条件的记录,使其全部打上删除标记。

图 2.23　"删除"对话框

(2)恢复删除记录。对已做了删除标记的记录,用户既可以将其彻底删除,也可以将其恢复。要恢复少量记录,可在浏览或编辑窗口,用鼠标再次单击记录前的黑方块使其变白;如果要取消多条记录的删除标记,可用系统菜单"表"→"恢复记录",打开"恢复记录"对话框,设置与删除记录对话框类似。

(3)彻底删除。用系统菜单"表"→"彻底删除",打开删除记录确认对话框,在确认删除后,数据表中做了删除标记的记录都将从数据表消失,不能再恢复。

2)用命令操作

(1)做删除标记。

【格式】DELETE［范围］［FOR <条件>］［WHILE <条件>］

【说明】若没有范围和条件选项,则仅对当前记录做删除标记。

(2)恢复删除记录命令。

【格式】RECALL［<范围>］［FOR <条件>］［WHILE <条件>］

【说明】若没有范围和条件选项,则取消对当前记录的删除标记。

(3)彻底删除命令。

【格式】PACK

【说明】该命令可以将数据表中所有具有删除标记的记录正式永久地从表文件中删掉。它要求数据表必须以独占的方式打开。

(4)快速删除命令。

【格式】ZAP［IN 工作区号│表和别名］

【说明】该命令可一次性删除表中的全部记录,只保留表结构。如果后带参数,则删除指定工作区中表记录,至于工作区将会在后面学习。如果不带任何参数,则删除当前工作区内的表记录。本命令等价于执行了 DELETE ALL 后紧接着执行 PACK 命令。ZAP 命令破坏性很大,而且执行速度快,一旦使用,表中数据无法恢复。

（5）屏蔽删除标记命令

【格式】SET DELETED ON|OFF

【说明】对已被打上删除标记的记录的操作与 SET DELETED ON|OFF 命令的设置有关。当执行命令 SET DELETED ON 后，所有打上删除标记的记录都被"屏蔽"起来，如同这些记录被物理删除一样。系统默认的状态是 SET DELETED OFF。

【例 2.53】 删除记录示例。

```
USE F:\学生成绩管理\student
? RECCOUNT()                    && 显示 student 表记录个数 12
DELETE FOR 性别 = "男"
&& 状态栏中显示"6 条记录已删除",表明 6 条记录做了逻辑删除
DISPLAY ALL
&& 显示表中的 12 条记录,且男同学右边有" * "状的删除标记
PACK                            && 做物理删除,状态栏上显示"6 条记录已复制"
? RECCOUNT()                    && 显示 6,表明那 6 条记录被彻底删除
DISPLAY ALL
USE
```

主屏显示结果如下：

```
12
记录号   学号        姓名     性别   政治面貌   出生年月    班级          简介    相片
   1 *20110901   张学有    男     团员       09/04/94   2011会计9班    Memo    Gen
   2 *20110810   熊天平    男     中共党员   07/08/93   2011园林1班    memo    gen
   3  20110936   叶诗文    女     团员       12/11/96   2011会计9班    memo    gen
   4  20110729   李小静    女     团员       10/10/94   2011金融3班    memo    gen
   5 *20110301   彭帅      男     团员       03/05/94   2011工设2班    memo    gen
   6  20110801   李一明    女     团员       03/09/93   2011园林1班    memo    gen
   7 *20110319   张万年    男     中共党员   12/09/93   2011工设2班    memo    gen
   8 *20110902   孙扬      男     团员       09/12/94   2011会计9班    memo    gen
   9  20110707   彭小雨    女     团员       12/11/94   2011金融3班    memo    gen
  10  20110306   刘清华    女     团员       09/13/95   2011工设2班    memo    gen
  11  20110307   王一梅    女     团员       08/15/95   2011工设2班    memo    gen
  12 *20110909   汪洋      男     团员       04/13/94   2011会计9班    memo    gen

 6
记录号   学号        姓名     性别   政治面貌   出生年月    班级          简介    相片
   1  20110936   叶诗文    女     团员       12/11/96   2011会计9班    memo    gen
   2  20110729   李小静    女     团员       10/10/94   2011金融3班    memo    gen
   3  20110801   李一明    女     团员       03/09/93   2011园林1班    memo    gen
   4  20110707   彭小雨    女     团员       12/11/94   2011金融3班    memo    gen
   5  20110306   刘清华    女     团员       09/13/95   2011工设2班    memo    gen
   6  20110307   王一梅    女     团员       08/15/95   2011工设2班    memo    gen
```

4. 记录的修改

记录的修改包括对记录的增加、删除和修改的操作。记录的增加和删除已详细介绍，关于记录的修改，在浏览或编辑窗口中查看记录时，就能做记录数据的修改。总的说来，Visual FoxPro 提供了 4 条修改记录的命令：EDIT、CHANGE、BROWSE 和 REPLACE，下面将介绍除 BROWSE 外的其余 3 条命令。

1）EDIT 命令

【格式】EDIT|CHANGE［范围］［FOR <条件>］［WHILE <条件>］［FIELDS <字段名表>］

【说明】EDIT 和 CHANGE 的功能一样，都是进入编辑模式对记录进行修改，如图 2.14 所示，习惯上用 EDIT 命令。范围省略时，默认为所有记录。除通用型字段外，其他字段值的编辑方法和其输入方法一样。要修改通用型字段，需在通用型字段编辑窗口，双击图像或选择系统菜单"编辑"→"位图图像对象"→"编辑"，以显示图形的编辑环境，进行图形

自由表的基本操作

的修改。要删除存入的图形,选择系统菜单"编辑"→"清除"即可。

2) 替换命令 REPLACE

【格式】REPLACE［范围］<字段名 1 > WITH <表达式 1 >［ADDITIVE］［,<字段名 2 >WITH <表达式 2 >［ADDITIVE］…［FOR <条件>］［WHILE <条件>］

【说明】作用是不进入编辑状态,字段的内容能成批自动地进行修改(替换),用指定的表达式值替换相应的字段名。ADDITIVE 选项用于备注型字段,表示将表达式值追加到字段的原有内容后面,而不是取代原有内容。

【例 2.54】 REPLACE 命令示例。

```
USE F:\学生成绩管理\student
REPLACE ALL FOR 班级 = "2011 会计 9 班" 学号 WITH LEFT(学号,4) + "06" + RIGHT(学号,2)
&& 将当前表的 2011 会计 9 班学生记录的"学号"字段第 5、6 个字符修改为"06".
```

3) 菜单操作

替换操作还可以使用菜单方法实现,在表的浏览窗口,选择系统菜单"表"→"替换字段",打开如图 2.24 所示的"替换字段"对话框,在该对话框中依次定义要替换的字段名、新的字段值、范围和替换条件。

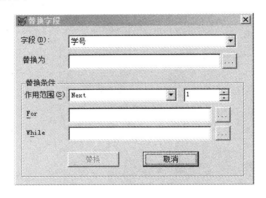

图 2.24 "替换字段"对话框

2.4.5 表数据的交换

1. 数据表的复制

1) 复制表记录

【格式】COPY TO <文件名>［<范围>］［FOR <条件>］［FIELDS <字段表>］［［TYPE］XLS｜SDF｜DELIMITED［WITH <定界符>｜BLANK｜TAB］］

【功能】把将当前表中指定范围内满足条件的记录复制为一个其他的文件,该文件可以是数据表,也可以是 Excel 电子表格或文本文件。

【说明】若未使用 TYPE 子句,则将当前表复制为一个数据表文件。若当前表有备注型字段或通用型字段,该命令还会复制备注文件。若使用 TYPE XLS 子句,则复制一个 Excel 电子表格文件。若使用 TYPE SDF 或 DELIMITED 子句,则复制一个扩展名为 TXT 的文本文件。对于 SDF 文件,不同记录中同一个字段的长度相同。对于 DELIMITED 文件,各字段以逗号分隔,字符型字段以双引号作为定界符。若在 DELIMITED 后指定 WITH

BLANK 或 WITH TAB，则各字段以空白键或 Tab 键作为字段间的分隔符。若在 DELIMITED 后指定 WITH 符号，则以指定的符号作为字符型字段的定界符。

【例 2.55】 复制表记录的命令示例。

USE F:\学生成绩管理\student
COPY TO STU && 复制的表文件 STU 与源表文件 student 的结构与记录一样，同时产生一个名为 STU. FPT 的备注文件
COPY TO BOY FOR 性别 = "男"&& 将男生记录复制到表文件 BOY.DBF 中，同时产生一个名为 BOY.FPT 的备注文件

2）复制表结构

【格式】COPY STRU TO <文件名> [FIELDS <字段名表>]

【功能】仅复制当前表文件的结构，不复制其中的数据。若有可选项 FIELDS 子句，则新表文件的结构只包含其中指明的字段，同时也决定了这些字段在新表文件中的排列次序。

2. 数据导入/导出

数据导入是把数据从另一个应用程序文件中加入到 Visual FoxPro 表中，数据可以是文本、电子表格和表文件格式中的一种。数据导入可以创建新的 Visual FoxPro 表，也可以将数据添加到已有的 Visual FoxPro 表中。数据导出是指将 Visual FoxPro 中存储的数据导出到另一种格式的文件中，供其他应用程序使用。

1）导入数据

可以从表或电子表格中导入数据，并用源文件的结构定义新表。操作步骤如下。

（1）选择系统菜单："文件"→"导入"，出现"导入"对话框，如图 2.25 所示。

（2）在"类型"列表框中选择要导入文件的类型。

（3）在"来源于"编辑框内输入文件路径或选择三点按钮来浏览源文件名。

（4）若在"类型"框内选择了 XLS 文件类型，则需在显示的"工作表"框中进一步选择工作表名。

（5）单击"确定"按钮。

当然也可用"导入"对话框中"导入向导"来完成导入数据，在这就不详细讲解，有兴趣的读者可以自行尝试。

2）数据导出

可用导出向导和导出对话框实现将 Visual FoxPro 中的表文件导出生成文本文件、电子表格格式文件等。同样，可用类似于数据导入的方法来进行数据导出。

（1）选择系统菜单："文件"→"导出"，出现"导出"对话框，如图 2.26 所示。

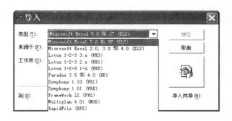

图 2.25 "导入"对话框

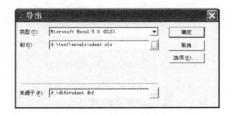

图 2.26 "导出"对话框

第 2 章

自由表的基本操作

（2）在"类型"列表框中选择要导出文件的类型。

（3）如果在"导出"对话框中单击"选项"按钮，将会弹出"导出选项"对话框，如图 2.27 所示。在该对话框下选择要导出的字段和记录。

（4）单击"确定"按钮。

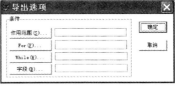

图 2.27　"导出选项"对话框

3. 数组与表间数据传递

表文件的数据内容是以记录方式存储的，而数组是把一批数据组织在一起的数据处理方法。为了使它们之间能方便地进行数据交换，以利于程序的使用，Visual FoxPro 为其提供了传递数据的功能，以完成表记录与内存变量间的数据交换。

1）把表文件的记录数据传送到数组

【格式】SCATTER [FIELDS <字段名表>] [MEMO] TO <数组名>

【功能】将当前表文件当前记录按"FIELDS <字段名表>"中字段书写的顺序依次送入指定数组元素之中。若省略 FIELDS 可选项，则将除备注型字段外的所有字段值存入数组元素之中。如果要对备注型字段同样处理，还需在命令中使用 MEMO 可选项。注意，通用型字段是不能传送的。

2）把数组传送到表文件记录

【格式】GATHER FROM <数组名> [FIELDS <字段名表>] [MEMO]

【功能】把数组中的数据依次传送到当前表文件的当前记录中。若使用可选项 FIELDS，则只有在<字段名表>中列出的字段才会被数组元素的值代替。当省略可选项 MEMO 时，GATHER 命令将忽略备注型字段。

【例 2.56】 数组与表间数据传递命令示例。

```
USE F:\学生成绩管理\student
GO 3
SCATTER FIELDS 学号,姓名,性别,出生年月 TO REC3
&& 将第 3 条记录的学号,姓名,性别,出生年月字段的值分别存储在一维数组 REC3 的 4 个元素中.
DISP MEMORY LIKE REC3 && 显示数组变量 REC3 的各元素值
REC3(4) = {^1995 - 09 - 12}
GATHER FROM REC3 FIELDS 学号,姓名,性别,出生年月
&& 将 4 个数组元素的值回送到 3 号记录
DISP RECORD 3
```

主屏显示如下：

```
REC3          Priv    A    程序11
       ( 1)           C    "20110801"
       ( 2)           C    "李一明 "
       ( 3)           C    "女 "
       ( 4)           D    95.09.12
```

记录号	学号	姓名	性别	政治面貌	出生年月	班级	简介	相片
3	20110801	李一明	女	团员	95.09.12	2011园林1班	Memo	Gen

2.4.6　表数据的统计

统计与汇总是数据库的重要内容，Visual FoxPro 6.0 提供 5 种命令来支持统计功能。

1. 计数命令

【格式】COUNT［<范围>］［FOR <条件>］［WHILE <条件>］［TO <内存变量>］

【功能】计算指定范围内满足条件的记录数。

【说明】通常记录数显示在主窗口的状态条中,使用 TO 子句还能将记录数保存到<内存变量>中,便于以后引用;若省略<范围>子句则指表的所有记录。

【例 2.57】 统计男同学人数。

USE F:\学生成绩管理\student
COUNT FOR 性别 = '男' TO XB
?XB

主屏幕显示:

6

2. 求和命令

【格式】SUM［<数值表达式表>］［<范围>］［FOR <条件>］［WHILE <条件>］［TO <内存变量表> | ARRAY <数组>］

【功能】在打开的表中,对<数值表达式表>的各个表达式分别求和。

【说明】<数值表达式表>中各表达式的和可依次存入<内存变量表>或数组;若省略该表达式表,则对当前表所有的数值表达式分别求和;省略<范围>指表中所有记录。

注意:SUM(包括下面的 AVERAGE 和 CALCULATE)命令中<内存变量表>的变量个数必须与<数值表达式表>或<表达式表>个数相同。

【例 2.58】 统计男同学年龄之和。

USE F:\学生成绩管理\student
SUM FOR 性别 = '男' (year(date()) − year(出生年月))TO SG && 统计男同学年龄之和
主屏幕显示:
(year(date()) − year(出生年月))
110. 00

3. 求平均值命令

【格式】AVERAGE［<数值表达式表>］［<范围>］［FOR <条件>］［WHILE <条件>］［TO<内存变量表> | ARRAY <数组>］

【功能】在打开的表中,对<数值表达式表>中的各个表达式分别求平均值。

【说明】<数值表达式表>中各表达式的平均值可依次存入<内存变量表>或数组;若省略该表达式表,则对当前表所有的数值表达式分别求平均值;省略<范围>指表中所有记录。

【例 2.59】 统计所有同学平均年龄。

USE F:\学生成绩管理\student
AVERAGE (year(date()) − year(出生年月))TO AG && 统计同学平均年龄

主屏幕显示:

(year(date()) − year(出生年月))
17. 75

自由表的基本操作

4. 计算命令

【格式】CALCULATE <表达式表>[<范围>][FOR <条件>][WHILE <条件>][TO<内存变量表>|ARRAY <数组>]

【功能】在打开的表中,分别计算<表达式表>中表达式的值。

注意:表达式中至少需要包含系统规定的 8 个函数之一。这些函数有 AVG(<数值表达式>),CNT(),MAX(<表达式>),MIN(<表达式>),SUM(<数值表达式>)及 NPV,STD 和 VAR。

5. 汇总命令

【格式】TOTAL TO <文件名> ON <关键字>[FIELDS <数值型字段表>] [<范围>] [FOR <条件>][WHILE <条件>]

【功能】在当前表中,分别对<关键字>值相同的记录的数值型字段值求和,并将结果存入一个新表。一组关键字值相同的记录在新表中产生一个记录;对于非数值型字段,只将关键字值相同的第一个记录的字段值放入该记录。

【说明】<关键字>指排序字段或索引关键字,即当前表必须是有序的,否则不能汇总;FIELDS 子句的<数值型字段表>指出要汇总的字段,若省略,则对表中所有数值型字段汇总;省略<范围>指表中所有记录。

【例 2.60】 按班级汇总。

```
USE F:\学生成绩管理\student
SORT TO SXSTU ON 班级 && 生成排序文件 SXSTU.DBF
USE SXSTU
TOTAL ON 班级 TO NSSTU
USE NSSTU
LIST
```

主屏幕显示如下:

记录号	学号	姓名	性别	政治面貌	出生年月	班级	相片
1	20110306	刘清华	女	团员	09/13/95	2011工设2班	gen
2	20110636	叶诗文	女	团员	12/11/96	2011会计9班	gen
3	20110729	李小静	女	团员	10/10/94	2011金融3班	gen
4	20110801	李一明	女	团员	09/12/95	2011园林1班	gen

2.4.7 设置过滤器和字段表

通过使用过滤器和字段表,可以限制对记录和字段的访问。设置好限制后,该限制对该表的任何操作都一直有效,直到撤销该限制为止。设置过滤器或字段表有命令和菜单两种方法。

1. 设置过滤器

在对记录进行访问时,用户可以根据需要限定表中记录的使用范围。通过设置过滤器可以限制对记录的访问。

1) 菜单方法

先打开表的浏览窗口,然后选择"表"→"属性"菜单,出现如图 2.28 所示的"工作区属性"对话框,在该对话框的"数据过滤器"文本框中输入记录的筛选条件,或单击文本框右面的按钮,进入"表达式生成器"对话框,在这一对话框中输入记录的筛选条件,再确认限制访问的记录即可结束操作。

撤销访问对记录访问的限制只需要在"数据过滤器"文本框中把筛选条件删除即可。

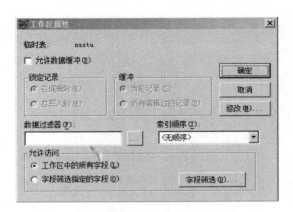

图 2.28 "工作区属性"对话框

2）命令方法

【格式】SET FILTER TO <条件>

【功能】对当前表文件中的记录按条件"过滤"，使得表中似乎仅包含满足条件的记录。

【说明】当前表文件中只能有一个过滤器，再次设置将取消前次设置的过滤器；撤销过滤器设置可以使用命令 SET FILTER TO。

【例 2.61】 按班级过滤。

```
USE F:\学生成绩管理\student
SET FILTER TO 班级 = "2011 工设 2 班" && 重新设置过滤器"班级 = '2011 工设 2 班'"
LIST
```

主屏幕显示如下：

记录号	学号	姓名	性别	政治面貌	出生年月	班级	简介	相片
5	20110306	刘清华	女	团员	09/13/95	2011工设2班	memo	gen
6	20110307	王一梅	女	团员	08/15/95	2011工设2班	memo	gen
9	20110301	彭帅	男	团员	03/05/94	2011工设2班	memo	gen
10	20110319	张万年	男	中共党员	12/09/93	2011工设2班	memo	gen

撤销访问对记录访问的限制，可以用如下命令：

【格式】SET FILTER TO

2. 设置字段表

限制字段的访问，可以通过设置"字段选择器"来完成。

1）菜单方法

先打开表的浏览窗口，然后选择"表"→"属性"菜单命令，出现如图 2.28 所示的"工作区属性"对话框，在该对话框中单击"字段筛选"按钮，出现"字段选择器"对话框。在对话框中，将所需字段移入"选定字段"列表框，如图 2.29 所示，再单击"确定"按钮，退出"字段选择器"对话框。

然后在"工作区属性"对话框的"允许访问"选项组中，选中"字段筛选指定的字段"单选按钮即可。要撤销对字段访问的限制，只需在"允许访问"选项组选中"工作区中的所有字段"单选按钮即可。

2）命令方法

【格式】SET FIELDS TO [[<字段名 1>[,<字段名 2>…]]][ALL]

自由表的基本操作

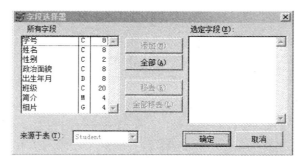

图 2.29　"字段选择器"对话框

【功能】在内存预设一个"字段表",使用户只能对表中有名的字段进行操作。

【说明】可以多次设置字段表,再次设置将把新的字段名添加到已有的表中。

用以下命令可设置字段表的打开(相当于在"工作区属性"对话框中选中"字段筛选指定的字段"单选按钮)或关闭。

【格式】SET FIELDS ON|OFF

清除字段表中的所有字段有下面两种方法。

【格式】SET FIELDS TO　　&& 清除当前字段表的所有字段,但空字段表仍打开

【格式】CLEAR FIELDS　　&& 清除并关闭所有字段表

【例 2.62】　字段表的基本操作。

```
USE F:\学生成绩管理\student
SET FIELD TO 学号,姓名        && 建立字段表
DISP                          && 只显示"学号"和"姓名"两个字段
SET FIELD TO 性别
DISP                          && 显示"姓名"、"学号"和"性别"3 个字段
SET FIELD OFF                 && 关闭字段表
DISP                          && 显示所有字段
SET FIELD ON                  && 打开字段表
DISP                          && 显示"姓名"、"学号"和"性别"3 个字段
SET FIELDS TO                 && 清除字段表中所有字段,但空字段表还保留着
DISP                          && 没有字段显示出来
SET FIELD TO 学号,姓名        && 建立字段表
CLEAR FIELDS                  && 清除并关闭所有字段表
DISP                          && 显示所有字段
```

主屏幕显示如下:

记录号	学号	姓名
1	20110636	叶诗文

记录号	学号	姓名	性别
1	20110636	叶诗文	女

记录号	学号	姓名	性别	政治面貌	出生年月	班级	简介	相片
1	20110636	叶诗文	女	团员	12/11/96	2011会计9班	memo	gen

记录号	学号	姓名	性别
1	20110636	叶诗文	女

记录号
1

记录号	学号	姓名	性别	政治面貌	出生年月	班级	简介	相片
1	20110636	叶诗文	女	团员	12/11/96	2011会计9班	memo	gen

2.5 本 章 小 结

一种语言有着它自己的词库、词义和语法等特征，本章对 Visual FoxPro 中一些符号的含义、用法进行了介绍；表是关系数据库中存储数据的一个重要单位，本章对其的设计、建立、基本操作做了系统的介绍。在介绍相关知识时基本上都是通过菜单与命令两种方式进行的，菜单操作对于初学者来讲非常方便。命令方式主要在后续章节中可运用到程序中，最终形成自动化的工作方式。本章的主要内容如下：

（1）Visual FoxPro 语言的基础知识，包括数据类型、常量、变量、函数和表达式等。

（2）数据表的设计，包括实体模型设计、关系模型设计和表结构设计等。

（3）表结构的建立、修改及其表数据的输入。

（4）表数据的基本操作，包括表的打开与关闭、数据查看、删除、修改和交换等。

本章所介绍的内容是 Visual FoxPro 最基础的知识，是学习后面各章节的基础，读者在上机的实践应用中加以熟练掌握。

2.6 习   题

一、选择题

1. 把日期 1989 年 5 月 1 日赋值给日期型变量的方法是（   ）。

    A. D＝05/01/89   B. D＝"05/01/89"

    C. D＝CTOD("05/01/89")   D. D＝DTOC("05/01/89")

2. 下面关于常量的叙述中不正确的一项是（   ）。

    A. 常量用以表示一个具体的、不变的值

    B. 常量是指固定不变的值

    C. 不同类型的常量的书写格式不同

    D. 不同类型的常量的书写格式相同

3. 数值型常量在内存中用（   ）个字节表示。

    A. 4   B. 6   C. 8   D. 10

4. 货币型常量与数值型常量的书写格式类似，但也有不同，表现在（   ）。

    A. 货币型常量前面要加一个"＄"符号

    B. 数值型常量可以使用科学记数法，货币型常量不可以使用科学记数法

    C. 货币数据在存储和计算时采用 4 位小数，数值型常量在此方面无限制

    D. 以上答案均正确

5. 字符型常量的定界符不包括（   ）。

    A. 单引号   B. 双引号   C. 花括号   D. 方括号

6. 下列关于字符型常量的定界符书写格式不正确的是（   ）。

    A. '我爱中国'   B. ['20387']

C. '〔￥＃123'〕   D. 〔"Visual FoxPro 6. 0"〕

7. 下列符号中（　　　）不能作为 Visual FoxPro 中的变量名。（"□"表示空格）

  A. abc   B. XYZ   C. □xyz7   D. Good22luck

8. 在命令窗口中输入下列命令：

```
SET MARK TO [ - ]
? {^2004 - 06 - 27}
```

主屏幕上显示的结果是（　　　）。

  A. 06/27/04   B. 06-27-04   C. 2004-06-27   D. 2004/06/27

9. 在下列表达式中，结果为日期型的是（　　　）。

  A. DATE()＋TIME()   B. DATE()＋30

  C. DATE()－CTOD("01/01/98")   D. 300－DATE()

10. 在下面的 Visual FoxPro 表达式中，不正确的是（　　　）。

  A. {^2001-05-01 10：10：10AM}－10

  B. {^2001-05-01}－DATE()

  C. {^2001-05-01}＋ DATE()

  D. 〔^2001-05-01〕＋〔1000〕

11. 在 Visual FoxPro 中，与求余运算作用相同的函数是（　　　）。

  A. MOD()   B. ROUND()   C. PI()   D. SQRT()

12. 函数 LEN("计算机等级考试 Visual FoxPro")的计算结果是（　　　）。

  A. 计算机等级考试 Visual FoxPro   B. 计算机等级考试

  C. Visual FoxPro   D. 27

13. 在命令窗口中输入下列命令：

```
x = 1
STORE x + 1 TO a,b,c
? a,b,c
```

主屏幕上显示的结果是（　　　）。

  A. 1   B. 1 1   C. 2 2 2   D. 1 1 1

14. 在命令窗口中输入下列命令（"□"表示空格）：

```
m = "发展□□□"
n = "生产力"
?m - n
```

主屏幕上显示的结果是（　　　）。

  A. 发展□□□生产力   B. 发展生产力□□□

  C. m,n   D. n,m

15. 已知 x＝8,y＝5,z＝27,表达式 x^3/4＋6＊y－7＊2＋(4＋z/9)^2 的值为（　　　）。

  A. 88   B. 100   C. 72   D. 193

16. 关系表达式中关系运算符的作用是（　　　）。

  A. 比较两个表达式的大小   B. 计算两个表达式的结果

C. 比较运算符的优先级　　　　　　　　D. 计算两个表达式的总和

17. 关系型表达式的运算结果是(　　　)。

　　　A. 数值型数据　　　B. 逻辑型数据　　　C. 字符型数据　　　D. 日期型数据

18. 函数 INT(RAND() * 20)的值是在(　　　)范围内的整数。

　　　A. (0,0)　　　　　B. (0,20)　　　　　C. (20,20)　　　　D. (20,0)

19. 数学式 sin45°写成 Visual FoxPro 表达式是(　　　)。

　　　A. SIN45°　　　　　　　　　　　　　B. SIN(45°)

　　　C. SIN45　　　　　　　　　　　　　 D. SIN (45 * PI()/180)

20. 在 Visual FoxPro 中,ABS()函数的作用是(　　　)。

　　　A. 求数值表达式的绝对值　　　　　　B. 求数值表达式的整数部分

　　　C. 求数值表达式的平方根　　　　　　D. 求两个数值表达式中较大的一个

21. 函数?INT(53.76362)的结果是(　　　)。

　　　A. 53.7　　　　　B. 53.77　　　　　C. 53　　　　　　D. 53.76362

22. 函数?SIGN(4−7)的计算结果是(　　　)。

　　　A. 3　　　　　　　B. −3　　　　　　C. 1　　　　　　　D. −1

23. 函数?ROUND(552.30727,4)的计算结果是(　　　)。

　　　A. 552　　　　　　B. 552.307　　　　C. 552.3073　　　D. 552.3072

24. 假定 STUDENT.DBF 数据库文件共有 8 条记录,当 EOF()函数的值为逻辑真时,执行命令?RECNO()的输出是(　　　)。

　　　A. 1　　　　　　　B. 7　　　　　　　C. 8　　　　　　　D. 9

25. 下列函数中,其值不为数值型的是(　　　)。

　　　A. LEN()　　　　　B. DATE()　　　　C. SQRT()　　　　D. SIGN()

26. 下列 4 个表达式中,运算结果为数值的是(　　　)。

　　　A. ?CTOD([07/21/02])−20　　　　　B. ?500+200=400

　　　C. ?"100"−"50"　　　　　　　　　　D. ?LEN(SPACE(4))+1

27. 函数?AT("读书","唯有读书高")的结果是(　　　)。

　　　A. 读书唯有读书高　　　　　　　　　B. 万般皆下品唯有读书高

　　　C. 5　　　　　　　　　　　　　　　 D. 0

28. Visual FoxPro 中,有下面几个内存变量赋值语句:

X = {^2001 − 07 − 28 10: 15: 20PM}
Y = .T.
M = $123.45
N = 123.45
Z = "123.45"

执行上述赋值语句之后,内存变量 X、Y、M、N 和 Z 的数据类型分别是(　　　)。

　　　A. D,L,Y,N,C　　　　　　　　　　　B. D,L,M,N,C

　　　C. T,L,M,N,C　　　　　　　　　　　D. T,L,Y,N,C

29. 在下面的 Visual FoxPro 表达式中,运算结果是逻辑真的是(　　　)。

　　　A. EMPTY(.NULL.)　　　　　　　　　B. 'AC' $ 'ACD'

第 2 章

自由表的基本操作

    C. AT('a'，'123abc')   D. 'AC'＝'ACD'

30. 设 D＝5,命令 ?VARTYPE(D)的输入值是(　　　)。

    A. L   B. C   C. N   D. D

31. 下列关于字段名的命名规则,不正确的是(　　　)。

    A. 字段名必须以字母或汉字开头

    B. 字段名可以由字母、汉字、下画线、数字组成

    C. 字段名可以包含空格

    D. 字段名可以是汉字或合法的西文标识符

32. Visual FoxPro 中 APPEND BLANK 命令的作用是(　　　)。

    A. 在表的任意位置添加记录   B. 在当前记录之前插入新记录

    C. 在表的尾部添加记录   D. 在表的首部添加记录

33. 在 Visual FoxPro 中,逻辑删除表中性别为"女"的命令是(　　　)。

    A. DELETE FOR 性别＝'女'   B. DELETE 性别＝'女'

    C. PACK 性别＝'女'   D. ZAP 性别＝'女'

34. 打开数据表文件后,设当前记录指针指向记录号为 100,要使指针指向记录号为 20 的记录,应使用命令(　　　)。

    A. LOCATE 20   B. SKIP −80   C. SKIP 20   D. SKIP 80

35. 打开数据表文件,执行 LIST 命令后,记录指针指向(　　　)。

    A. 最后一条记录   B. 文件末

    C. 指针未移动   D. 第一条记录

36. 能显示当前 CJ. DBF 表中数学不低于 60 分又不超过 85 分的记录的命令是(　　　)。

       A. LIST FOR 数学＞＝60. AND. 数学<＝85

       B. LIST FOR 数学＞＝60. OR. 数学< 85

       C. LIST FOR 数学＞＝60. OR. 数学<＝85

       D. LIST FOR 数学＞＝60. AND. 数学＞85

37. 在 DISP 命令中省略[<范围>]及[FOR ｜ WHILE<条件>],则显示(　　　)。

    A. ALL   B. RECORD 1   C. 8   D. 当前记录

38. 使用 REPLACE 命令修改记录数据时,当缺少<范围>及<条件>选项时,则默认为修改(　　　)。

    A. 1 号记录   B. 当前记录   C. 全部记录   D. REST 记录

39. 将当前数据表文件 XSQK .DBF 中性别为"女"的记录复制为 XSQK2.DBF,应使用命令(　　　)。

    A. COPY TO XSQK2 FOR 性别＝"女"

    B. COPY FOR 性别＝"女"

    C. COPY XSQK2 .DBF FOR 性别＝"女"

    D. COPY TO XSQK2 FIEL 性别＝"女"

40. 将两个结构完全相同的 SDA.DBF 和 SDB.DBF 文件的记录合并的命令是(　　　)。

    A. USE SDA   B. USE SDA

APPEND   APPEND FROM SDB SDF

    C. USE SDA   D. USE SDA

COPY TO SDB   APPEND FROM SDB

41. 要为当前表所有职工增加 100 元工资,应该使用命令(　　)。

    A. CHANGE 工资 WITH 工资+100

    B. REPLACE 工资 WITH 工资+100

    C. CHANGE ALL 工资 WITH 工资+100

    D. REPLACE ALL 工资 WITH 工资+100

42. 以下关于自由表的叙述中正确的是(　　)。

    A. 全部是用以前版本的 FoxPro(FoxBASE)建立的表

    B. 可以用 Visual FoxPro 建立,但是不能把它添加到数据库中

    C. 自由表可以添加到数据库中,数据库表也可以从数据库中移出成为自由表

    D. 自由表可以添加到数据库中,但数据库表不可以从数据库中移出成为自由表

43. 在已打开的表文件中有"姓名"字段,此外又定义了一个内存变量"姓名"。要把内存变量姓名的值传送给当前记录的姓名字段,应使用命令(　　)。

    A. 姓名＝A→姓名

    B. REPLACE 姓名 WITH M→姓名

    C. STORE M→姓名 TO 姓名

    D. GATHER FROM M→姓名 field 姓名

44. 在 Visual FoxPro 中,修改当前表的结构的命令是(　　)。

    A. MODIFY STRUCTURE   B. MODIFY DATABASE

    C. OPEN STRUCTURE   D. OPEN DATABASE

45. 在 Visual FoxPro 中,要浏览表记录,首先用(　　)命令打开要操作的表。

    A. USE   B. OPEN STRUCTURE

    C. MODIFY STRUCTURE   D. MODIFY

46. 在 Visual FoxPro 中,浏览表记录的命令是(　　)。

    A. USE   B. BROWSE

    C. MODIFY   D. BROWES

47. 在当前表中查找班级为 1 的记录,应输入命令(　　)。

    A. LOCATE FOR 班级＝"1"

    B. LOCATE FOR 班级＝"1" CONTINUE

    C. LOCATE FOR 班级＝"1" NEXT

    D. UST FOR 班级＝"1"

48. 如果要在当前表中新增一个字段,应使用(　　)命令。

    A. MODIFY STRUCTURE   B. APPEND

    C. INSERT   D. EDIT

49. 要为当前表所有学生的年龄增加 2 岁,应输入的命令是(　　)。

    A. CHANGE ALL 年龄 WITH 年龄+2

    B. CHANGE ALL 年龄+2 WITH 年龄

自由表的基本操作

  C. REPLACE ALL 年龄＋2WITH 年龄

  D. REPLACE ALL 年龄 WITH 年龄＋2

50. 一个表的全部备注字段的内容存储在( )中。

  A. 不同表备注文件   B. 同一表备注文件

  C. 同一数据库文件   D. 不同数据库文件

51. 在 Visual FoxPro 中,数据库完整性一般包括( )。

  A. 实体完整性、域完整性

  B. 实体完整性、域完整性、参照完整性

  C. 实体完整性、域完整性、数据库完整性

  D. 实体完整性、域完整性、数据表完整性

52. 在 Visual FoxPro 中,专门的关系运算不包括( )。

  A. 选择   B. 投影   C. 联接   D. 差运算

二、填空题

1. 数组是_____,它由一系列_____组成,每个数组元素可通过_____及相应的下标来访问。

2. 在 Visual FoxPro 中,只可以使用_____和_____数组,数组必须先_____后_____。

3. 根据表达式值的类型,表达式可分为_____、_____、_____、_____;大多数_____表达式是带比较运算符的关系表达式。

4. 数值表达式由_____构成,其运算结果是_____型数据。

5. 在 Visual FoxPro 中,算术运算符有多种,按优先等级排列,依次为_____、_____、_____、_____。

6. 逻辑运算符的优先级顺序依次为_____、_____、_____。

7. 函数名后要紧跟_____、_____中是_____(即自变量)没有_____的函数称为无参数函数。

8. ? LOWER("ABCl23")的值是_____。

9. ? UPPER("welcome 你")的值是_____。

10. 在命令窗口中输入? VARTYPE("计算机等级考试")的结果是_____。

11. LIKE("welcome","welcome you")的结果是_____。

12. MOD(10,－3)函数的结果是_____。

13. Visual FoxPro 中的表设计器中有_____、_____和_____三个选项卡。

14. 在表文件中,每个字段的 4 个主要参数是_____、_____、_____和_____。

15. 表文件结构的修改命令 MODIFY STRUCTURE 与_____命令的工作状态是一致的。

16. 记录定位有相对定位、绝对定位和条件定位三种,使用的命令分别是_____、_____和_____。

17. 如果当前表同时使函数 EOF()和 BOF()之值为假,则此自由表的当前记录指针一定指向_____。

18. ZAP 命令可以删除当前表中的全部记录,但仍保留表_____。

19. 查询关系数据库中用户需要的数据时,需要对关系进行一定的_____。关系的基本运算有两类:一类是传统的集合运算,包括_____;另一类是专门的关系运算,包括_____。

20. 如果表中的一个字段不是本表的_____或_____,而是另外一个表的_____或_____,这个字段(属性)就称为外部关键字。

自由表的基本操作

第3章　数据库及表间操作

在没有数据库之前，我们所建立的自由表文件彼此是孤立的。引入数据库的概念，才将扩展名为 DBF 的数据库文件组织在一起管理，使它们成为相互关联的数据集合。为了更好地管理包括数据库文件在内的所有文件，我们不得不引入一个管理工具——项目管理器。

在 Visual FoxPro 中，数据库是一个逻辑上的概念和手段，通过一组系统文件将相互联系的数据库表及其相关的数据库对象统一组织和管理。因此，在 Visual FoxPro 中应该把 .DBF 文件称做数据库表（简称表），而不再称做数据库和数据库文件。

表可以存储和显示一组相关的数据，如果想把多个表联系起来，就一定要建立数据库。只有把这些有关系的表存放在同一个数据库中，确定它们的关联关系，数据库中的数据才能被更充分地利用。本章介绍 Visual FoxPro 中的项目管理器的使用，数据库的建立、操作和索引以及数据完整性等方面的内容。

3.1　项目管理器简介

所谓项目是指文件、数据、文档和 Visual FoxPro 对象的集合。"项目管理器"是 Visual FoxPro 中处理数据和对象的主要组织工具，它为系统开发者提供了极为便利的工作平台：一是提供了简便的、可视化的方法来组织和处理表、数据库、表单、报表、查询和项目相关的其他一切文件，通过单击鼠标就能实现对文件的创建、修改、删除等操作；二是在项目管理器中可以将应用系统编译成一个扩展名为 .APP 的应用文件或 .EXE 的可执行文件。

项目管理器将一个应用程序的所有文件集合成一个有机的整体，形成一个扩展名为 .PJX 的项目文件。用户可以根据需要创建项目。

3.1.1　建立项目文件

创建一个新项目有两个用途，一是仅创建一个项目文件，用来分类管理其他文件；二是使用应用程序向导生成一个项目和一个 Visual FoxPro 应用程序框架。实际应用很少使用第二种途径，在此介绍第一种途径。

1. 利用菜单操作

（1）从"文件"菜单中选择"新建"命令，或者单击"常用"工具栏上的"新建"按钮，系统打开"新建"对话框。

（2）在"文件类型"区域选择"项目"单选按钮，然后单击"新建文件"图标按钮，系统打开

"创建"对话框。

（3）在"创建"对话框的"项目文件"文本框中输入项目名称，如"学生成绩管理"，然后在"保存在"列表框中选择保存该项目的文件夹。

（4）单击"保存"按钮，Visual FoxPro 就在指定目录位置建立一个"学生成绩管理.PJX"的项目文件。

2. 利用命令操作

【格式】CREATE PROJECT <项目名称>

【说明】创建一个项目文件。

【例 3.1】 创建学生成绩管理项目。

CREATE PROJECT 学生成绩管理.PJX

创建项目时即打开项目管理器，对于磁盘上的项目文件，以后再打开的同时自动打开项目管理器。当激活"项目管理器"窗口时，在菜单栏中将显示"项目"菜单。

3.1.2 打开和关闭项目

在 Visual FoxPro 中可以随时打开一个已有的项目，也可以关闭一个打开的项目。用菜单方式打开项目的操作步骤如下：

（1）从"文件"菜单中选择"打开"命令，或者单击"常用"工具栏上的"打开"按钮，系统弹出"打开"对话框。

（2）在"打开"对话框的"文件类型"下拉列表中选择"项目"选项，在"搜寻"列表框中双击打开项目所在的文件夹。

（3）双击要打开的项目，或者选择它，然后单击"确定"按钮，即打开所选项目，如图 3.1 所示。

图 3.1 打开所选的项目

若要关闭项目，只需单击项目管理器右上角的"关闭"按钮即可。未包含任何文件的项目称为空项目。当关闭一个空项目文件时，Visual FoxPro 在屏幕上显示提示框。若单击提示框中的"删除"按钮，系统将从磁盘上删除该空项目文件；若单击提示框中的"保存"按钮，系统将保存该空项目文件。

数据库及表间操作

3.1.3　项目管理器的选项卡

"项目管理器"对话框共有 6 个选项卡,其中"数据"、"文档"、"类"、"代码"、"其他"5 个选项卡用于分类显示各种文件,"全部"选项卡用于集中显示该项目中的所有文件。若要处理项目中某一特定的文件或对象,可选择相应的选项卡。

(1)"数据"选项卡:包含一个项目中的所有数据,即数据库、自由表、查询和视图。

(2)"文档"选项卡:包含了处理数据时所用的 3 类文件,输入和查看数据所用的表单、打印表和查询结果所用的报表及标签。

(3)"类"选项卡:使用 Visual FoxPro 的类可以创建一个可靠的面向对象的事件驱动程序。

(4)"代码"选项卡:包括 3 大类程序,扩展名为.PRG 的程序文件、函数库和应用程序.APP 文件。

(5)"其他"选项卡:包括文本文件、菜单文件和其他文件,如位图文件.BMP、图标文件.ICO 等。

3.1.4　使用项目管理器

通过项目管理器,用户可以直观地在项目中创建、修改、移去和运行指定的文件。在项目管理器中操作最方便的方法是使用相应的命令按钮。项目管理器的右侧可以同时显示 6 个按钮,根据所选定对象的类型不同,项目管理器的右侧将出现不同的按钮组。

1. 创建文件

要在项目管理器中创建文件,首先要确定新文件的类型。例如,若要创建一个数据库文件名,必须先在项目管理器中选择"数据库"选项,如图 3.2 所示。

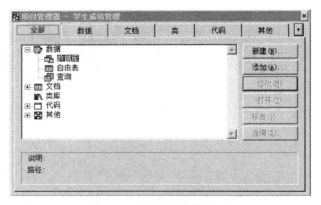

图 3.2　选择"数据库"选项

只有选定了文件类型以后,"新建"按钮才可用。单击"新建"按钮或者从"项目"菜单中选择"新建文件"命令,即可打开相应的设计器以创建一个新文件。

注意:在项目管理器中新建的文件自动包含在该项目文件中,而利用"文件"菜单中的"新建"命令创建的文件不属于任何项目文件。

2. 添加文件

利用项目管理器可以把一个已存在的文件添加到项目文件中,具体操作如下:

（1）选择要添加的文件类型。例如，要添加一个数据库到项目文件中，则应在项目管理器的"数据"选项卡中选择"数据库"选项。

（2）单击"添加"按钮或从"项目"菜单中选择"添加文件"命令，系统弹出"打开"对话框。在"打开"对话框中选择要添加的文件。

（3）单击"确定"按钮，系统便将选择的文件添加到项目文件中。

在 Visual FoxPro 中，新建或添加一个文件到项目中并不意味着该文件已成为项目的一部分。事实上，每一个文件都以独立文件的形式存在，某个项目包含某个文件只是表示该文件与项目建立了一种关联。这样做有两大优点：一是大部分的文件可以包含在多个项目中，项目仅仅需要知道所包含的文件在哪里，而不需要关心所包含文件的其他信息；二是如果一个文件同时被多个项目所包含，那么在修改该文件时，修改的结果将同时在相应的项目中得到体现，这样就避免了在多个项目中分别修改而产生的修改不一致的结果。

3．修改文件

利用项目管理器可以随时修改项目文件中的指定文件，具体操作步骤如下：

（1）选择要修改的文件。例如选择数据库中的一个表。

（2）单击"修改"按钮或从"项目"菜单中选择"修改文件"命令。

（3）修改相应的文件。

如果被修改的文件被同时包含在多个项目中，修改的结果对于其他项目也有效。

4．移去文件

一般来说，项目中如果不需要某个文件时，可以从项目中移去。具体操作步骤如下：

（1）选择要移去的文件。

（2）单击"移去"按钮或从"项目"菜单中选择"移去文件"命令。系统将显示如图 3.3 所示的提示框。

图 3.3　移去提示框

（3）若单击提示框中的"移去"按钮，系统仅仅从项目中移去所选择的文件，被移去的文件仍存在于原文件夹中；若单击"删除"按钮，系统不仅从项目中移去所选择的文件，还将从磁盘中删除该文件，文件将不复存在。

5．其他按钮

在项目管理器中，除了上面介绍的"新建"、"添加"、"修改"、"移去"按钮之外，随着所选择的文件不同，按钮所显示的名称将随之改变。其他按钮的功能如下：

（1）"浏览"按钮。在"浏览"对话框中打开一个表等。此按钮与"项目"菜单的"浏览文件"命令作用相同。

（2）"关闭"和"打开"按钮。打开或关闭一个数据库等。此按钮与"项目"菜单的"关闭文件"、"打开文件"命令作用相同。如果选定的数据库已关闭，"关闭"按钮变为"打开"；如

数据库及表间操作

果选定的数据库已打开,此按钮变为"关闭"。

（3）"预览"按钮。在打印预览方式下显示选定的报表或标签,与"项目"菜单的"预览文件"命令作用相同。

（4）"运行"按钮。执行选定的查询、表单或程序。当选定项目管理器中的一个查询、表单或程序时才可使用。此按钮与"项目"菜单的"运行文件"命令相同。

（5）"连编"按钮。连编一个项目或应用程序,与"项目"菜单的"连编"命令作用相同。

3.1.5　定制项目管理器

用户可以改变"项目管理器"对话框的外观。例如,可以调整"项目管理器"对话框的大小,移动"项目管理器"对话框的显示位置;也可以折叠或拆分"项目管理器"对话框以及使项目管理器中的选项卡永远浮在其他窗口之上。

1. 移动、缩放和折叠

"项目管理器"对话框和其他 Windows 窗口一样,可以随时改变窗口的大小以及移动窗口的显示位置。将鼠标放置在窗口的标题栏上并拖曳鼠标即可移动项目管理器。将鼠标指针指向"项目管理器"对话框的顶端、底端、两边或角上,拖动鼠标便可扩大或缩小它的尺寸。

项目管理器右上角的 按钮用于折叠或展开"项目管理器"对话框。该按钮正常时显示为 ,单击时,"项目管理器"对话框缩小为选项卡标签,同时该按钮变为 ,称为"还原"按钮,如图 3.4 所示。

图 3.4　"还原"按钮

在折叠状态,选择其中一个选项卡将显示一个较小的窗口,如图 3.5 所示。小窗口不显示命令按钮,但是在选项卡中单击鼠标右键,弹出的快捷菜单增加了"项目"菜单中各命令按钮功能的选项。如果要恢复包括命令按钮的正常界面,单击"还原"按钮即可。

2. 拆分项目管理

折叠"项目管理器"对话框以后,可以进一步拆分"项目管理器"对话框,使其中的选项卡成为独立、浮动的窗口,可以根据需要重新安排它们的位置。

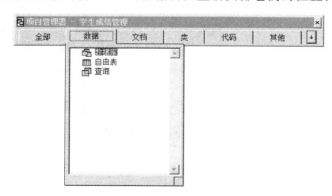

图 3.5　选项卡的窗口

图 3.6　拆分项目管理

首先折叠项目管理器,然后选定一个选项卡,将它拖离项目管理器,如图3.6所示。当选项卡处于浮动状态时,在选项卡中单击鼠标右键,弹出的快捷菜单增加了"项目"菜单中的选项。

对于从"项目管理器"对话框拆分的选项卡,单击选项卡上的图标,可以定住该选项卡,将其设置为始终显示在屏幕的最顶层,不会被其他窗口遮挡。再次单击图钉图标便取消其"顶层显示"设置。

若要还原拆分的选项卡,可以单击选项卡上的"关闭"按钮,也可以用鼠标将拆分的选项卡拖曳回"项目管理器"对话框中。

3. 停放项目管理器

将项目管理器拖到 Visual FoxPro 主窗口的顶部就可以使它像工具栏一样显示在主窗口的顶部。停放后项目管理器变成了窗口工具栏区域的一部分,不能将其整个展开,但是可以单击每个选项卡来进行相应的操作。对于停放的项目管理器,同样可以从中拖开选项卡。

计算机等级考试考点:
(1) 使用"数据"选项卡。
(2) 使用"文档"选项卡。

3.2　数据库的基本操作

Visual FoxPro 是一个具有处理数据库的强大功能的系统。它主要实现了对数据库操作的功能。

3.2.1　建立、修改和删除数据库

1. 建立数据库

要把数据输入数据库中,必须先建立一个新的数据库,然后加入需要处理的表或用"数据库设计器"建立新的表(或视图),并定义它们之间的关系。建立数据库的常用方法有以下3种:在项目管理器中建立数据库;通过"新建"对话框建立数据库;使用命令建立数据库。

1) 在项目管理器中建立数据库

在项目管理器中建立数据库的界面如图3.2所示,首先在"数据"选项卡或"全部"选项卡中选择"数据库"选项,然后单击"新建"按钮,在弹出的"新建数据库"对话框中单击"新建数据库",接着通过提示输入数据库的名称。在创建对话框中有"保存"和"取消"等按钮,输入数据库名称后单击"保存"命令按钮则完成数据库的建立,并打开"数据库设计器"。

在"新建数据库"对话框中单击"数据库向导"也可以建立数据库。

在建立 Visual FoxPro 数据库时,相应的数据库名称实际是扩展名为.DBC 的文件名,与之相关的还会自动建立一个扩展名为.DCT 的数据库备注(memo)文件和一个扩展名为.DCX 的数据库索引文件。建立数据库后,用户可以在磁盘上看到文件名相同,但扩展名分别为.DBC、.DCT 和.DCX 的3个文件,这3个文件是供 Visual FoxPro 数据库管理系统管理数据库使用的,用户一般不能直接使用这些文件。

2）通过"新建"对话框建立数据库

单击工具栏中的"新建"按钮或者选择"文件"菜单下的"新建"命令，打开"新建"对话框。首先在"新建"对话框的"文件类型"列表框中选择"数据库"选项，然后单击"新建文件"按钮建立数据库，后面的操作和步骤与在项目管理器中建立数据库相同。

3）使用命令建立数据库

【格式】CREATE DATABASE［数据库文件名|?］

【说明】其中如果指定数据库名称则直接建立数据库；如果不指定数据库名称和使用问号都会弹出"创建"对话框请用户输入数据库名称。与前两种建立数据库的方法不同，使用命令建立数据库后不打开数据库设计器，只是数据库处于打开状态。

使用以上 3 种方法都可以建立一个新的数据库，如果指定的数据库已经存在，很可能会覆盖掉已经存在的数据库。如果系统环境参数 SAFETY 被设置为 OFF 状态会直接覆盖，否则会出现警告对话框请用户确认。因此，为安全起见可以先执行命令 SET SAFETY ON。

【例 3.2】 创立成绩管理数据库。

```
SET SAFETY ON
CREATE DATABASE F:\学生成绩管理\成绩管理.DBC
```

2. 修改数据库

Visual FoxPro 在建立数据库时建立了扩展名为 .DBC、.DCT 和 .DCX 的 3 个文件，用户不能直接对这些文件进行修改。在 Visual FoxPro 中修改数据库实际是打开数据库设计器，用户可以在数据库设计器中完成对各种数据库对象的建立、修改和删除等操作。

数据库设计器是交互修改数据库对象的界面和工具，其中显示数据库中包含的全部表、视图和联系。在"数据库设计器"窗口处于活动状态时，Visual FoxPro 显示"数据库"菜单和"数据库设计器"工具栏。在后续章节中将介绍使用数据库设计器完成对各种数据库对象的建立、修改和删除等操作。

可以用以下 3 种方法打开数据库设计器。

1）从项目管理器中打开数据库设计器

首先从项目管理器中展开数据库分支，然后选择要修改的数据库，最后单击"修改"按钮则在数据库设计器中打开相应的数据库，如图 3.7 所示。

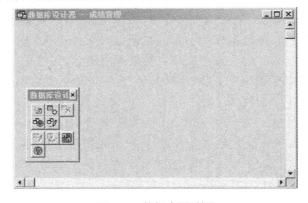

图 3.7　数据库设计器

2）利用菜单打开数据库设计器

执行"文件"→"打开"命令会弹出"打开"对话框,打开数据库则会自动打开数据库设计器。

3）使用命令打开数据库设计器

打开数据库设计器的命令是 MODIFY DATABASE,具体语法格式如下:

【格式】MODIFY DATABASE［数据库文件名｜?］［NOWAIT］［NOEDIT］

【功能】打开数据库设计器。

【说明】数据库文件名,给出要修改的数据库名,如果使用问号(?)或省略参数则打开"打开"对话框。NOWAIT 选项只在程序中使用,在交互使用的命令窗口中无效。其作用是在数据库设计器打开后程序继续执行。使用 NOEDIT 选项只是打开数据库设计器,而禁止对数据库进行修改。

3. 删除数据库

删除一个不再使用的数据库,一般可以在选项管理器中删除数据库,也可以用命令删除数据库。

1）从项目管理器中删除数据库

从项目管理器中删除数据库比较简单,直接选择要删除的数据库,然后单击"移去"按钮,这时会出现图 3.3 所示的提示对话框,有 3 个按钮可供选择。

- 移去：从项目管理器中删除数据库,但并不从磁盘上删除相应的数据库文件。
- 删除：从项目管理器中删除数据库,并从磁盘上删除相应的数据库文件。
- 取消：取消当前的操作,即不进行删除数据库的操作。

注意：以上提到的数据库文件是 DBC 文件,而不是 DBF 文件。

Visual FoxPro 的数据库文件并不真正含有数据库表或数据库对象,只是在数据库文件中登录了相关的条目信息,而表、视图或其他数据库对象是独立存放在磁盘上的。所以不管是"移去"还是"删除"操作,都没有删除数据库中的表等对象,而是使数据库中的表变为自由表。要在删除数据库时同时删除表等对象,需要使用命令方式删除数据库。

2）用命令删除数据库

【格式】DELETE DATABASE 数据库文件名｜? ［DELETETABLES］［RECYCLE］

【功能】删除数据库。

【说明】数据库文件名,给出要从磁盘上删除的数据库文件名,此时要删除的数据库必须处于关闭状态；如果使用问号(?),则会打开"删除数据库文件"对话框。使用 DELETETABLES 选项则在删除数据库文件的同时从磁盘上删除该数据库所含的表(DBF 文件)等。使用 RECYCLE 选项则将删除的数据库文件和表文件等放入 Windows 的回收站中。

注意：要删除的数据库必须先关闭；如果 SET SAFETY 设置值为 ON,则 Visual FoxPro 会提示是否要删除数据库,否则(当删除数据库前执行命令 SET SAFETY OFF 时)不出现提示,直接进行删除操作。

【例 3.3】 数据库的删除。

```
CREATE DATABASE 学生
CLOSE DATABASE && 先关闭"学生"数据库
DELETE DATABASE 学生 RECYCLE
```

3.2.2　打开和关闭数据库

1. 打开数据库

在数据库中建立表或使用数据库中的表时,都必须先打开数据库,与建立数据库类似,常用的打开数据库的方式也有 3 种。

(1) 在项目管理器中打开数据库。

(2) 通过"打开"对话框打开数据库。

(3) 使用命令打开数据库。

通常在交互操作时使用前两种方法,在应用程序中使用命令的方法。

1) 从项目管理器中打开数据库

在项目管理器中选择了相应的数据库时,数据库将自动打开,所以此时用户可能没有打开数据库的感觉,但不必再手工执行打开数据库的操作。

2) 利用菜单打开数据库

单击工具栏中的"打开"按钮或者选择"文件"菜单下的"打开"命令,屏幕上显示"打开"对话框,如图 3.8 所示。在"文件类型"下拉列表中选择"数据库(* .dbc)"选项。

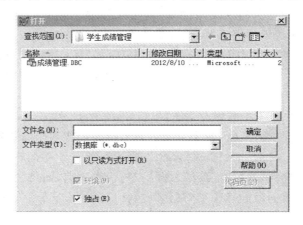

图 3.8　"打开"对话框

然后选择要打开的数据库文件或在"文件名"文本框后输入数据库文件名,单击"确定"按钮打开数据库。在"打开"对话框中还有"以只读方式打开"和"独占"复选框可供选择,它们的含义在稍后的命令方式中解释。

3) 使用命令打开数据库

打开数据库的命令是 OPEN DATABASE,具体语法格式如下:

【格式】OPEN DATABASE［文件名|?］［EXCLUSIVE|SHARED］［NOUPDATE］［VALIDATE］

【功能】打开数据库。

【说明】其中各个参数和选项的含义如下:

• 文件名:要打开的数据库名,可以默认数据库文件扩展名.DBC,如果不指定数据库名或使用问号(?),则显示"打开"对话框。

- EXCLUSIVE：以独占方式打开数据库，与在"打开"对话框中选择"独占"复选框等效，即不允许其他用户在同一时刻也使用该数据库。
- SHARED：以共享方式打开数据库，等效于在"打开"对话框中不选择"独占"复选框，即允许其他用户在同一时刻使用该数据库。默认的打开方式由 SET EXCLUSIVE ON|OFF 的设置值确定，系统原默认设置 ON。
- NOUPDATE：指定数据库按只读方式打开，等效于在"打开"对话框中选择"以只读方式打开"复选框，即不允许对数据库进行修改，默认的打开方式是读、写方式，即可修改。
- VALIDATE：指定 Visual FoxPro 检查在数据库中引用的对象是否合法，例如检查数据库中的表和索引是否可用，检查表的字段或索引的标志是否存在等。

注意：
- 这里的 NOUPDATE 选项实际并不起作用，为了使数据库中的表是只读的，需要在用 USE 命令打开表时使用 NOUPDATE。
- 当数据库打开时，包含在数据库中的所有表都可以使用，但是这些表不会自动打开，使用时需要用 USE 命令或其他方法打开。
- 当用 USE 命令打开一个表时，Visual FoxPro 首先在当前数据库中查找该表，如果找不到，Visual FoxPro 会在数据库外继续查找并打开指定的表（只要该表在指定的目录或路径下存在）；事实上要打开一个表并不一定要打开数据库，这是 Visual FoxPro 仍然不完善的一面，因为它要兼容以前版本的 FoxPro。

Visual FoxPro 在同一时刻可以打开多个数据库，但在同一时刻只有一个当前数据库，也就是说所有作用于数据库的命令或函数是对当前数据库而言的，指定当前数据库的命令是：

【格式】SET DATABASE TO［库文件名］

【说明】其中参数［库文件名］指定一个已经打开的数据库名称成为当前数据库，如果不指定该参数，即执行命令 SET DATABASE TO 将使得所有打开的数据库都不是当前数据库（注意：所有的数据库都没有关闭，只是都不是当前数据库）。

【例 3.4】 指定当前数据库。

```
CREATE DATABASE 教师    && 建立"教师"库，并指定其为当前库
SET DATABASE TO 学生    && 指定"学生"库为当前库
SET DATABASE TO         && 没有指定当前库
```

也可以通过"常用"工具栏中的数据库下拉列表来选择，指定当前数据库，假设当前打开了两个数据库——"学生"和"教师"，通过数据库下拉列表指定当前数据库的方式如图 3.9 所示。

图 3.9 指定当前数据库

数据库及表间操作

2. 关闭数据库

关闭数据库常常使用下面的命令：

【格式】CLOSE DATABASE

【格式】CLOSE DATABASE ALL

其中命令 CLOSE DATABASE 只关闭当前数据库，而 CLOSE DATABASE ALL 可以关闭所有数据库。另外，当关闭项目管理器时，项目管理器中的数据库也同时关闭。

3.2.3 数据库表的基本操作

刚刚建立的数据库只是定义了一个空的数据库，它还没有数据，也不能输入数据，接着还需要建立数据库表和其他数据库对象，然后才能输入数据和实施其他数据库操作。

数据库中的表可以在数据库中直接创建，也可以把自由表添加到数据库中而成为数据库表，但不能把某个数据库中的表直接添加到另外一个数据库中，因为任何一个表只能属于一个数据库。如果想向当前数据库中添加的表已被添加到了别的数据库中，则必须先将它从其他数据库中移去（成为自由表）后才能添加到当前数据库中。

1. 数据库中新建表

在数据库打开的情况下，创建的数据表都自动成为该数据库下的表，称为数据库表。创建数据库表的方法有如下 3 种。

（1）打开或新建一个数据库，选择菜单"文件"→"新建"→"表"→"新建文件"，此时创建的表自动成为该数据库下的表。

（2）打开指定数据库的"数据库设计器"，选择：

① "数据库设计器"工具栏中的"新建表"按钮，如图 3.10 所示；

② 系统菜单"数据库"→"新建表"命令；

③ 在"数据库设计器"空白处单击鼠标右键，在弹出的快捷菜单中选择"新建表"。

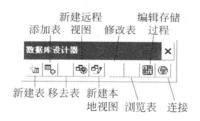

图 3.10 "数据库设计器"工具栏

（3）用命令 CREATE|OPEN DATABASE <数据库文件名>后，接着用命令 CREATE <表名>可创建数据库表。

在 Visual FoxPro 下要调用某个工具栏，可用系统菜单"显示"→"工具栏"，在弹出的工具栏对话框中可做选择，如图 1.15 所示。

2. 向数据库中添加表

对于已经建立的自由表，可以通过添加的方式进入某个已创建好的数据库中，成为一个数据库表，同时具备数据库表的优点。下面以学生成绩管理系统为例，将第 2 章中建立的自由表添加到数据库中，使之成为数据库表。

1）打开数据库

首先打开学生成绩管理项目，从"项目管理器"中展开"数据库"分支，然后选择要修改的数据库"成绩管理.DBC"，最后单击"修改"按钮则在数据库设计器中打开相应的数据库，如图3.7所示。

2）添加表

在"数据库设计器——成绩管理"窗口中，可选择以下操作。

- "数据库设计器"工具栏上的"添加表"按钮，参阅图3.10。
- 系统菜单"数据库"→"添加表"命令。
- 在"数据库设计器"空白处单击鼠标右键，在弹出的快捷菜单中选择"添加表"。也可以从"项目管理器"中展开"数据库"分支的下面直接选择"表"，然后单击"添加"按钮则可将表添加到数据库中。

以上的各种添加表的操作都会弹出一个"打开"对话框，如图3.11所示。在"打开"对话框中选择要添加的自由表的位置和文件名称，如student.DBF，单击"确定"按钮，完成添加自由表的操作。

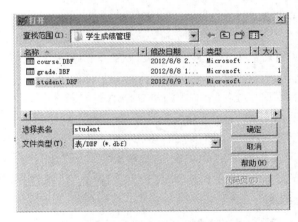

图3.11 "打开"对话框

重复上述步骤，将学生成绩管理系统中的其余两个自由表添加到当前数据库中，其结果如图3.12所示。

3）用命令添加

【格式】ADD TABLE 自由表名 | ? [NAME LongTableName]

【功能】添加一个自由表到当前数据库中。

【说明】如果使用问号（?），则显示"打开"对话框，从中选择要添加到数据库中的表。而可选的参数 NAME LongTableName 则为表指定了一个长名，最多可以有128个字符。使用长名在程序中可以提高程序的可读性。

在添加表时注意：

- 要添加的自由表必须具备下列条件，即该表是一个有效的.DBF文件；表不允许与打开的数据库中已有的表同名；表不能同时放在另一个数据库中。
- 要加入表的数据库必须具备下列条件，即必须以独占方式打开。要保证以独占的方

图 3.12　添加了表的成绩管理数据库

式打开数据库,在使用 OPEN DATABASE 命令时加入 EXCLUSIVE 子句。

- 将自由表添加到一个数据库中,该表存放的位置并没有改变,只是在表与数据库间建立了一个链接关系。

3. 移去、删除表

要将某数据库表从当前数据库中移去,使之成为一个自由表,或者使之从磁盘上彻底消失,可用如下步骤。

(1) 在数据库设计器下,可选择系统菜单"数据库"→"移去"或单击"数据库设计器"工具栏中的"移去表"按钮。

(2) 弹出如图 3.13 所示的询问对话框,单击"移去"按钮后,弹出一个确认对话框,如图 3.14 所示,继续选择"是"按钮,则该数据库表就成为了一个自由表,即断开了该表与数据库的链接关系。如果在图 3.13 所示的对话框中选择"删除"按钮,则从当前数据库中移去该表的同时将其从磁盘上删除。

图 3.13　询问对话框

图 3.14　"移去表"的确认对话框

另外,还可以用 REMOVE TABLE 命令将一个表从数据库中移出:

【格式】REMOVE TABLE 表名|? [DELETE][RECYCLE]

【说明】其中参数"表名"给出了要从当前数据库中移去的表的表名,如果使用问号(?)则显示"移去"对话框,从中选择要移去的表。如果使用选项 DELETE,则在把所选表从数据库中移出之外,还将其从磁盘上删除。如果使用选项 RECYCLE,则把所选表从数据库中移出之后,放到 Windows 的回收站中,而并不立即从磁盘上删除。

3.2.4　数据库表的属性设置

数据库表与自由表可以相互转换,用户可以将一个自由表加入到某一个数据库中,成为数据库表;反之,数据库表也可以从数据库中移出,成为自由表。数据库表包含许多自由表没有的属性,这一点从创建数据库表时的表设计器中可以看出,如图 3.15 和图 3.16 所示,数据库表不仅可以创建表结构,而且可以设置表属性,如显示格式、输入掩码、显示标题、字段的验证规则、字段默认值和注释等,并且数据库表还能创建主索引。数据库表中字段名的长度可达 128 个字符,而自由表中字段名的长度最多为 10 个字符。

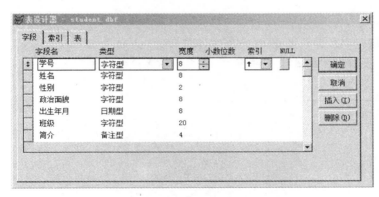

图 3.15　自由表"表设计器"

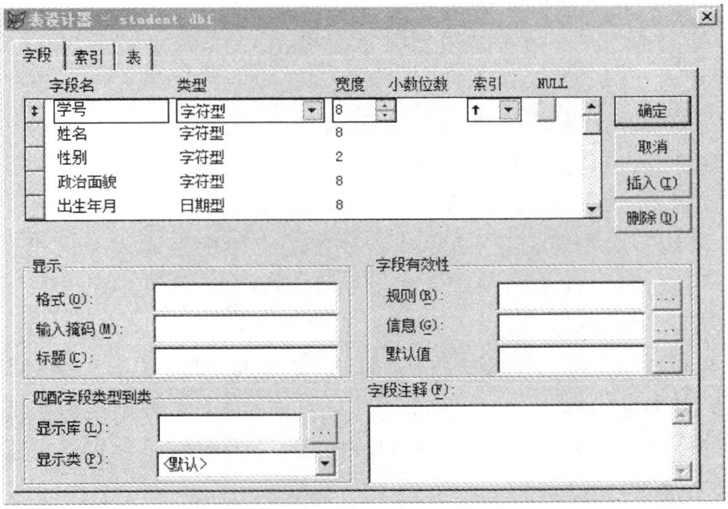

图 3.16　数据库表"表设计器"

数据库及表间操作

由图 3.15 和图 3.16 可知,数据库表的表设计器比自由表的表设计器又多了许多新属性,这些属性会作为数据库的一部分保存起来,并且一直为该表所拥有,直到该表从这个数据库中移去为止。下面介绍这些数据库表属性的设置。

1. 设置字段显示属性

1) 格式

格式指定字段显示输出时的格式,实际上是字段的输出掩码,它决定了字段显示时的字体大小、样式等显示风格,常用的格式码如表 3.1 所示。

表 3.1　常用格式码

格式码	说　　明
A	只允许输入字母
D	使用当前系统设置日期的格式
L	在数之前显示填充的前导 0,而不是空格
T	禁止输入字段的前导与尾部空格
!	将输入的小写字母转为大写字母

2) 输入掩码

输入掩码指定字段输入时的格式,它可防止用户的非法输入,减少人为的数据输入错误,保证输入的字段数据格式统一并有效,常用的输入掩码如表 3.2 所示。

表 3.2　常用输入掩码

掩码	含　　义
x	允许输入任何字符
9	只允许输入数字
#	允许输入数字、空格、＋、－
$	显示(SET CURRENCY 命令指出的)货币号
*	在指定宽度中,数值前显示 * 号
.	指定小数点位置
,	分隔小数点左边的数字

格式与输入掩码的作用:前者是限制显示输出,后者是限制输入,要注意的是输入掩码要按"位"指定格式。

【例 3.5】 指定"姓名"字段的格式为 AT,这样就限制了"姓名"字段只能接受字母的输入,而不能输入空格、数字、标点等。

3) 标题

"标题"文本框用于为浏览窗口、表单或报表中的字段标签输入表达式。在进行浏览时,如果用户不设置字段标题,则该表的标题显示的是字段名。为了在浏览表中数据时能更清晰、方便,可以自定义字段标题。

【例 3.6】 先单击"学号"字段,然后在"标题"文本框中输入"学生编号";单击"姓名"字段,然后在"标题"文本框中输入"学生名称"。以后进行浏览时可见类似图 3.17 的窗口。

由于可以用自己命名的标题取代原来的字段名,这为表的显示提供了很大的灵活性。

2. 字段有效性规则

"字段有效性"区包含 3 个文本框,各文本框均可直接输入数据,也可通过其右边的对话

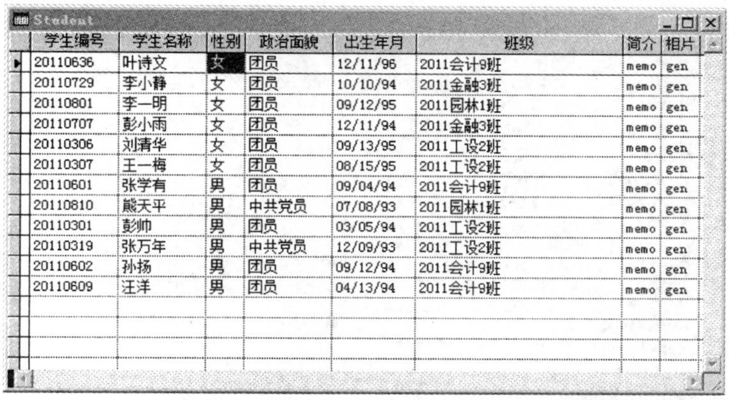

Student

学生编号	学生名称	性别	政治面貌	出生年月	班级	简介	相片
20110636	叶诗文	女	团员	12/11/96	2011会计9班	memo	gen
20110729	李小静	女	团员	10/10/94	2011金融3班	memo	gen
20110801	李一明	女	团员	09/12/95	2011园林1班	memo	gen
20110707	彭小雨	女	团员	12/11/94	2011金融3班	memo	gen
20110306	刘清华	女	团员	09/13/95	2011工设2班	memo	gen
20110307	王一梅	女	团员	08/15/95	2011工设2班	memo	gen
20110601	张学有	男	团员	09/04/94	2011会计9班	memo	gen
20110810	熊天平	男	中共党员	07/08/93	2011园林1班	memo	gen
20110301	彭帅	男	团员	03/05/94	2011工设2班	memo	gen
20110319	张万年	男	中共党员	12/09/93	2011工设2班	memo	gen
20110602	孙扬	男	团员	09/12/94	2011会计9班	memo	gen
20110609	汪洋	男	团员	04/13/94	2011会计9班	memo	gen

图 3.17　字段标题改为“学生编号”和“学生名称”

按钮显示出“表达式生成器”对话框，在其中进行设置。

1）规则

“规则”文本框用于输入对字段数据有效性进行检查的规则，它实际上是一个条件，即一个逻辑表达式。对于在该字段输入的数据，系统会自动检查它是否符合条件，若不符合必须进行修改，直至与条件符合才允许光标离开该字段。定义字段的有效规则，可以防止输入非法值，提高表中数据输入的准确性。

2）信息

“信息”文本框用于指定出错提示信息，当该字段输入的数据违反规则时，出错信息将照此显示，提示信息是一个字符表达式。

3）默认值

“默认值”文本框用于指定字段的默认值。当增加记录时，字段默认值会在新记录中显示出来。定义某一字段数据的默认值，可以提高表中数据输入的速度和准确性，但数据类型与字段匹配。

【例 3.7】　性别只有“男”或“女”两种情况，输入其他的任何值都是非法的，故可以在表设计器中选择性别字段为当前字段，在“规则”文本框中输入“性别 ＝ '男' or 性别 ＝ '女'”，默认值为“男”。

设置如图 3.18 所示。

3. 字段注释

为了提高数据表的使用效率及其共享性，可在表设计器中的“字段注释”文本框内输入信息，对字段加以注释，可清楚地掌握字段的属性、意义及特殊用途等。对字段进行注释的方法是先在表设计器中选定字段，然后在“字段注释”文本框中输入注释内容，如图 3.18 所示。

4. 设置记录规则

单击表设计器的“表”标签后就可以对记录规则进行设置（见图 3.19）。

1）记录有效性

记录有效性检查规则用来检查同一记录中不同字段之间的逻辑关系。使用记录验证规则可以控制输入到记录中的数据，通常是比较同一记录中两个或多个字段的值，以确保它们遵守一定的规则。与字段验证规则不同，记录验证规则是当记录的值被改变后，记录指针准

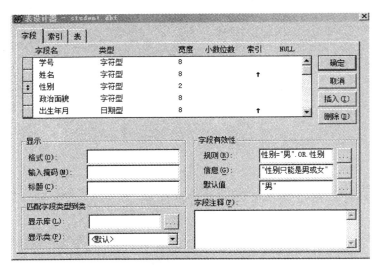

图 3.18　例 3.7 字段有效性规则设置

图 3.19　"表"标签中的一些设置

备离开该记录时被激活的。

- "规则"文本框：用于指定记录级有效性检查规则，光标离开当前记录时进行校验。
- "信息"文本框：用于指定出错提示信息。出错提示信息内容必须用西文引号括起。

【例 3.8】　如要求每个记录都要输入学号，而且输入合适的出生年月，可以在"规则"文本框中输入"学号♯"" AND 出生年月>{^1980-01-01}"，设置如图 3.19 中所示的记录有效性所示。

2）触发器

触发器有 3 种，触发器是一个在输入、删除或更新表中的记录时被激活的表达式。

- 插入触发器：用于指定一个规则，每次向表中插入或追加记录时该规则被触发，据此检查插入的记录是否满足规则。
- 更新触发器：用于指定一个规则，每次更新记录时触发该规则。
- 删除触发器：用于指定一个规则，每次向表中删除记录（打上删除标记）时触发该规则。

【例 3.9】 删除触发器。

设置为 RECNO()＞10,表示只有记录号大于 10 的记录才可以被逻辑删除,设置如图 3.19 中所示的触发器。如果逻辑删除记录号为 10 以内的记录时,将会出现如图 3.20 所示的提示框,拒绝执行删除操作。

图 3.20　拒绝执行操作提示框

另外,表设计器的"表"选项卡中有"表名"和"表注释"文本框。在"表名"中可以输入该表不超过 128 个字符的长名;在"表注释"中可以输入该表的一些信息,如"学生表存储的是学生的基本情况"。长表名一般能在浏览窗口或各种设计器的标题栏内显示,而注释则通常出现在项目管理器的底部。

计算机等级考试考点:

(1) 创建数据库,向数据库添加或移出表。

(2) 设定字段级规则和记录规则。

3.3　数据表的索引

一般情况下,数据表中记录的排列顺序是由输入的先后顺序决定的,这种记录的相对顺序总是不变,称其为物理顺序。但是,用户对数据表的访问常会有不同的要求,例如,在学生成绩管理系统中要求各学生记录按照出生年月的先后排序,或按照考试成绩的高低排序等,这些都要求对文件中的记录顺序重新组织。实现的方法有两种:排序和索引。

3.3.1　排序

排序是对数据表进行物理位置的整理,将重新排序后的记录输出到一个新表中,原文件的内容与顺序均不变。排序操作是用 SORT 命令实现的。

【格式】 SORT TO <排序文件名> ON <关键字段 1>［/A|/D］［/C］［,关键字段 2［/A|/D］［/C］…］［ASCENDING | DESCINDING］［范围］［FOR <条件 1>］［WHILE <条件 2>］［FIELDS <字段名表>］

【说明】

- <排序文件名>,即针对当前表排序后的新生成的数据表名,所以其仍然是表文件类型,如果文件名中没有带上扩展名,系统自动为它指定扩展名.DBF。
- ON <关键字段 1>,即决定排列顺序的字段被称为关键字段,它不能是备注型或通用型字段。/A 表示按升序排列;/D 表示按降序排列,默认为升序;/C 表示排序时

忽略大小写，默认为不忽略。可以把/C 选项同/A 或/D 选项组合起来，例如/AC 或/DC。若选择多个关键字段，则表示多重排序：即先按主排序字段<关键字段 1 >排列，当其字段值相同时，再按第二排序字段<关键字段 2 >排序，以此类推。

- ASCENDING，即将所有不带/D 的字段指定为升序排列；DESCINDING，将所有不带/A 的字段指定为降序排列。
- 范围，即指定参加排序的记录范围。该子句省略时，表示对全部记录进行排序。
- 条件子句，即指定参加排序的记录所满足的条件。该子句省略时，表示对全部记录进行排序。
- FIELDS 子句，即指定新表所包含的字段，同时可依照字段名重新排列字段的顺序。
- 新生成的排序文件处于关闭状态。要对其进行访问，需先执行打开操作。
- 字符型字段的排序是按照 ASCII 码的大小进行的。

【例 3.10】 对表文件 student. DBF 中的班级按照降序排列，当班级相同时，再按照出生日期升序排列，生成新文件 Nstudent. DBF，要求新表中只包含姓名、出生年月和班级，且将班级置于姓名字段前方显示。

```
USE F:\学生成绩管理\student
SORT TO Nstudent.DBF ON 班级/D,出生年月/A  FIELDS 班级,姓名,出生年月
USE Nstudent && 打开新生成的表文件
BROWSE
```

其结果如图 3.21 所示。

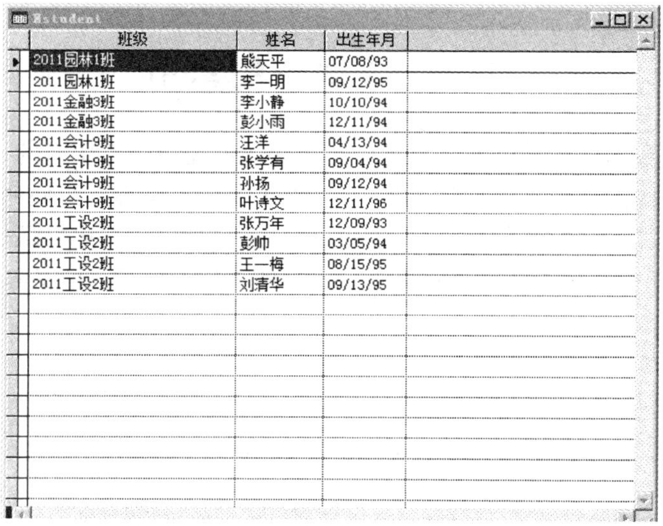

班级	姓名	出生年月
2011园林1班	熊天平	07/08/93
2011园林1班	李一明	09/12/95
2011金融3班	李小静	10/10/94
2011金融3班	彭小雨	12/11/94
2011会计9班	汪洋	04/13/94
2011会计9班	张学有	09/04/94
2011会计9班	孙扬	09/12/94
2011会计9班	叶诗文	12/11/96
2011工设2班	张万年	12/09/93
2011工设2班	彭帅	03/05/94
2011工设2班	王一梅	08/15/95
2011工设2班	刘清华	09/13/95

图 3.21　例 3.10 执行结果

3.3.2　索引的概念

Visual FoxPro 系统中的索引和书中的目录类似。书中的目录是一份页码的列表，指向各章节所在的页号；表索引是一个记录号的列表，它指向待处理的记录，并确定了记录的处理顺序，我们称这种顺序为逻辑顺序。索引在逻辑上也是一种排序，索引并不改变表中所存

储记录的物理顺序,它只改变了 Visual FoxPro 系统读取每条记录的顺序。假设有如下学生入学情况表,表 3.3 所示分别按照入校总分、年龄、姓名为之建立索引。

表 3.3　学生入学情况表.DBF

记录号	学号	姓名	性别	年龄	入校总分
1	sc0001	张三	男	16	554
2	sc0002	李四	女	18	584
3	sc0003	王五	男	19	346
4	sc0004	王六	女	17	604
5	sc0005	钱二	男	20	621

（1）按年龄升序建立索引　　　　　　　　　（2）按总分降序建立索引

记录号顺序(即索引记录号列表)　　　　　记录号顺序(即索引记录号列表)

如果按照第(1)种方式依次从学生入学情况表里取出记录并显示出来,则显示出来的顺序就是按照年龄从低到高的显示结果,即:

记录号	学号	姓名	性别	年龄	入校总分
1	sc0001	张三	男	16	554
4	sc0004	王六	女	17	604
2	sc0002	李四	女	18	584
3	sc0003	王五	男	19	346
5	sc0005	钱二	男	20	621

如果按照第(2)种方式依次从学生入学情况表里取出记录并显示出来,则显示出来的顺序就是按照入校总分从高到低的显示结果,即:

记录号	学号	姓名	性别	年龄	入校总分
5	sc0005	钱二	男	20	621
4	sc0004	王六	女	17	604
2	sc0002	李四	女	18	584
1	sc0001	张三	男	16	554
3	sc0003	王五	男	19	346

索引是根据表中的某一个或多个关键字段建立的一个逻辑顺序,它存储的是索引与表的映射关系,这种索引(或称索引方式)是存放于文件里的,存放索引的文件有两种类型:单索引文件和复合索引文件。单索引文件里只能存放一种索引(索引方式),它的扩展名为

数据库及表间操作

.IDX；复合索引文件里可以存放多种索引（索引方式），它的扩展名为.CDX。复合索引文件名若与表名相同则称为结构化复合索引文件，当表打开时，结构化复合索引自动随着打开。反之，复合索引文件名与表名不同称为非结构化复合索引。

Visual FoxPro 的索引方式有 4 种：主索引、候选索引、唯一索引和普通索引。它们的相关说明如表 3.4 所示。

表 3.4 　Visual FoxPro 的索引方式

索引类型	关键字段的值	说　　明	创建修改方式	索引个数
普通索引	可重复	可作为 1：n 永久关系的 n 方	INDEX/表设计器	可有多个
唯一索引	可重复	为旧版本兼容，索引表达式的值没有重复	INDEX/表设计器	可有多个
候选索引	不可重复	可作为主关键字，可用于在永久关系中建立参照完整性	INDEX/表设计器	可有多个
主索引	不可重复	可作为主关键字，可用于在永久关系中建立参照完整性。只有数据库表才能建立主索引	表设计器	一个

在表 3.4 说明中提到的永久性关系等将在后续章节中讲到。

3.3.3　索引的建立与使用

1. 用表设计器建立索引

1）单字段索引

在表打开的前提下，"显示"→"表设计器"→"字段选项卡"→在字段名列中选中一个字段作为索引字段→索引下拉列表框中选"升或降序"，此时建立了一个普通索引，索引名与字段名相同，索引表达式就是对应的字段。

如果想建立其他类型的索引，可继续单击表的"索引选项卡"→"类型"下拉列表框，此时出现 4 种方式类型，即主索引、普通索引、候选索引和唯一索引，如图 3.22 所示。注意如果是自由表，则没有主索引类型，因为主索引只有在数据库表中才能建立。可根据需要选一种索引类型，然后单击"确定"按钮。

2）复合字段索引

在表打开前提下，"显示"→"表设计器"→"索引"选项卡→"插入"（此时在界面出现一新行）→在"索引名"下输入索引名→在"类型"下拉列表框中选索引类型→单击"表达式"右边的…按钮打开表达式生成器，如图 3.23 所示，在"表达式"中输入索引表达式，然后单击"确定"按钮。如表 3.3 中所示，建立先按性别，再按入校总分排序的一个普通索引，其表达式为"性别＋str(入校总分)"。

以上通过表设计器建立的索引都属于结构化复合索引。

2. 用命令建立索引

【格式】INDEX ON <索引关键字段> TO <单索引文件名>|TAG <索引标识符名>［OF <复合索引名>］［FOR ＜条件＞］［COMPACT］［ASCENDING］|［DESCENDING］［UNIQUE|CANDIDATE］［ADDITIVE］

【功能】建立索引文件或增加索引标识。

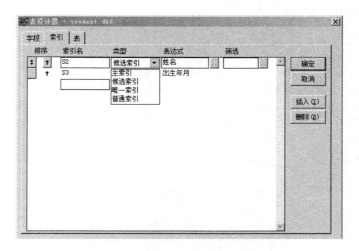

图 3.22　表设计器"索引"选项

图 3.23　表达式生成器

【说明】

- 索引关键字段,可以是单个字段名,或用字段名组成的表达式。
- TO 子句是建立单索引文件。
- TAG 是建立复合索引标识,当不选 OF 子句时建立的是与表同名的结构化复合索引文件,当选 OF 子句时建立的是非结构化复合索引文件。
- COMPACT 用来指定单索引文件是压缩的。复合索引总是压缩的。
- ASCENDING、DESCENDING 子句表示升序、降序,默认为升序。
- UNIQUE 子句建立唯一索引。
- CANDIDATE 子句建立候选索引。
- ADDITIVE 子句建立该索引文件不关闭以前打开的索引文件,默认是关闭以前打开的索引文件。

以上命令在省略情况下建立的就是普通索引,而且不能建立主索引。

【例 3.11】 索引的应用。

```
OPEN DATABASE F:\学生成绩管理\成绩管理
USE student
INDEX ON 学号 TO X1 UNIQUE          && 按学号建立即唯一索引单索引
INDEX ON 性别 + DTOC(出生年月) TAG S1   && 按性别 + 出生年月普通索引
INDEX ON 姓名 TAG S2 CANDIDATE       && 按姓名建立结构化复合索引,候选索引
INDEX ON 班级 TAG S3 of x3           && 按班级建立非结构化复合索引
USE
```

文件的基本结构如图 3.24 所示。

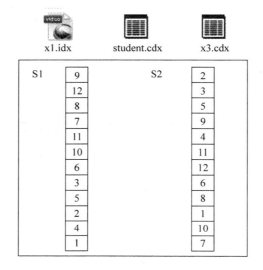

图 3.24　student.cdx 文件结构

3. 索引的使用

1) 打开索引文件

【格式 1】SET INDEX TO［<索引文件表>］［ADDITIVE］

【功能】打开当前表索引。

【说明】在<索引文件表>中第一个为主控索引文件。当无任何选项时,关闭当前工作区中除结构化复合索引文件外的所有索引,取消主控索引。省略 ADDITIVE 子句关闭当前工作区除结构化复合索引以外的所有索引文件。

【格式 2】USE <文件名> INDEX <索引文件名表>

【功能】打开表与相应的索引文件。

【例 3.12】 打开索引文件应用。

```
USE F:\学生成绩管理\student
SET INDEX TO X1.idx,student.cdx,x3.cdx   && 打开 X1、student、x3 索引文件,文件 X1 为主控索引文件
```

2) 设置主控索引

任一时刻,表的显示或访问只能由一个单索引文件(. IDX)或一个来自复合索引文件(. CDX)的索引标识来控制,这个起作用的索引文件即为主控索引文件。如果主控索引文

件是结构复合索引文件,当前起作用的标识即为主控索引标识。

【格式】SET ORDER TO [<数值表达式>|<单索引文件名>|[TAG]<索引标识>[OF <复合索引文件名>][ASCENDING|DESCENDING]]

【功能】设置主控索引文件。

【说明】

- <数值表达式>是指定主控索引文件或索引标识编号。先按 USE 或 INDEX 出现顺序打开的单索引文件,然后按创建顺序指定结构化复合索引表示的编号,最后按创建顺序指定非结构化复合索引的编号。
- <单索引文件名>指定此索引文件为主控索引。
- [TAG]<索引标识>[OF <复合索引文件名>]指定结构化、非结构化复合索引文件中的索引标识为主控索引。[OF <复合索引文件名>]适用于打开非结构化复合索引文件。
- 无任何选项或 SET ORDER TO 为取消主控索引。
- ASCENDING、DESCENDING 用于重新设置主控索引文件升序或降序。

【例 3.13】 SET ORDER TO 应用。

```
OPEN DATABASE F:\学生成绩管理\成绩管理
USE student
SET ORDER TO S1
LIST
SET ORDER TO S2
LIST
SET INDEX TO X1.idx,x3.cdx
LIST
SET ORDER TO S3 OF X3.cdx
LIST
SET ORDER TO
USE
```

主屏显示结果:

记录号	学号	姓名	性别	政治面貌	出生年月	班级		简介	相片
9	20110301	彭帅	男	团员	03/05/94	2011工设2班		memo	gen
12	20110609	汪洋	男	团员	04/13/94	2011会计9班		memo	gen
8	20110810	熊天平	男	中共党员	07/08/93	2011园林1班		memo	gen
7	20110601	张学有	男	团员	09/04/94	2011会计9班		memo	gen
11	20110602	孙扬	男	团员	09/12/94	2011会计9班		memo	gen
10	20110319	张万年	男	中共党员	12/09/93	2011工设2班		memo	gen
6	20110307	王一梅	女	团员	08/15/95	2011工设2班		memo	gen
3	20110801	李一明	女	团员	09/12/95	2011园林1班		memo	gen
5	20110306	刘清华	女	团员	09/13/95	2011工设2班		memo	gen
2	20110729	李小静	女	团员	10/10/94	2011金融3班		memo	gen
4	20110707	彭小雨	女	团员	12/11/94	2011金融3班		memo	gen
1	20110636	叶诗文	女	团员	12/11/96	2011会计9班		memo	gen

记录号	学号	姓名	性别	政治面貌	出生年月	班级		简介	相片
2	20110729	李小静	女	团员	10/10/94	2011金融3班		memo	gen
3	20110801	李一明	女	团员	09/12/95	2011园林1班		memo	gen
5	20110306	刘清华	女	团员	09/13/95	2011工设2班		memo	gen
9	20110301	彭帅	男	团员	03/05/94	2011工设2班		memo	gen
4	20110707	彭小雨	女	团员	12/11/94	2011金融3班		memo	gen
11	20110602	孙扬	男	团员	09/12/94	2011会计9班		memo	gen
12	20110609	汪洋	男	团员	04/13/94	2011会计9班		memo	gen
6	20110307	王一梅	女	团员	08/15/95	2011工设2班		memo	gen
8	20110810	熊天平	男	中共党员	07/08/93	2011园林1班		memo	gen
1	20110636	叶诗文	女	团员	12/11/96	2011会计9班		memo	gen
10	20110319	张万年	男	中共党员	12/09/93	2011工设2班		memo	gen
7	20110601	张学有	男	团员	09/04/94	2011会计9班		memo	gen

记录号	学号	姓名	性别	政治面貌	出生年月	班级	简介	相片
9	20110301	彭帅	男	团员	03/05/94	2011工设2班	memo	gen
5	20110306	刘清华	女	团员	09/13/95	2011工设2班	memo	gen
6	20110307	王一梅	男	团员	08/15/95	2011工设2班	memo	gen
10	20110319	张万年	男	中共党员	12/09/93	2011工设2班	memo	gen
7	20110601	张学有	男	团员	09/04/94	2011会计9班	memo	gen
11	20110602	孙扬	男	团员	09/12/94	2011会计9班	memo	gen
12	20110609	汪洋	男	团员	04/13/94	2011会计9班	memo	gen
1	20110636	叶诗文	女	团员	12/11/96	2011会计9班	memo	gen
4	20110707	彭小雨	女	团员	12/11/94	2011金融3班	memo	gen
2	20110729	李小静	女	团员	10/10/94	2011金融3班	memo	gen
3	20110801	李一明	女	团员	09/12/95	2011园林1班	memo	gen
8	20110810	熊天平	男	中共党员	07/08/93	2011园林1班	memo	gen

记录号	学号	姓名	性别	政治面貌	出生年月	班级	简介	相片
5	20110306	刘清华	女	团员	09/13/95	2011工设2班	memo	gen
6	20110307	王一梅	女	团员	08/15/95	2011工设2班	memo	gen
9	20110301	彭帅	男	团员	03/05/94	2011工设2班	memo	gen
10	20110319	张万年	男	中共党员	12/09/93	2011工设2班	memo	gen
1	20110636	叶诗文	女	团员	12/11/96	2011会计9班	memo	gen
7	20110601	张学有	男	团员	09/04/94	2011会计9班	memo	gen
11	20110602	孙扬	男	团员	09/12/94	2011会计9班	memo	gen
12	20110609	汪洋	男	团员	04/13/94	2011会计9班	memo	gen
2	20110729	李小静	女	团员	10/10/94	2011金融3班	memo	gen
4	20110707	彭小雨	女	团员	12/11/94	2011金融3班	memo	gen
3	20110801	李一明	女	团员	09/12/95	2011园林1班	memo	gen
8	20110810	熊天平	男	中共党员	07/08/93	2011园林1班	memo	gen

3）删除索引

【格式】DELETE TAG ALL|<索引标识1>[，<索引标识2>…]

【功能】删除打开的复合索引文件的索引标识。

【例3.14】 DELE TAG 应用。

```
USE F:\学生成绩管理\student
SET INDEX TO X3.idx
DELETE TAG S3
USE
```

4）索引的更新

在表的记录发生变化时，打开的索引文件会随着表的变化而更新。但未打开的索引文件是不会自动跟随表的变化而更新的。要想将这些未打开的索引文件更新，首先打开这些文件，然后再用以下讲的更新索引命令就可以了。

【格式】REINDEX [COMPACT]

【功能】重建当前打开的索引文件。COMPACT 子句可将已打开的 *.IDX 索引文件转为压缩单索引文件。

4. 索引中的查询命令

索引的应用在于对关键字的快速查询，Visual FoxPro 中有两个索引查询命令就是 FIND 与 SEEK。

1）FIND 命令

【格式】FIND <字符串>|<数值>

【功能】在索引关键字中查找与指定的字符串或数值相匹配的第一条记录。若找到，指针指向此记录，否则指针指向表尾。一般用 FOUND() 函数判断是否查找到。若用字符变量查找必须用 & 运算符。若要查找下一个匹配记录可用 SKIP 命令。字符串可不用定界符，但字符串若有前导与尾部空格要加定界符。

【例3.15】 FIND 应用。

```
USE F:\学生成绩管理\student
```

```
INDEX ON 姓名 TO X4
FIND 李一明
?FOUND( )
DISPLAY
X = '刘清华'
FIND &X
?FOUND( )
DISPLAY
USE
```

主屏显示结果：

.T.

记录号	学号	姓名	性别	政治面貌	出生年月	班级	简介	相片
3	20110801	李一明	女	团员	09/12/95	2011园林1班	memo	gen

.T.

记录号	学号	姓名	性别	政治面貌	出生年月	班级	简介	相片
5	20110306	刘清华	女	团员	09/13/95	2011工设2班	memo	gen

2）SEEK 命令

【格式】SEEK <表达式>

【功能】在索引关键字中查找与表达式相匹配的第一条记录。查找与之匹配的下一条记录可用 SKIP 命令。当表达式为字符串时要求用定界符。表达式可为关键字所能取的任何一种类型。

【例 3.16】 SEEK 的应用。

```
USE F:\学生成绩管理\student
INDEX ON 性别 TO X5
SEEK "男"
?FOUND( )
DISPLAY
INDEX ON 出生年月 TAG S3
SEEK {^1995 - 8 - 15}
?FOUND( )
DISPLAY
USE
```

主屏显示结果：

.T.

记录号	学号	姓名	性别	政治面貌	出生年月	班级	简介	相片
7	20110601	张学有	男	团员	09/04/94	2011会计9班	memo	gen

.T.

记录号	学号	姓名	性别	政治面貌	出生年月	班级	简介	相片
6	20110307	王一梅	女	团员	08/15/95	2011工设2班	memo	gen

计算机等级考试考点：

（1）表的索引的建立与修改。

（2）主索引、候选索引、普通索引、唯一索引的基本概念。

3.4 数据表间的关联

前面介绍的表操作中,任何时刻只能打开一个表,在实际应用中,经常需要同时打开多个表。Visual FoxPro 允许同时打开 32767 个表,打开的表存放在内存的某些特定区域中,有时表与表之间有关联操作。

3.4.1 工作区

工作区是 Visual FoxPro 为当前正在使用的数据表文件开辟的一个内存区。每个工作区只能打开一个表文件,若在已有表文件的工作区中打开新的表文件,以前打开的表文件就会自动关闭。因此,要求同时打开的多个表必须在各自的工作区中被操作,Visual FoxPro 提供了32767 个工作区,某一时刻只能有一个工作区处于活动状态,该工作区被称为"当前工作区"。

1. 工作区名

Visual FoxPro 用编号 1~32767 来区分每一个工作区,此编号被称为工作区号,它只能在选择工作区的命令中使用。除此之外,还可以为每个工作区定义别名:

- 系统为 1~10 号工作区指定了别名,分别用 A~J 英文字母来命名,大小写均可;11~32767 号工作区则可以字母 W 开头,后加上工作区号为别名,例如 15 号工作区的别名亦可为 W15。
- 在工作区打开的表的表名,默认为该工作区的别名,用户在建表时创建的表名,数据表不能用 A~J 这 10 个英文字母以单字母作为文件名。
- 用命令"USE <表名> ALIAS <别名>"在某工作区打开表时给表另外赋予别名,则该别名作为工作区的别名,同时,原表名不再以别名身份出现在 Visual FoxPro 的命令中。别名可以包含多达 254 个字母、数字或下画线,且必须以字母或下画线开头。

2. 选择工作区命令

一个工作区中只能打开一个表文件,一个表文件也只能在一个工作区中打开。若要打开多个表,就要选择相应的工作区。选择工作区可以在数据工作期(后面单独介绍)窗口操作,也可以直接用命令完成,相关的命令如下。

【格式 1】SELECT <工作区号>|<别名>

【功能】选择工作区,用于打开表文件。

【说明】用 SELECT 命令选定的工作区为当前工作区。若连续多次用 SELECT 命令,则当前工作区为最后一次选择的工作区。启动 Visual FoxPro 后,系统默认 1 号工作区为当前工作区。命令"SELECT 0"表示选定当前未使用的最小号工作区。SELECT()函数可以返回当前工作区的区号。表文件打开后方可在 SELECT 命令中以表名作为别名。

【格式 2】USE <表名>［ALIAS <别名>]IN［工作区号|英文字母别名]

【功能】在指定的工作区中打开表,并创建表的别名。

3. 跨工作区的访问

在进行多表操作时可靠别名来区别不同工作区上的表。在当前工作区中使用其他工作区的字段时,必须用别名标识它。

【格式】别名.字段名或别名→字段名

【说明】其中的别名可以是在打开数据表时定义的别名，也可以是表示工作区的特定字母。

【例 3.17】 多工作区访问的命令示例。

```
USE F:\学生成绩管理\student  && 在 1 号工作区中打开表 student
SELECT 2
USE F:\学生成绩管理\grade ALIAS GRD
&& 在 2 号工作区中打开表 grade 的同时给表取别名 GRD
USE F:\学生成绩管理\course IN 3  && 在 3 号工作区中打开表 course
SELE GRD  && 选择了 GRD 表所在的 2 号工作区为当前工作区
LIST NEXT 5  A.学号,A→姓名, C.课程号,学号,课程号,成绩
&& 在 2 号工作区中访问 1、3 号工作区的字段,连续显示 5 条记录
```

主屏显示结果：

记录号	A->学号	A->姓名	C->课程号	学号	课程号	成绩
1	20110636	叶诗文	L001	20110636	L001	89.00
2	20110636	叶诗文	L001	20110729	L001	78.00
3	20110636	叶诗文	L001	20110801	L001	67.00
4	20110636	叶诗文	L001	20110707	L001	56.00
5	20110636	叶诗文	L001	20110306	L001	87.00

4. 数据工作期

数据工作期是一个用来设置数据工作环境的交互式窗口，每个数据工作期包含自己的一组工作区，每一个工作区都有被打开的表、索引以及表之间的关系。可以在数据工作期窗口选择工作区，在工作区中分别打开数据表，设置工作区属性，还可以建立表间关联、创建视图等。

1) 数据工作期的打开与关闭

数据工作期的打开，可在系统菜单中选择"窗口"→"数据工作期"选项；在命令窗口输入命令"SET VIEW ON"。数据工作期的关闭可单击"数据工作期"窗口右上角的"关闭"按钮或在命令窗口输入命令"SET VIEW OFF"。

2) 数据工作期的组成

数据工作期由"别名"列表框、"关系"列表框和 6 个按钮组成，如图 3.25 所示。

- "别名"列表框：显示已打开的表文件或视图（不含扩展名）。
- "关系"列表框：显示表文件之间的关联状态。
- "属性"按钮：用于打开"工作区属性"对话框，在该对话框下可对表进行多种设置，如修改表结构，建立或修改索引，指定主控索引等。
- "浏览"按钮：显示"别名"列表框中选择的表或视图，供用户浏览或编辑。
- "打开"按钮：在弹出的打开对话框中选择要打开的表或视图。
- "关闭"按钮：关闭在"别名"框中选中的表、视图及其相关文件。
- "关系"按钮：以当前表作为父表建立关联。
- "一对多"按钮：若要建立两表的一对多临时关系，可选择此按钮。

3) 数据工作期的应用

【例 3.18】 利用数据工作期窗口对学生成绩管理系统中的 Student 表和 Course 表进行查询，方法如下。

（1）选择系统菜单"窗口"→"数据工作期"，弹出如图 3.25 所示的"数据工作期"窗口。

图 3.25　"数据工作期"窗口

（2）单击"打开"按钮，在"打开"对话框中选择表文件 Student，单击"确定"按钮后，表名 Student 出现在"数据工作期"窗口的"别名"列表框中。

（3）再次单击"打开"按钮，选择表文件 Course 后，表名 Course 也出现在"别名"列表框中。

（4）分别单击表名和"浏览"按钮后，可在浏览窗口中显示相应结果。

显然，在数据工作期下，可在不同工作区下查询不同的数据表，数据工作区窗口的下方状态栏处还显示当前工作区号和当前数据表中的记录总数等信息。除此之外，还可以利用数据工作期窗口，修改表结构、创建索引、预设过滤器和字段表、建立表间临时关系（将在下一节中介绍）等。

4）视图文件

在数据工作期中设置的环境可以作为视图文件保存起来，需要时将视图文件打开就能恢复所保存的环境。这样若用户建立了多个视图文件，在需要某个环境时只要打开相应的视图文件便可。

（1）视图文件的建立

- 菜单方式，当数据工作期处于打开状态时，选择系统菜单"文件"→"另存为"，在弹出的"另存为"对话框中确定该视图文件的位置和名称，系统默认扩展名为. VUE，最后单击"保存"按钮即可。
- 命令方式

【格式】CREATE VIEW <视图文件名>

（2）视图文件的打开

视图文件的打开是从指定的视图文件中恢复数据环境，其方法如下：

- 选择系统菜单"文件"→"打开"，在弹出的"打开"对话框中选定视图。
- 在命令窗口输入命令：SET VIEW TO <视图文件名>。

注意：视图文件打开后，还需要打开数据工作期，才能看到所建立的环境。

3.4.2　关联数据表

所谓关联，就是令关联表的记录指针建立一种联动关系。如果数据库中的表是独立、互相没有关系的，数据库表之间的数据就不能同时被引用、处理。建立数据库不仅要在数据库中建立表,而且要建立表之间的联系(关联)。表的关联分为临时关联和永久关联。

1. 临时关联

临时关联是两个表之间在打开时建立但当表关闭时不再保存的关联。临时关联就是令不同工作区的记录指针建立一种临时的联动关系,使一个表(父表)的记录指针移动时另一个表(子表)的记录指针能随之移动,子表记录指针自动移到满足关联条件的记录上。没有建立关联,这时显示结果是不匹配的,子表的指针没有随之移动,如例 3.17 所示。关联条件通常要求比较不同表的两个字段表达式值是否相等,所以除要在关联命令中指明这两字段表达式外,还必须先为子表的字段表达式建立索引。建立临时性关联可用以下两种方法。

1) 在数据工作期窗口建立关联

【例 3.19】 以 grade.DBF 为父表,student.DBF,course.DBF 为子表为例,介绍在"数据工作期"对话框中建立临时关联的操作步骤。

(1) 打开数据工作期窗口,单击"打开"按钮分别打开 grade.DBF、student.DBF 和 course.DBF 表。

(2) 选择 student.DBF 表,以"学号"字段建立索引,选择 course.DBF 表,以"课程号"字段建立索引,如果表的索引已经建立,就不重新建立,并指定这些索引为主控制索引。

(3) 选择 grade.DBF 表作为父表。可以单击"数据工作期"对话框"别名"列表框中的 grade.DBF,再单击"关系"按钮将其送入"关系"列表框。这时可以看到 grade.DBF 表下连一折线,表示它在关系中作为父表(这时如再单击"关系"按钮可取消关系框中的 grade.DBF 表)。

(4) 选 student.DBF 表作为子表。单击"别名"列表框中的 student.DBF,出现如图 3.26 所示的"表达式生成器"对话框(如果没有指定控制索引,则会先出现"设置索引顺序"对话框,这时要选择主控索引"学号"),单击"确定"按钮完成设置退回数据工作期窗口。

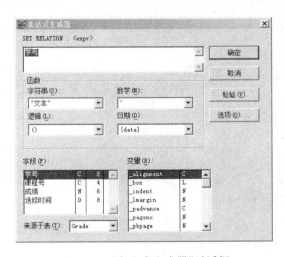

图 3.26 "表达式生成器"对话框

(5) 选 course.DBF 表作为子表,同理添加其为 grade.DBF 表的子表。其结果如图 3.27 所示。

建立临时关联后,可以在"数据工作期"对话框中分别打开表的浏览窗口,并适当调整尺寸,当单击父表(grade.DBF)中的某一记录(也就是把指针移动到该记录)时,则在子表中出

图 3.27　父表-子表关系情况

现与其相对应(学号、课程号相同)的记录(指针移动到该记录),如图 3.28 所示,说明父表的指针移动时,子表的指针就会自动移到与父表当前学号相同的记录上。

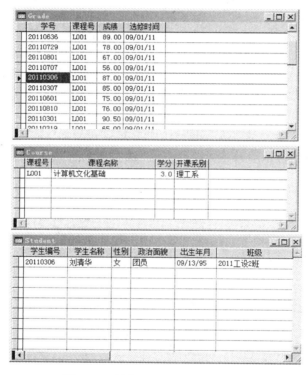

图 3.28　单击父表移动子表的指针

2) 用命令来建立关联

【格式】SET RELATION TO [<表达式 1>INTO<别名 1>,…,<表达式 N>INTO<别名 N>][ADDITIVE]

【功能】按指定方式建立当前工作区与另一个(或多个)工作区的关联,使得当前工作区指针移动时,被关联表指针也跟着移动。

【说明】<表达式 1>及<表达式 N>指定建立临时联系的索引关键字段,一般应该是子表的索引关键字段；用工作区的别名说明哪个表与当前工作区的表建立临时联系；执行 SET RELATION 之前,被关联表(子表)必须建立索引；一个父表文件可与多个子表文件相关联,可以用一条或多条 SET 命令实现,如果用多条,在建立关联时,从第二个 SET 命令开始,要加上 ADDITIVE 选项,否则将取消原有的关联。可以用 SET RELATION TO 命令解除关联；用 SET SKIP TO [<表别名 1>[,<表别名 2>]…]命令说明一对多关系；用 SET SKIP TO 命令取消一多关系。

【例 3.20】 用命令实现例 3.19。

```
CLOSE ALL
SELECT 1
USE F:\学生成绩管理\student
SET ORDER TO 学号 && 指定主控索引。如果原来没建立索引,要先建立索引
SELECT 2
USE F:\学生成绩管理\course
SET ORDER TO 课程号 && 指定主控索引。如果原来没建立索引,要先建立索引
SELECT 0
USE F:\学生成绩管理\grade
SET RELATION TO 学号 INTO student, 课程号 INTO course
LIST   A.学号,A→姓名,B.课程号,B.课程名称,学号,课程号,成绩
&& 在 3 号工作区中访问 1、2 号工作区的字段,显示所有记录
```

主屏显示结果：

记录号	A->学号	A->姓名	B->课程号	B->课程名称	学号	课程号	成绩
1	20110636	叶诗文	L001	计算机文化基础	20110636	L001	89.00
2	20110729	李小静	L001	计算机文化基础	20110729	L001	78.00
3	20110801	李一明	L001	计算机文化基础	20110801	L001	67.00
4	20110707	彭小雨	L001	计算机文化基础	20110707	L001	56.00
5	20110306	刘青华	L001	计算机文化基础	20110306	L001	87.00
6	20110307	王一梅	L001	计算机文化基础	20110307	L001	85.00
7	20110601	张学有	L001	计算机文化基础	20110601	L001	75.00
8	20110810	戴天平	L001	计算机文化基础	20110810	L001	76.00
9	20110301	彭帅	L001	计算机文化基础	20110301	L001	90.50
10	20110319	张万年	L001	计算机文化基础	20110319	L001	65.00
11	20110602	孙扬	L001	计算机文化基础	20110602	L001	45.00
12	20110609	汪洋	L001	计算机文化基础	20110609	L001	73.00
13	20110636	叶诗文	L008	高等数学	20110636	L008	89.00
14	20110729	李小静	L008	高等数学	20110729	L008	75.50
15	20110801	李一明	L008	高等数学	20110801	L008	65.00
16	20110707	彭小雨	L008	高等数学	20110707	L008	74.00
17	20110306	刘青华	L008	高等数学	20110306	L008	43.00
18	20110307	王一梅	L008	高等数学	20110307	L008	79.50
19	20110601	张学有	L008	高等数学	20110601	L008	98.00
20	20110810	戴天平	L008	高等数学	20110810	L008	67.00
21	20110301	彭帅	L008	高等数学	20110301	L008	78.00
22	20110319	张万年	L008	高等数学	20110319	L008	89.00
23	20110602	孙扬	L008	高等数学	20110602	L008	91.00
24	20110609	汪洋	L008	高等数学	20110609	L008	62.00
25	20110636	叶诗文	J001	西方经济学	20110636	J001	78.00
26	20110707	彭小雨	J001	西方经济学	20110707	J001	76.00
27	20110601	张学有	J001	西方经济学	20110601	J001	67.00
28	20110602	孙扬	J001	西方经济学	20110602	J001	51.00
29	20110609	汪洋	J001	西方经济学	20110609	J001	54.00
30	20110801	李一明	Y001	平面设计	20110801	Y001	97.00
31	20110306	刘青华	Y001	平面设计	20110306	Y001	89.00
32	20110307	王一梅	Y001	平面设计	20110307	Y001	83.00
33	20110810	戴天平	Y001	平面设计	20110810	Y001	38.00
34	20110301	彭帅	Y001	平面设计	20110301	Y001	78.00
35	20110319	张万年	Y001	平面设计	20110319	Y001	90.00

2. 永久关联

在"数据库设计器"中,通过链接不同表的索引可以很方便地建立表之间的关系。这种在数据库中建立的关联被作为数据库的一部分保存了起来,所以称为永久关联。每当在"查询设计器"或"视图设计器"中使用表,或者在创建表单时的"数据环境设计器"中使用表时,这些永久关联将作为表间的默认链接。

数据库及表间操作

建立数据库文件中的表间关联,一是要保证建立关联的表具有相同属性的字段;二是每个表都要以该字段建立索引,以其中一个表(父表或主表)中的字段(主键)与另一表(子表)中的同名字段(外键)建立关联,两个表间就具有了一定的关系。以父表相关联的字段建立的索引必须是主索引或候选索引。当以子表相关联的字段建立的索引是主索引或候选索引时,父表与子表的关系就是一对一的关系;当以子表相关联的字段建立的索引是普通索引或唯一索引时,父表与子表的关系就是一对多的关系。

【例 3.21】 在"成绩管理"数据库中,student 表与 grade 表有共同字段"学号",具有一对多的关系,course 表与 grade 表有共同字段"课程号",具有一对多的关系。为此,建立表之间的永久关系。

(1)在建永久关系之前,需要为 student 表中的"学号"建立一个主索引,为 grade 表中的"学号"建立一个普通索引;为 course 表中的"课程号"建立一个主索引,为 grade 表中的"课程号"建立一个普通索引。

(2)建好索引后,在"数据库设计器"中,用鼠标左键选中主表(学生表)的主索引"学号",按住鼠标左键,把主表的"学号"索引名拖动到子表(成绩表)的"学号"索引名上,释放鼠标,可以看到两个表的索引名之间有一条黑线相连接,表示这两个表之间的永久关系。用同样的方法,可以为 course 表与 grade 表建立关联,如图 3.29 所示。图中的两条关联线中,连线一方为一头,一方为多头的表示一对多关系;连线两方都为一头的表示一对一关系。

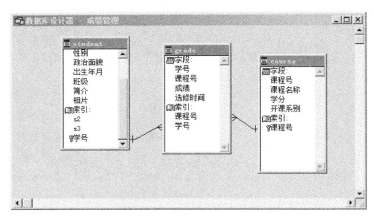

图 3.29 建立表间永久关系

创建表间的关系后,还可以编辑它。方法很简单:单击关系连线,连线将会变粗,按 Delete 键可删除该关系;双击关联线还能够打开如图 3.30 所示的"编辑关系"对话框来编辑关系。

图 3.30 "编辑关系"对话框

注意：只有在图 3.31 所示的"数据库属性"对话框中的"关系"复选框被选中时，才能看到这些表示关系的连线。如果建立关系后看不到连线，可以从"数据库设计器"的快捷菜单中选择"属性"选项，打开"数据库属性"对话框，选中"关系"复选框。

图 3.31　"数据库属性"对话框

3. 数据表之间的参照完整性设置

建立永久关系后，便可设置数据库关联记录的规则，即参照完整性。所谓参照完整性，简单地说就是控制数据一致性，尤其是不同表之间关系的规则。"参照完整性生成器"可以帮助我们建立规则，控制记录如何在相关表中被插入、更新或删除，这些规则将被写到相应的表触发器中。

在建立参照完整性之前必须清理数据库，所谓清理数据库是物理删除数据库各个表中所有带有删除标记的记录。只要数据库设计器为当前窗口，菜单栏上就会出现"数据库"菜单。这时可以在"数据库"菜单下选择"清理数据库"命令，该操作与命令 PACK DATABASE 的功能相同。

在清理完数据库后，用鼠标右击表之间的关联线并从快捷菜单中选择"编辑参照完整性"选项，或在"数据库"菜单下选择"编辑参照完整性"命令，打开"参照完整性生成器"对话框，如图 3.32 所示。

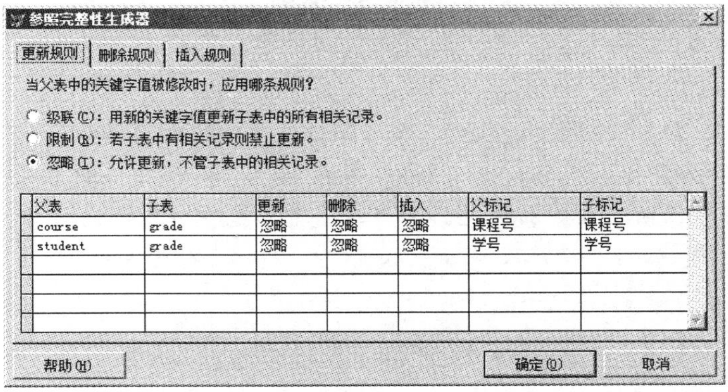

图 3.32　"参照完整性生成器"对话框

注意：不管右击的是哪条关联线，都将出现参照完整性生成器。参照完整性生成器有"更新规则"、"删除规则"和"插入规则"3 个选项卡，用于设置进行相应操作所遵循的若干规则。每个选项卡有 2 个或 3 个选项，选项有"级联"、"限制"和"忽略"。下面分别介绍参照完整性规则的更新规则、删除规则和插入规则。

（1）更新规则规定了当更新父表中的连接字段（主关键字）值时，如何处理相关的子表中的记录：

- 如果选择"级联"，则用父表中新的连接字段值自动修改子表中相关的所有记录的连接字段值。
- 如果选择"限制"，若子表中有相关的记录，则禁止修改父表中相关的连接字段值。
- 如果选择"忽略"，则不做参照完整性检查，即更新父表的记录时与子表无关，可以随意更新父表记录的连接字段值。

（2）删除规则规定了当删除父表中的记录时，如何处理子表中相关的记录：

- 如果选择"级联"，则自动删除子表中的所有记录。
- 如果选择"限制"，若子表中有相关的记录，则禁止删除父表中的记录。
- 如果选择"忽略"，则不做参照完整性检查，即删除父表的记录时与子表无关。

（3）插入规则规定了当插入子表中的记录时，是否进行参照完整性检查：

- 如果选择"限制"，若父表中没有相匹配的连接字段值则禁止在子表中插入记录。
- 如果选择"忽略"，则不做参照完整性检查，即可以随意在子表中插入记录。

【例 3.22】 在图 3.32 所示的参照完整性生成器中选择"更新规则"选项卡，在父表 student，子表 grade 这一行，选择"限制"单选按钮，单击"确定"按钮后，系统会弹出一个对话框，说明要生成参考完整性的代码，单击"是"按钮，则参考完整性的代码被建立。

现在可以检验一下创建的参考完整性。先打开 student 表的浏览窗口，修改一条记录，将学号 20110636 修改为 20110637，光标离开该字段后，弹出"触发器失败"对话框，如图 3.33 所示，表示子表有相关记录，修改不成功。

图 3.33 "触发器失败"对话框

注意：在设定了参照完整性规则后，表的操作不像以前那么方便了，有时可能会发现受到了一些约束，例如将插入规则设定为限制，如果父表中不存在匹配的关键字则禁止插入。利用前面介绍的各种插入或追加记录的方法几乎都不能完成所要的操作。因为对父表执行 APPEND 命令或 INSERT 命令都是先插入一条空记录，然后再编辑、输入各字段的值，而子表没有空记录或相关联的记录，这自然就无法通过参照完整性检查。这时可以使用结构化查询语言 SQL 的 INSERT 命令插入记录。

计算机等级考试考点：

（1）选择工作区。

（2）建立表之间的关联：一对一的关联，一对多的关联。

（3）设置参照完整性。

（4）建立表间临时关联。

3.5 数据查询与视图

当表中只有几个、十几个记录时，利用"浏览"窗口可以较快地查找到符合一定条件的记录，但是，当表较大，如有几百、上千甚至上万个记录时，用浏览的方式就相当困难了。建立数据库存储数据不是目的，而是利用数据库管理技术来操作这些数据信息。查询和视图都是为快速、方便地找到并使用数据提供的一种方法，它们能在大量的记录中找出符合一定条件的记录。

查询和视图有很多类似之处，创建视图与创建查询的步骤也非常相似。视图兼有表和查询的特点，查询可以根据表或视图定义，所以查询和视图又有很多交叉的概念和作用。

3.5.1 查询

查询是一种相对独立且功能强大、结果多样的数据库资源，利用查询可以实现对数据库中数据的浏览、筛选、排序、检索、统计及加工等操作；利用查询可以为其他数据库提供新的数据表，可以从单个表中提取有用的数据，也可以从多个表中提取综合信息。

查询是从指定的表或视图中提取满足条件的记录，然后按照想得到的输出类型定向输出查询结果。一般设计一个查询总是要反复使用，查询是以扩展名为.QPR 的文件保存在磁盘上的，这是一个文本文件，它的主体是 SQL SELECT 语句。Visual FoxPro 中有三种途径创建查询：查询向导、查询设计器和 SQL 语言。本节先介绍查询向导和查询设计器，SQL 语言的使用将在第 4 章重点系统介绍。

1. 建立查询

1）用向导建立查询

【例 3.23】 以按学号升序查询"成绩管理"数据库中 1994 年 5 月 1 日以后出生的男生的学号、姓名、性别、课程名称和各科成绩为例介绍查询向导的应用。

（1）执行"文件"菜单→"新建"命令，或用常用工具栏中的"新建"按钮，选文件类型为"查询"或在项目管理器的"数据"选项卡下选择"查询"，再单击"新建"按钮，选择"向导"，打开"向导选取"对话框，如图 3.34 所示。

（2）选择"查询向导"，单击"确定"按钮，打开向导对话框"步骤 1-字段选取"，如图 3.35 所示。

（3）单击 ⋯ 按钮，打开"打开"对话框，如图 3.36 所示"文件类型"选"数据库"，选"成绩管理"数据库，单击"确定"按钮，将表添加到向导对话框"步骤 1-字段选取"，如图 3.37 所示。

（4）在"数据库和表"列表框中选 STUDENT 表→将"可用字段"中的字段选入选定字段中，再在"数据库和表"列表框中选 GRADE 表→将"可用字段"中的字段选入选定字段中，在"数据库和表"列表框中选 COURSE 表→将"可用字段"中的字段选入选定字段中，如图 3.38 所示。

图 3.34 "向导选取"对话框

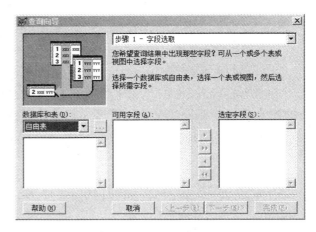

图 3.35 "查询向导""步骤 1-字段选取"对话框

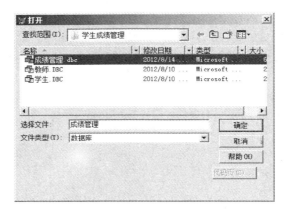

图 3.36 文件"打开"对话框

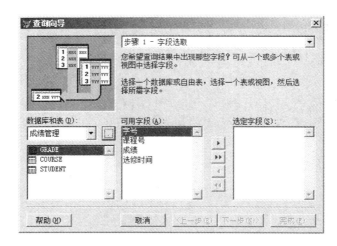

图 3.37 添加文件的"查询向导"步骤 1 对话框

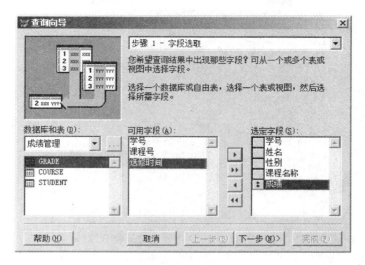

图 3.38　添加完字段对话框

（5）单击"下一步"按钮,进入"查询向导"步骤 2-为表建立关系,单击"添加"按钮,将关系添加,如图 3.39 所示。

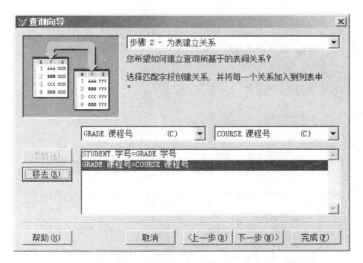

图 3.39　"查询向导""步骤 2-为表建关系"对话框

（6）单击"下一步"按钮进入"查询向导""步骤 3-筛选记录",如图 3.40 所示。

（7）单击"下一步"按钮进入"查询向导""步骤 4-排序记录",选 STUDENT.学号并单击"添加"按钮,如图 3.41 所示。

（8）单击"下一步"按钮进入"查询向导""步骤 4a-限制记录","所有记录"单选按钮,如图 3.42 所示。

（9）单击"下一步"按钮进入"步骤 5-完成"对话框（见图 3.43）→"预览"→"完成"。打开"另存为"对话框,在文件名文本框输入"查询学生成绩"→"保存",预览结果如图 3.44 所示。

数据库及表间操作

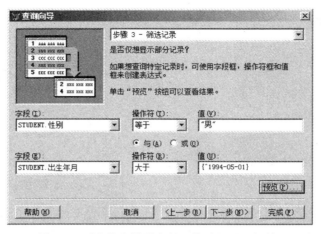

图 3.40 "查询向导""步骤 3-筛选记录"对话框

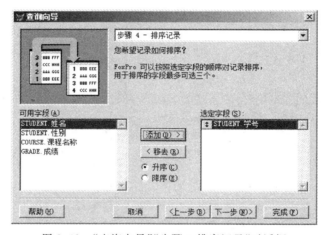

图 3.41 "查询向导""步骤 4-排序记录"对话框

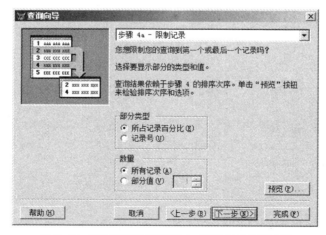

图 3.42 "查询向导""步骤 4a-限制记录"对话框

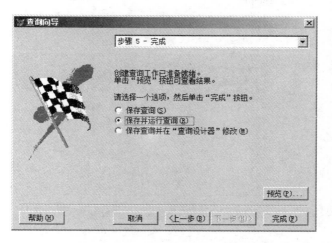

图 3.43 “查询向导”“步骤 5-完成”对话框

学号	姓名	性别	课程名称	成绩
20110601	张学有	男	计算机文化基础	89.00
20110601	张学有	男	高等数学	89.00
20110601	张学有	男	西方经济学	78.00
20110602	孙扬	男	计算机文化基础	89.00
20110602	孙扬	男	高等数学	89.00
20110602	孙扬	男	西方经济学	78.00

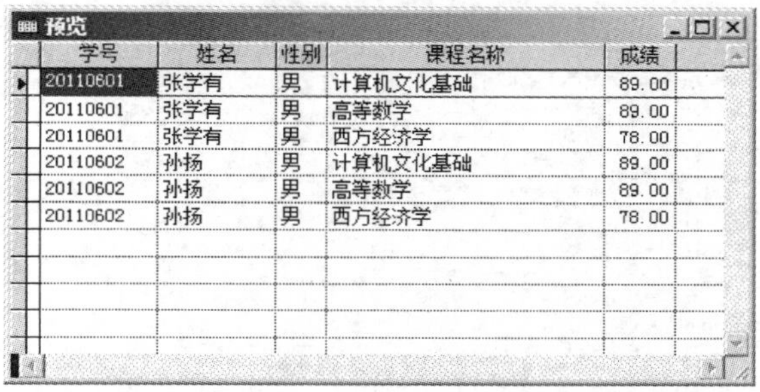

图 3.44 “预览”结果

2）用查询设计器建立查询

【例 3.24】 以按学号降序查询“成绩管理”数据库中 1994 年 1 月 1 日以后出生的女生的学号、姓名、性别、年龄、平均成绩为例介绍用查询设计器建立查询。

(1) 执行“文件”→“新建”命令，或单击常用工具栏中的“新建”按钮，或在项目管理器的“数据”选项卡下选择“查询”，再单击“新建”按钮，打开“新建”对话框，选单击“查询”→“新建”文件按钮，打开“新建”对话框，单击“查询”按钮，然后单击“新建”命令按钮打开视图设计器建立视图，如图 3.45 所示。

(2) 在“添加表或视图”对话框中选 student 表，单击“确定”按钮，同理添加 course 表和 grade 表后，进入如图 3.46 所示的“查询设计器”中。

(3) 定义要查询的字段，在“查询设计器”下的“字段”选项卡中选定查询结果中包含的字段。将“可用字段”列表框中的 Student. 学号，Student. 姓名，Student. 性别，Course. 课程名称和 Grade. 成绩等添加到“选定字段”列表框中。在“函数和表达式”文本框用于为要选定的字段设置字段表达式。表达式可以在文本框中直接书写，也可以单击其后的按钮进入“表达式生成器”，创建字段表达式。如：表达式“year(date())-year(出生年月) AS 年龄”可以作为查询结果中的“年龄”字段设置，表达式“avg(成绩) AS 平均成绩”可以作为查询结果中的“平均成绩”字段设置添加到“选定字段”列表框中，其结果如图 3.47 所示。

图 3.45 "添加表或视图"对话框

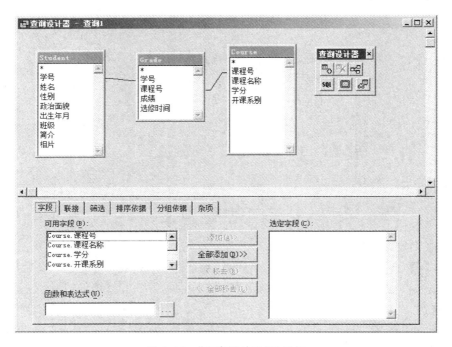

图 3.46 "查询设计器"对话框

(4) 联接,若建立查询时选择的表不只一个,则需建立表间联接。用户可在"联接"选项卡中编辑联接条件,查询设计器的"联接"选项卡。

- 联接类型共有内部联接、左联接、右联接和完全联接 4 种。
  - ➢ 内部联接(Inner Join):提取两张表中仅满足条件的记录,它是最常用的联接方式,也是系统默认的联接方式。
  - ➢ 左联接(Left Outer Join):提取表中在联接条件左边的所有记录及右侧表中匹配的记录。
  - ➢ 右联接(Right Outer Join):提取表中在联接条件右边的所有记录及左侧表中匹配的记录。

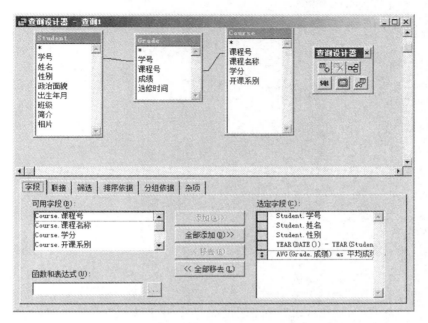

图 3.47　定义要查询的字段

   ➤ 完全联接(Full Join)：提取表中匹配和不匹配的所有记录。

- "字段名"列：选择一个字段名作为父关联字段。
- "条件"列：选择一个操作符。
- "值"列：选择一个字段名作为子关联字段。
- "逻辑"：可以选择以上内容的逻辑关系。
- "插入"按钮：在选定行之前插入一个新的联接。
- "移去"按钮：移去选定行的联接。

    如果被查询的表是数据库表,已建立的联接将作为表间的默认联接。如果被查询的表是自由表,或者虽然是数据库表但没有建立永久关系,在添加第二张表之后,系统会立即弹出"联接条件"对话框,供用户编辑。左边的下拉列表框为父表的字段列表框,右边的为子表的字段列表框,在这两个列表框中分别选择两表的关联字段。

    我们采用的是数据表,在添加表时就设置,所以不需要特地设置,其结果如图 3.48 所示。

    (5) 筛选记录,"筛选"选项卡用来设置查询的筛选条件,筛选条件可以由一个字段的关系表达式或多个字段的关系表达式逻辑组合而成。但通用型和备注型字段不能用于筛选条件中。

- "字段名"列表框：选择要建立筛选条件的字段；若筛选条件是一字段表达式,则在"字段名"列表框中选择"<表达式…>",在随后弹出的"表达式生成器"对话框中进行编辑。
- "条件"列表框中选择用于比较的关系运算符,表示查询与该条件相匹配的记录。
  -   ➤ ＝：相等检查,对于字符型字段,忽略大小写设置。
  -   ➤ like：不完全匹配,主要针对字符型字段。

数据库及表间操作

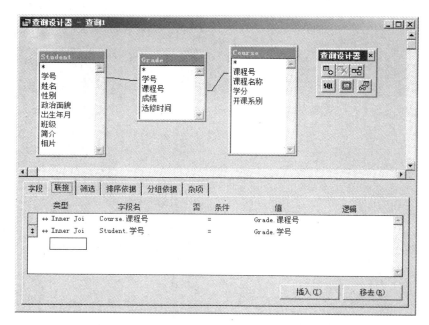

图 3.48　定义查询的联接

> ＝＝：精确匹配。

> ＞,＞＝,＜,＜＝：用作值的比较。

> Is Null：指定字段必须包含 Null 值。

> Between：输出字段的值应介于最大值与最小值之间,包含最大值和最小值。

> IN：输出字段的值必须是"实例"列中给出值中的一个,各值用逗号分隔。

- "否"复选框：表示排除与该条件相匹配的记录。

- "实例"文本框：输入比较值。在"实例"文本框中输入比较值时,若比较值是逻辑型常量,则该常量必须写为.F.或.T.；若比较值是字符串,则不必在字符串两端加定界符,除非输入的字符串与所用表的字段名相同；若比较值是日期型常量,用大括号将日期型常量括起来。

- "大小写"列表框：有"√"则忽略字符的大小写。

- "逻辑"列表框：用于设置多个查询条件间的逻辑关系。

设置 Student.出生年月＞{＾1994-01-01}AND 性别＝"女"筛选条件,结果如图 3.49所示。

（6）确定排序依据,"排序依据"选项卡用于设置查询结果的排序方式,在这里设定按学号降序排列,如图 3.50 所示。

- "选定字段"列表框中：选择作为排序依据的字段。

- "排序选项"框：选择"升序"或"降序"单选按钮,确定排序方式。

- "添加"按钮：将选定的字段放入"排序条件"列表框中。

- "移去"按钮：若不需要"排序条件"列表框中的某个字段作为排序条件,可选中该字段,单击此按钮。

排序依据既可以是一个字段,也可以是多个字段。若为多个字段,可重复上述步骤。

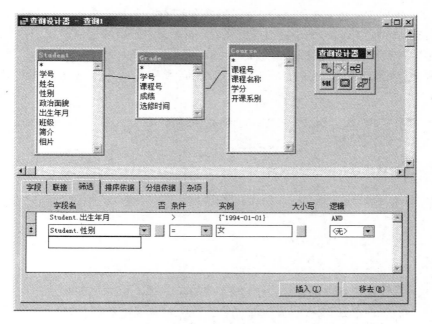

图 3.49 定义查询的筛选

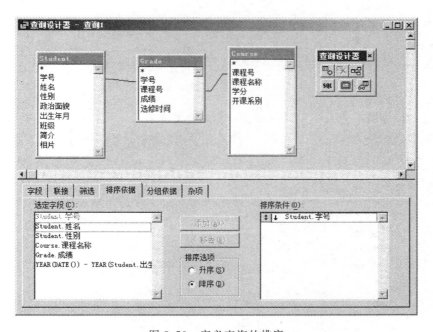

图 3.50 定义查询的排序

但排序依据首先根据"排序条件"列表框中的第一个字段进行排序,若多条记录中该字段值相同,再根据"排序条件"列表框中的第二个字段对这些记录进行排序,以此类推。若要改变字段次序,可在"排序条件"列表框中拖动字段左边的字段选择器来调整字段间的相对位置。

（7）分组依据，"分组依据"选项卡用于指定分组依据的字段或字段表达式，即将指定字段或字段表达式的值相同的记录进行分组汇总，合并成一条新的记录输出。

在这里将分组依据的字段或字段表达式从"可用字段"中"Student.学号"添加到"分组字段"中，查询结果将每一个学生的不同课程的成绩进行汇总求平均值。其设置结果如图 3.51 所示。

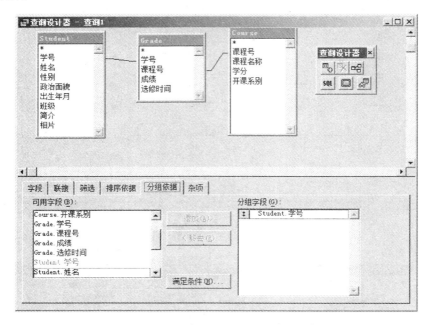

图 3.51　定义查询的分组依据

（8）"杂项"选项卡用来指定对重复记录是否进行查询，是否生成交叉数据表，并可对输出的记录数量做限制，如图 3.52 所示。"交叉数据表"是用于将结果集以交叉表格形式传送给 Microsoft Graph、报表或者表。当"字段"选项卡中的"选定字段"只有三项时，该复选框才可选。

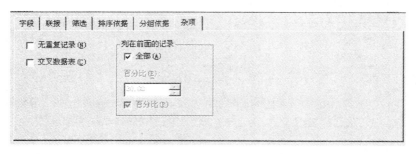

图 3.52　"查询设计器"的"杂项"选项卡

（9）定向输出查询结果。使用查询设计器可以将输出结果以多种形式输出，在查询设计器打开的基础上执行"查询菜单"→"查询去向"命令，打开"查询去向"对话框（见图 3.53），默认为浏览即屏幕输出。

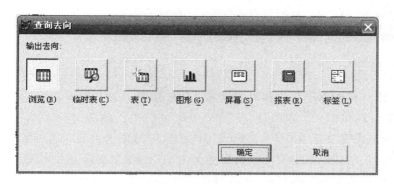

图 3.53 "查询去向"对话框

可根据需要选择浏览、临时表、表、图形、屏幕、报表、标签,然后单击"确定"按钮。这些选择的说明如表 3.5 所示。

表 3.5 查询输出去向类型说明

输出类型	说　　明
浏览	在 BROWSE 窗口显示结果
临时表	结果存在一个命名的临时表中
表	结果存在一个命名的表中
图形	查询结果与 Microsoft Graph 一起应用
屏幕	结果显示在 Visual FoxPro 窗口或当前活动输出窗口中
报表	输出到报表文件(＊.FRX)中
标签	输出到标签文件(＊.LBX)中

（10）保存执行查询,选择"文件"菜单→"保存"命令,在对话框中输入文件名"学生平均成绩",单击"确定"按钮。要运行查询,有以下多种方法:

- 选择"程序"菜单→"运行"命令,再选择要运行的查询文件。
- 单击常用工具栏中的运行按钮"!"。
- 选择"查询"菜单→"运行查询"命令。
- 在命令窗口中输入 DO 学生平均成绩.QPR。

其运行结果如图 3.54 所示。

学号	姓名	性别	年龄	平均成绩
20110801	李一明	女	17	76.33
20110729	李小静	女	18	76.75
20110707	彭小雨	女	18	68.67
20110636	叶诗文	女	16	85.33
20110307	王一梅	女	17	82.50
20110306	刘清华	女	17	73.00

图 3.54 "查询"结果

数据库及表间操作

用查询设计器建立的查询简单易学,但在应用中有一定的局限性,它适用于比较规范的查询,而对于较复杂的查询是无法实现的。

3.5.2 视图

视图与查询一样都是要从表中获取数据,它查询的基础实质上都是 SELECT 语句,它们的创建步骤也是相似的。视图与查询的区别主要是:视图是一个虚表,而查询是以 ＊.QPR文件形式存放在磁盘中的,更新视图的数据同时也就更新了表的数据,这一点与查询是完全不同的。从获取数据来源可将视图分为本地视图和远程视图两种。本地视图是指使用当前数据库中的表建立的视图,远程视图是指使用非当前数据库的数据源中的表建立的视图。

数据库中只存放视图的定义,视图的定义被保存在数据库中,数据库不存放视图的对应数据,这些数据仍然存放在表中。

1. 建立视图

可以使用视图向导或视图设计器建立视图。利用视图向导可以快速创建视图,创建视图的操作过程与使用向导建立查询的操作过程类似;使用视图设计器比使用视图向导可以更方便灵活地生成各种视图。

用视图设计器建立视图需要先打开视图设计器,打开视图设计器最常用的有下面三种方法。

(1) 用 CREATE VIEW 命令打开视图设计器建立视图。

【格式】CREATE VIEW

(2) 选择“文件”菜单下的“新建”命令,或单击“常用”工具栏中的“新建”按钮,打开“新建”对话框,然后选择“视图”并单击“新建文件”打开视图设计器建立视图。

(3) 在项目管理器的“数据”选项卡下将要建立视图的数据库分支展开,并选择“本地视图”或“远程视图”,然后单击“新建”命令按钮打开视图设计器建立视图。

不管使用哪种方法打开视图设计器建立视图,首先都要进入如图 3.55 所示的“视图设计器”及“添加表或视图”对话框,将多个表添加到视图设计器中后,单击“关闭”按钮进入如图 3.56 所示的“视图设计器”对话框。此后还可以从“查询”菜单或工具栏中选择“添加表”或“移去表”选项以重新指定设计查询的表。

对照一下图 3.46 的“查询设计器”对话框和图 3.56 中的“视图设计器”对话框,它们的界面差别不大,“视图设计器”对话框多了“更新条件”选项卡;而在工具栏中,查询设计器则多了一项“查询去向”按钮。除“更新条件”选项卡外,视图设计器的其他选项卡的使用方式与查询设计器完全类似。

注意:当一个视图基于多个表时,这些表之间必须是有联系的。视图设计器会自动根据联系提取连接条件,否则在打开视图设计器之前还会打开一个指定连接条件的对话框,由用户来设计连接条件。

2. 视图与数据更新

视图是根据基本表派生出来的,所以把它叫做虚拟表,但在 Visual FoxPro 中它已经不完全是操作基本表的窗口。在一次打开数据库和关闭数据库之间的一个活动周期内,使用视图时会在多个工作区分别打开视图和基本表,默认对视图的更新不同时更新基本表,对基

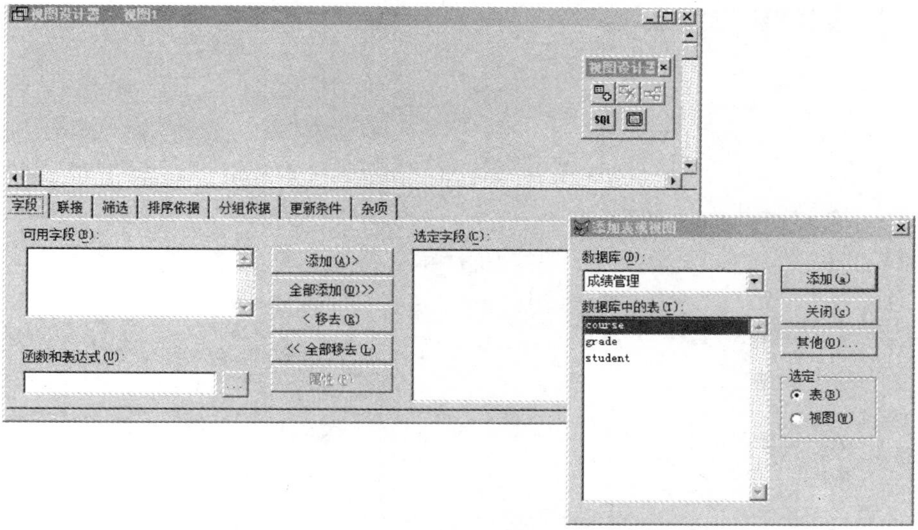

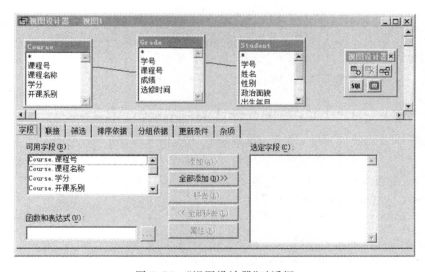

图 3.55　"视图设计器"及"添加表或视图"对话框

图 3.56　"视图设计器"对话框

本表的更新不改变视图浏览窗口的显示。关闭数据库后视图中的数据将消失,当再次打开数据库时视图从基本表中重新检索数据,并生成一个独立的临时表供用户使用。

为了通过视图能够更新基本表中的数据,需要在如图 3.57 所示对话框的左下角选中"发送 SQL 更新"复选框。下面参照图 3.57 介绍与更新条件设置有关的内容。

1) 指定可更新的表

如果视图是基于多个表的,默认可以更新全部表的有关字段,如果要指定只能更新某个表的数据,则可以通过"表"下拉列表框选择表。

2) 指定可更新的字段

在"字段名"列表框中列出了与更新有关的字段,在字段名左侧有两列标志,"钥匙"标点

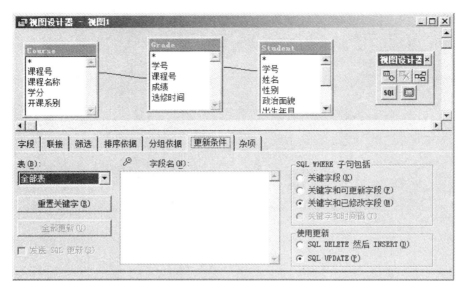

图 3.57 "更新条件"的设置

表示关键字字段(这里的关键字字段不是指建立主索引的字段,Visual FoxPro 用这些关键字字段来唯一标识那些已在视图中修改过的基本表中的记录),"铅笔"标志表示更新,通过单击相应列可以改变相关的状态,默认可以更新所有非关键字字段,并且通过基本表的关键字完成更新。不要通过视图来更新基本表中的关键字字段值。

3)检查更新合法性

如果在一个多用户环境中工作,服务器上的数据也可以被别的用户访问,也许别的用户也在试图更新服务器上的记录,为了让系统检查使用视图操作的数据在更新前是否被别的用户修改过,可使用"SQL WHERE 子句包括"选项中的选项帮助管理更新记录。在允许更新之前,Visual FoxPro 先检查远程基本表中的指定字段,看看它们在记录被提取到视图中后有没有改变,如果数据源中的这些记录被修改,就不允许进行更新操作。"SQL WHERE 子句包括"选项组中选项的含义如下。

- 关键字段:当基本表中的关键字段被改变时,更新失败。
- 关键字和可更新字段:当基本表中的关键字和任何标记为可更新的字段被改变时,更新失败。
- 关键字和已修改字段:当在视图中改变的任一字段的值在基本表中已被改变时,更新失败。
- 关键字和时间戳:当远程表上记录的时间戳在首次检索之后被改变时,更新失败。此项选择仅在远程表有时间戳列时才有效。

4)使用更新方式

"使用更新"选项组的选项决定向基本表发送 SQL 更新时的更新方式。

- SQL DELETE 然后 INSERT:先用 SQL DELETE 命令删除基本表中被更新的旧记录,再用 SQL INSERT 命令向基本表插入更新后的新记录。
- SQL UPDATE:使用 SQL UPDATE 命令更新基本表,即直接更新。

3. 使用视图

视图建立之后,其使用类似于表,适用于基本表的命令基本都可以用于视图,比如在视图上也可以建立索引(此索引是临时的,视图一关闭,索引就自动删除),多工作区时也可以建立联系等。但视图不可以用 MODIFY STRURE 命令修改结构,因为视图毕竟不是独立存在的基本表,它是由基本表派生出来的,只能通过项目管理器或执行命令 MODIFY VIEW 来修改视图的定义。视图最常见的操作如下:

(1) 在数据库中使用 USE 命令打开或关闭视图。

(2) 在"浏览器"窗口中显示或修改视图中的数据。

(3) 使用 SQL 语句操作视图(参考第 4 章)。

(4) 在文本框、表格控制、表单或报表中使用视图作为数据源等(参考第 6 章)。

【例 3.25】 创建视图"学生成绩",使其能列出任意一个学生的总成绩。具体操作步骤如下。

① 打开数据库设计器学生成绩管理,进入数据库设计器窗口。

② 选择系统菜单"文件"→"新建",弹出"新建"对话框,选择"视图"单选按钮,再单击"新建文件"按钮。

③ 弹出"添加表或视图"对话框,在其中选择该数据库下的两个表 student 和 grade。

④ 在"视图设计器"的"字段"选项卡下,选择字段"Student.学号"、"Student.姓名"和"Student.性别",将它们从"可用字段"框添加到"选定字段"列表框中。在"函数和表达式"中添加"SUM(Grade.成绩) as 总成绩"到"选定字段"列表框中,如图 3.58 所示。

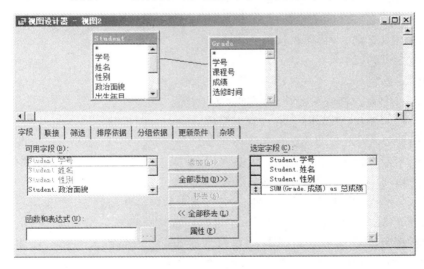

图 3.58　视图字段选取对话框

⑤ 切换到"分组依据"选项卡,按"学号"分组,其他选项卡采用默认情况,不需要设置。

⑥ 保存视图,取名为"学生成绩"。

⑦ 选择"查询"菜单下的"运行查询",或选择"常用"工具栏中的"!"运行该视图,其结果如图 3.59 所示。

数据库及表间操作

图 3.59　视图运行结果

3.5.3　视图与查询、视图与表的比较

1. 视图与查询比较

1）相似之处

- 都可以从数据源中查找满足一定条件的记录和字段。
- 都是自身不保存数据，查询结果随数据源内容的变化而变化。

2）不同之处

- 视图可以更新数据源表，查询则不能。
- 视图可以访问远程数据，查询不能直接访问远程数据，必须借助于远程视图。
- 视图只能在数据库中存在，是数据库的一部分，而查询是一个独立的文件类型。
- 视图没有查询去向，而查询有查询去向。

2. 视图与表的比较

1）相似之处

- 都可以作为查询或其他视图的数据源。
- 逻辑结构相似，都是由字段和记录组成。

2）不同之处

- 视图不保存数据，是虚拟表。它只是引用了表或其他的视图中的数据，显示格式与表的格式一样，但并不存在表的结构。
- 视图中的内容随数据源的变化而变化，而表的内容相对稳定，除非用户对表做修改。
- 视图可带有参数，视图在浏览时，给定不同参数会得到不同的内容，但表不能。
- 视图是数据库的一部分，不能脱离数据库存在；而表可以不属于任何数据库，以自由表的方式存储。

计算机等级考试考点：

（1）查询文件的建立、执行与修改。

（2）视图文件的建立、查看与修改。

（3）建立多表查询。

（4）建立多表视图。

3.6 本章小结

本章介绍了数据库的建立与操作数据库表。Visual FoxPro 通过数据库对表进行有效的管理,数据库是一个工作环境,由于数据库中数据字典的存在,增强数据库表的功能。数据库表与自由表虽然都是表,却具有不同的性质与特征,数据库表的功能远远多于自由表的功能。这一点要引起注意,以便在今后的应用中能充分运用 Visual FoxPro 开发工具。数据库表永久关系及参照完整性使数据库表更加严谨与实用。

本章的主要内容:

(1) 项目管理器的概念以及利用项目管理器完成对文件的管理,包括新建、修改和删除等。

(2) 数据库的设计、建立、修改、删除操作。

(3) 数据库表结构的建立、属性设置等基本操作。

(4) 数据表之间关联,包括临时关联和永久关联的建立、修改和删除等。

(5) 数据的查询与视图的基本运用。

本章所介绍的内容是数据库的基础知识,是理解利用数据库管理数据的基础,读者在上机实践应用中应加以熟练掌握。

3.7 习 题

一、选择题

1. 打开数据库的命令是(   )。

　　A. open database　　　B. create data　　　C. add table　　　　D. use

2. 修改数据库的命令(   )。

　　A. open data　　　　　　　　　　B. create data

　　C. MODIFY data　　　　　　　　　D. delete data

3. 将自由表添加到数据库中的命令是(   )。

　　A. add table　　　　　　　　　　B. REMOVE dable

　　C. set RELATION　　　　　　　　D. create

4. 建立表之间关联的命令是(   )。

　　A. SET ORDER　　　　　　　　　B. SET INDEX

　　C. SET RELATION　　　　　　　　D. SET CENT

5. 以下关于自由表的叙述正确的是(   )。

　　A. 自由表不能添加到数据库中

　　B. 自由表可以添加到数据库中,数据库表也可以从数据库移出成为自由表

　　C. 自由表可以添加到数据库中,数据库表不可以从数据库中移出成为自由表

　　D. 以上都不对

6. Visual FoxPro 在建立数据库时建立了扩展名分别为(　　)的文件。

    A．.DBC   B．.DCT

    C．.DCX   D．A,B,C 选项都对

7. 下列创建数据库的方法中正确的是(　　)。

    A．在"项目管理器"中选定"数据"选项卡,选择"数据库",单击"新建"按钮

    B．在"新建"对话框中选择"数据库",单击"新建文件"按钮

    C．在命令窗口中输入 CREATE DATABASE<数据库文件名>

    D．以上方法都可以

8. 在 Visual FoxPro 中,创建数据库的命令是 CREATE DATABAS[数据库文件名|?],如果不指定数据库名称或使用问号,产生的结果是(　　)。

    A．系统会自动指定默认的名称

    B．弹出"保存"对话框,提示用户输入数据库名称并保存

    C．弹出"创建"对话框,请用户输入数据库名称

    D．弹出提示对话框,提示用户不可以创建数据库

9. Visual FoxPro 中的索引有(　　)。

    A．主索引、候选索引、普通索引、视图索引

    B．主索引、次索引、唯一索引、普通索引

    C．主索引、次索引、候选索引、普通索引

    D．主索引、候选索引、唯一索引、普通索引

10. 在 Visual FoxPro 中,一个表可以创建(　　)个主索引。

    A．1   B．2   C．3   D．若干

11. 主索引可确保字段中输入值的(　　)性。

    A．唯一   B．重复   C．多样   D．兼容

12. 唯一索引中的"唯一性"是指(　　)的唯一。

    A．字段值   B．字符值   C．索引项   D．视图项

13. 在 Visual FoxPro 中的 4 个索引中,一个表可以建立多个(　　)。

    A．主索引、候选索引、唯一索引、普通索引

    B．候选索引、唯一索引、普通索引

    C．主索引、候选索引、唯一索引

    D．主索引、唯一索引、普通索引

14. 下列更改索引类型的操作方法正确的是(　　)。

    A．打开表设计器,选定"字段"选项卡,从"索引"下拉列表中选择

    B．打开表设计器,选定"索引"选项卡,在"索引名"下拉列表中选择

    C．打开表设计器,选定"表"选项卡,在"索引名"下拉列表中选择

    D．打开表设计器,选定"索引"选项卡,在"类型"下拉列表中选择

15. 在 Visual FoxPro 中,结构复合压缩索引文件的特点是(　　)。

    A．在打开表时自动打开

B. 在同一索引文件中能包含多个索引方案或索引关键字

C. 在添加、更改或删除记录时自动维护索引

D. 以上答案均正确

16. Visual FoxPro 中的参照完整性规则包括(　　)。

A. 更新规则

B. 删除规则

C. 插入规则

D. 以上答案均正确

17. 执行下列命令序列后,XY3 的指针指向第(　　)条记录,XY2 指向第(　　)条记录。

```
SELECT  2
USE  XY3
SELECT  3
USE  XY2
SELECT  2
SKIP  2
```

A. 1,2

B. 1,1

C. 3,1

D. 2,1

18. 关于查询与视图正确的叙述是(　　)。

A. 查询与视图都可以更新表

B. 查询与视图都不可以更新表

C. 查询不可以更新表,而视图可以更新表

D. 查询可以更新表,而视图不可以更新表

19. 关于查询的正确叙述是(　　)。

A. 只能用自由表建立查询

B. 不能用自由表建立查询

C. 只能用数据库表建立查询

D. 自由表、数据库表都可以用来建立查询

20. 关于视图的正确叙述是(　　)。

A. 只能用自由表建立视图

B. 不能用数据库表建立视图

C. 只能用数据库表建立视图

D. 自由表、数据库表都可以用来建立视图

二、填空题

1. Visual FoxPro 在执行_____和_____时可以自动打开和选择数据库。

2. 在关系数据库中,关系也称为_____,在 FoxBASE 和早期的 FoxPro 中称为_____。

3. 在 Visual FoxPro 中,数据库表字段名最长为_____个字符。

4. 在 Visual FoxPro 中,要建立参照完整性,必须首先建立_____。

5. 在 Visual FoxPro 中,SKIP 命令是按_____定位的,即如果使用索引时,是按_____的顺序定位的。

6. 在 Visual FoxPro 中,创建索引的命令是_____。

7. 在 Visual FoxPro 中,用命令可以创建_____索引,但不可以创建_____索引。

8. Visual FoxPro 索引是_____。

9. 在 Visual FoxPro 中,打开索引文件的命令格式是_____。

10. 在 Visual FoxPro 中,复合索引文件包括_____和_____。

11. 单击表设计器中的"索引"选项卡上的_____按钮,可以在当前行插入一个空行,以定义新的索引。

第 4 章　关系数据库标准语言 SQL

SQL 是结构化查询语言 Structured Query Language 的缩写。最早的 SQL 标准是于 1986 年 10 月由美国 ANSI(American National Standards Institute)公布的。它对数据库技术的发展和数据库的应用都起了很大的推动作用。它是一种用于数据库查询和编程的语言,已经成为关系型数据库普遍使用的标准,使用这种标准数据库语言对程序设计和数据库的维护都带来了极大的方便,广泛地应用于各种数据查询。Visual Basic 和其他的应用程序包括 Access、FoxPro、Oracle、SQL Server 等都支持 SQL 语言。

在第 3 章我们介绍用查询设计器建立快速查询,但这种查询是一种规则查询,有一定的局限性。在数据管理中经常用到数据的查询,而且很多查询都不是规则的,所以在这一章我们系统讲解 SQL 语句查询,SQL 语句表结构定义和 SQL 语句数据操作等内容。SQL 应用广泛,是学习的重点,同时也是等级考试的重点。

4.1　SQL 概述

结构化查询语言(SQL)是 1974 年由 Boyce 和 Chamberlin 提出的,当时被称为 SEQUEL(Structured English Query Language)语言。随后 IBM 公司把它用在原型关系数据库系统 SYSTEM R 上,并在此基础上于 1981 年推出商品化的关系数据库 SQL/DS,后改名为 SQL。

由于 SQL 具有功能丰富、语言简洁等优点,很快受到广大计算机用户的欢迎和认可。1986 年美国国家标准局(ANSI)的数据库委员会 X3H2 批准了 SQL 作为关系数据库语言的美国标准,不久国际化标准组织(International Standard Organization,ISO)也做出了同样的决定。1990 年我国也颁布了《信息处理系统数据库语言 SQL》,将其定为中国国家标准。现在,无论是大型数据库系统,如 Oracle、Informix、Sybase、DB2 等,还是桌面数据库产品,如 Visual FoxPro、Access 等都采用了 SQL 语言作为它们的数据库语言和标准接口,使不同的数据库系统间实现相互操作有了共同的语言基础。

SQL 语言之所以能成为最受欢迎、最成功的数据库语言,并成为国际标准,是因为 SQL 语言具有如下主要特点:

(1) SQL 是一种一体化的语言,它包括了数据定义、数据查询、数据操纵和数据控制等方面的功能,它可以完成与数据库相关的全部工作。查询是 SQL 语言最重要的组成部分。

(2) SQL 语言是一种高度非过程化的语言,它没有必要一步步地告诉计算机"如何"去做,用户只需要描述清楚要"做什么",SQL 语言就可以将要求交给系统,自动完成全部工作。

（3）SQL 语言非常简洁。虽然 SQL 语言功能很强,但它只有为数不多的几条命令,如表 4.1 所示,另外,SQL 的语法也非常简单,它很接近英语自然语言,因此容易学习、掌握。

（4）SQL 语言可以直接以命令方式交互使用,也可以嵌入到程序设计语言当中以程序方式使用。现在很多数据库应用开发工具都将 SQL 语言直接融入到自身的语言之中,使用起来更方便,Visual FoxPro 就是如此。

表 4.1　SQL 语言的动词

SQL	功能命令动词
数据查询	SELECT
数据定义	CREATE,DROP,ALTER
数据操作	INSERT,UPDATE,DELETE
数据控制	GRANT,REVOKE

Visual FoxPro 在 SQL 方面支持数据定义、数据查询和数据操纵功能,但在具体实现方面与标准的 SQL 存在一些差异。另外,由于 Visual FoxPro 自身在安全控制方面的缺陷,所以它没有提供数据控制功能。与 Visual FoxPro 自身的命令一样,Visual FoxPro 支持的 SQL 语句可以在命令窗口中执行,一条完整的 SQL 语句用 Enter 键结束,如果语句太长,可以用";"号换行。SQL 语句也可以写在 Visual FoxPro 的程序文件中运行。

4.2　SQL 的查询功能

数据库中的数据很多时候是为了查询,因此,数据查询是数据库的核心操作。而在 SQL 语言中,查询语言中有一条查询命令,即 SELECT 语句。SELECT 语句的一般格式为:

```
SELECT <行列限制表达式> FROM   <表名>
[WHERE <联接条件> [AND <联接条件>…] [AND|OR <筛选条件>…]]
[GROUP BY <表达式 1> [, <表达式 2>…]][HAVING <筛选条件>]
[ORDER BY <关键字表达式> [ASC|DESC] [,<关键字表达式> [ASC|DESC]…]]
[INTO <目的地>]
```

说明:

- SELECT <行列限制表达式>说明在查询结果中输出的内容,通常是字段或与字段相关的表达式或记录显示多少,多个字段之间可用逗号隔开。
- FROM <表名>说明要查询的数据来自哪个表或哪些表,SQL 可对单个表或多个表进行查询。多个表之间要用逗号隔开。
- WHERE <条件>说明查询的条件,即只查询数据表中符合指定条件的数据。
- GROUP BY <分组表达式>用于对查询结果进行分组,HAVING <条件>用来限定分组必须满足的条件。
- ORDER BY <排序项>用于对查询的结果进行排序。
- INTO <目的地>指定查询结果输出的目的地,可以是数据表、临时表、数组。省略本项时,输出到浏览窗口。

以上 SELECT 格式看似很长也很复杂,其实它就由基本的 6 个部分组成,下面我们将逐一介绍。

4.2.1 基本查询语句

1. 无条件查询

【格式】SELECT <行列限制表达式> FROM <表>

【功能】无条件查询。

【说明】<行列限制表达式>格式:

[ALL|DISTINCT] [TOP <数值表达式> [PERCENT]] [别名.] [列名 [AS 栏目名]] [,[别名.] [列名 AS [栏目名]…]]

- [ALL|DISTINCT]子句:ALL 输出结果有重复记录,是子句默认值。DISTINCT 输出结果无重复记录。
- [TOP <数值表达式> [PERCENT]]子句:此子句 TOP <数值表达式>是符合条件的内容中取前<数值表达式>个记录。PERCENT 是取前面百分之<数值表达式>个记录。
- [别名.] 列名 [AS 栏目名] [,[别名.] [列名 AS [栏目名]…]]子句:列名可以是字段、含字段的表达式或表达式。指定输出结果中的字段,此子句也可用 * 代替此时显示表中所有字段。

【例 4.1】 显示 student(学生表)中的所有记录。

SELECT   *   FROM   student

命令中的 * 表示输出显示所有的字段,数据来源是 student 表,表中的内容以浏览方式显示。

【例 4.2】 显示 grade(成绩表)中的所有的课程号及与之对应的成绩,同时能去除成绩相同的记录。

SELECT   DISTINCT   课程号,成绩 FROM   grade

【例 4.3】 显示 student(学生表)中的所有记录的姓名、性别、年龄和班级。

SELECT 姓名,性别,(year(date()) - year(出生年月)) AS 年龄,班级 FROM   student

2. 带条件(WHERE)的查询语句

【格式】SELECT <行列限制表达式> FROM <表> [WHERE <条件表达式>]

【功能】从一个表中查询满足条件的数据。

【说明】<条件表达式>由一系列用 AND 或 OR 连接的条件表达式组成,SQL 支持的关系运算符如下: = 、< > 、! = 、# 、= = 、> 、> = 、< 、< =。

【例 4.4】 显示 student 表中所有男生记录的学号、姓名和性别字段值。

SELECT   学号,姓名,性别 FROM   student   WHERE   性别 = "男"

【例 4.5】 显示 student 表中出生日期在 1994—1995 年之间的学生的学号、姓名、出生日期。

```
SELECT   学号,姓名,出生年月 FROM   student;
WHERE    出生年月  BETWEEN    {^1994/01/01}  AND  {^1995/12/31}
```

【例 4.6】 显示 student 表中姓李的学生的学号、姓名、出生日期。

```
SELECT   学号,姓名,出生年月  FROM   student  WHERE  姓名  LIKE   "李%"
```

【例 4.7】 显示 student 表中 2011 会计 9 班和 2011 工设 2 班的所有同学的全部信息。

```
SELECT   *   FROM student  WHERE 班级 in  ("2011 会计 9 班","2011 工设 2 班")
```

注意：在 SQL 命令中用 WHERE 指定查询条件时，可以在条件中使用几个特殊运算符。

- BETWEEN   AND 介于某某与某某之间。例 4.5 中条件等价于"出生年月>= {^ 1994/01/01}AND 出生年月<{^1995/12/31}"。
- LIKE 是字符串匹配运算符，后面接一个带有通配符的字符串。其中，通配符"%"表示 0 个或多个字符，通配符"_"(下画线)表示一个字符。
- IN 运算符后面接一个集合，集合形式为(元素 1，元素 2，…)，元素可以是数值、字符、日期、逻辑型表达式。该运算意为属于集合，即等于集合中任一元素。例 4.7 中条件等价于"班级="2011 会计 9 班" or   班级＝"2011 工设 2 班""。
- NOT 运算符意为不满足后面的条件。可以接逻辑表达式，也可用于 NOT IN 和 NOT BETWEEN AND。
- IS NULL 用于确定一个给定的表达式是否为 NULL。

4.2.2　SQL 的复杂查询

1. 联接查询

在实际应用中，查询经常会涉及几个数据表。基于多个相关联的数据表进行的查询称为联接查询。对于联接查询，在 FROM 短语后多个数据表的名称之间用逗号隔开，在 WHERE 短语中需指定数据表之间进行联接的条件。

【格式】 SELECT <行列限制表达式> FROM <表 1>[,表 2…] WHERE <条件表达式>

【说明】 多个表之间用"，"隔开，条件一定要满足表与表之间的联接关系。

【例 4.8】 查询并显示各个学生的学号、姓名、各科成绩及课程名。

```
SELECT   a.学号,a.姓名,b.课程名称,c.成绩 ;
FROM   student a, course b, grade c ;
WHERE a.学号 = c.学号 AND   b.课程号 = c.课程号
```

【例 4.9】 查询并显示各个学生所学课程的情况。

```
SELECT student.学号,student.姓名,grade.课程号,course.课程名称 ;
FROM   student,grade,course;
WHERE   student.学号 = grade.学号 AND grade.课程号 = course.课程号
```

2. 联接问题

在 SQL 语句的 FROM 子句中提供了一种称为"联接"的子句，联接分为内部联接和外部联接，外部联接又可分为左联接、右联接和全联接。

1）内部联接

内部联接是指包括符合条件的每个表的记录,也称为全记录操作。而上面两个例子就是内联接。

【**例 4.10**】 在例 4.8 中查询并显示了各个学生的学号、姓名、各科成绩及课程名。

```
SELECT  a.学号,a.姓名,b.课程名称,c.成绩 ;
FROM   student a, course b, grade c ;
WHERE a.学号 = c.学号 AND  b.课程号 = c.课程号
```

如果采用内部联接方式,则命令如下:

```
SELECT b.学号,b.姓名,c.课程名称,a.成绩;
FROM grade a  INNER JOIN  student b  ON  a.学号 = b.学号   INNER JOIN  course c  ON  a.课程
     号 = c.课程号
```

将会得到完全相同的结果。

2）外部联接

外部联接是指把两个表分为左右两个表。右联接是指联接满足条件右侧表的全部记录。左联接是指联接满足条件左侧表的全部记录。全联接是指联接满足条件表的全部记录。

3. 嵌套查询

在 SQL 语句中,一个 SELECT-FROM-WHERE 语句称为一个查询块。将一个查询块嵌套在另一个查询块的 WHERE 子句或 HAVING 子句中的查询称为嵌套查询。通常把条件短语中的查询称为子查询,父查询则使用子查询的查询结果作为查询条件。

1）IN 等谓词及比较运算符结合使用。

【**例 4.11**】 显示"李一明"所在班级的学生名单。

```
SELECT  学号,姓名,班级;
FROM   student;
WHERE 班级 = (SELECT 班级 FROM student WHERE 姓名 = "李一明")
```

【**例 4.12**】 显示选修了 Y001 课程学生的名单。

```
SELECT  学号,姓名 ;
FROM    student ;
WHERE  学号  IN ;
(SELECT  学号  FROM  grade  WHERE 课程号 = "Y001")
```

【**例 4.13**】 显示选修了 L001 课程而没有选修 Y001 课程学生的名单。

```
SELECT  学号,姓名;
FROM     student;
WHERE   学号 IN ( SELECT 学号  FROM  grade WHERE   课程号 = "L001")  ;
AND  学号  NOT  IN ;
( SELECT   学号  FROM  grade  WHERE 课程号 = "Y001")
```

2）使用量词和谓词的嵌套查询

【**格式**】<表达式> <比较表达式> ［ANY｜ALL｜SOME］（子查询）［NOT］EXIST（子查询）

【说明】ANY、ALL、SOME 为量词,ANY 与 SOME 是同义词,在查询时,只要子查询中有一行能使结果为.T.,则结果就为.T.。ALL 要求子查询中所有行结果为.T.时,结果才能为.T.。EXIST 或 NOT EXIST 是检查在子查询中是否有结果返回。EXIST 为有结果返回为真,否则为假。NOT EXIST 刚好与 EXIST 相反。

【例 4.14】 查询有单科成绩高于 90 分的学生的学号、姓名。

```
SELECT student.学号,姓名 FROM;
grade ,student WHERE grade.学号 = student.学号 AND 成绩> 90;
```

【例 4.15】 查找有单科成绩高于 95 分的学生中年龄最小的学生。

```
SELECT * FROM student WHERE 出生年月>= ALL (SELECT 出生年月 FROM ;
student,grade WHERE grade.学号 = student.学号 AND 成绩> 95);
and 学号 in (SELECT 学号 FROM grade WHERE 成绩> 95)
```

4. 排序

【格式】[ORDER BY <关键字表达式> [ASC | DESC] [,<关键字表达式> [ASC | DESC]…]]

【功能】在 SQL SELECT 中使用 ORDER BY 短语对查询结果排序,查询结果按关键字排序,ASC 升序为默认值,DESC 为降序。可以按一列或多列排序,如果是多列,先按第一列,第一列相同的前提下,再按第二列,以此类推。

【例 4.16】 先按性别升序排序、再按出生年月降序排序检索出全部学生的信息。

```
SELECT * FROM student ORDER BY 性别 ASC, 出生年月 DESC
```

【例 4.17】 查询出全部学生的学号、姓名、性别、年龄,并按年龄升序排序。

```
SELECT 学号,姓名,性别,year(date()) - year(出生年月) as 年龄 ;
FROM   student ORDER BY 年龄
```

ORDER BY 短语后不能接表达式。若要排序的列是表达式,可在 SELECT 中使用 AS 对表达式命名,再在 ORDER BY 短语后面使用列名,也可直接使用列号。

4.2.3 分组与统计查询

1. 简单的计算查询

在实际应用中经常有对查询结果进行统计、求平均值、汇总等的基本要求。SQL 提供了一些常用的系统函数,如表 4.2 所示。

表 4.2 常用系统函数

函　　数	说　　明
AVG(< SELECT 表达式>)	求< SELECT 表达式>的平均值
COUNT(< SELECT 表达式>)	统计记录个数
MIN(< SELECT 表达式>)	求< SELECT 表达式>的最小值
MAX(< SELECT 表达式>)	求< SELECT 表达式>的最大值
SUM(< SELECT 表达式>)	求< SELECT 表达式>的和

【例 4.18】 查询学生表中班级个数。

```
SELECT COUNT(DISTINCT 班级) FROM student
```

【例 4.19】 查询学生表中女生的人数。

```
SELECT COUNT( * )  FROM student WHERE 性别 = "女"
```

【例 4.20】 查询学生表中年龄的最大值和最小值。

```
SELECT  year(date()) - year(MIN(出生年月)) AS 最大值,;
year(date()) - year(MAX(出生年月)) AS 最小值 FROM student
```

2. 分组查询

在 SELECT 命令中,利用 GROUP BY 子句可以进行分组查询。分组查询是将数据按某个字段进行分组,字段值相同的被分为一组,输出为一条数据。分组查询中使用 HAVING 短语,还可进一步限定分组的条件。

【格式】 GROUP BY <表达式 1 >[, <表达式 2 >[, …] [HAVING <筛选条件>]]

【功能】 对查询结果进行分组。[HAVING <筛选条件>]为指定分组必须满足的条件。GROUP BY 短语后面不能用表达式。若要分组的列不是字段,而是表达式,则在 SELECT 中应使用 AS 对表达式命名,然后在 GROUP BY 短语后面使用列名,或者用表达式在列中的序号也可以。如果在分组查询中使用了统计函数,各个函数作用于每一个组。

【例 4.21】 查询学生表中各个班级的人数。

```
SELECT 班级,COUNT( * ) FROM student GROUP BY 班级
```

【例 4.22】 查询每科成绩的最高分和最低分及平均分。

```
SELECT a.课程名称,MAX(b.成绩) as 最高分, MIN(b.成绩) as 最低分,;
AVG(b.成绩) as 平均分 FROM course a , grade b ;
WHERE a.课程号 = b.课程号 GROUP BY 课程名称
```

【例 4.23】 查询 2011 会计 9 班课程号为 L001 和 L008 的两门课程的平均成绩。

```
SELECT course.课程名称,AVG(grade.成绩) as 平均成绩 FROM student,grade,course;
GROUP BY grade.课程号 HAVING grade.课程号 = "L001" or  grade.课程号 = "L008";
WHERE student.学号 = grade.学号 and grade.课程号 = course.课程号 ;
and 班级 = "2011 会计 9 班"
```

4.2.4 查询去向

默认情况下,查询输出到一个浏览窗口,用户在 SELECT 语句中可使用[INTO <目标>| TO FILE <文件名>|TO SCREEN| TO PRINTER]子句选择查询去向:

- 用 INTO [DBF|TABLE]<表名>可将查询结果存入表中。
- 用 INTO ARRAY <数组名>将查询结果存入数组。
- 用 INTO CURSOR <临时表名>将查询结果存入临时表。
- 用 TO FILE <文件名> [ADDTIVE]将结果存入文本文件,用 ADDTIVE 将结果追加到由<文件名>指定的文本文件尾部。否则将覆盖原有文件。

- 用 TO PRINT [PROMPT]将查询结果输出到打印机,若选 PROMPT 选项在打印前打开打印机设置对话框。
- TO SCREEN:将查询结果保存在屏幕上显示。

【例 4.24】 关于结果存放的应用。

```
SELECT * FROM  student  INTO  TABLE 新学生
SELECT * FROM  student  INTO  ARRAY a
SELECT * FROM  student  INTO  CURSOR 临时学生
SELECT * FROM  student  TO  FILE  学生文本
```

4.2.5 集合的并运算

UNION 是指将两个 SELECT 语句的查询结果通过并运算合并成一个查询结果。在 SQL 中,要进行合并运算,要求两个查询结果具有相同的字段个数,并且对应字段的值要出自同一个值域,即具有相同的数据类型和取值范围。

【例 4.25】 显示 2011 会计 9 班和 2011 园林 1 班的学生信息。

```
SELECT * FROM student WHERE   班级 = "2011 会计 9 班";
UNION ;
SELECT * FROM  student WHERE   班级 = "2011 园林 1 班";
```

【例 4.26】 显示选修了"西方经济学"或"平面设计"的学生学号。

```
SELECT   学号,课程号  FROM   grade ;
WHERE    课程号 = "Y001"   UNION ;
SELECT   学号,课程号 FROM    grade ;
WHERE    课程号 = "J001"
```

计算机等级考试考点:
(1) 简单查询。
(2) 嵌套查询。
(3) 联接查询:内联接和外联接(左联接,右联接,完全联接)。
(4) 分组与计算查询。
(5) 集合的并运算。

4.3 SQL 的定义功能

数据定义语言(Data Definition Language,DDL)用于执行数据定义的操作,如创建或删除表、索引和视图之类的对象。由 CREATE、DROP、ALTER 命令组成,完成数据库对象的建立(CREATE)、删除(DROP)和修改(ALTER)操作。

4.3.1 定义(创建)表

【格式】CREATE TABLE|DBF <表名 1>[NAME 长文件名] [FREE]

(<字段名 1>, 类型, [(宽度[,小数位数])] [NULL|NOT NULL]

[CHECK <逻辑表达式 1> [ERROR <出错信息>] [DEFAULT <表达式 1>]]
[PRIMARY KEY|UNIQUE] [REFERENCE <表名 2> [TAG <索引标识符名 1>]]
[NOCPTRANS][, <字段名 2>…]
[, PRIMARY KEY <表达式 2> TAG <索引标识符名 2>]
[,UNIQUE <表达式 3> TAG <索引标识符名 3>]
[, FOREIGN KEY <表达式 4> TAG <索引标识符名 4> [NODUP]
REFERENCES <表名 3> [TAG <索引标识符名 5>]]
[, CHECK <逻辑表达式 2> [ERROR <出错信息 2>]])| [FROM ARRAY <数组名>]

【功能】定义(也称创建)一个表及其联系。

【说明】

- TABLE 和 DBF 选项作用相同。

- 表名前可带上路径,也可带上所属的数据库名,格式为"[数据库名!]<表名>"。

- NAME <长表名>,即指定表的长名。该选项只在打开数据库时才能使用,长表名最多可包括 128 个字符。

- FREE,即指定所创建的表不添加到已打开的数据库中。若没有打开数据库则不需选此项。

- [NULL|NOT NULL]子句说明字段是否可取空值(NULL)。若省略该项目包含 PRIMARY KEY 或 UNIQUE 子句,则系统默认为 NOT NULL。若省略该项且不包含 PRIMARY KEY 或 UNIQUE 子句,则由 SET NULL 的当前设置来指定。

- [CHECK <逻辑表达式>][ERROR <出错信息>]子句用于说明字段的有效性规则。<逻辑表达式>是有效性规则,<出错信息>是为字段有效性规则检查出错时给出的提示信息。[DEFAULT <表达式 1>]子句使用表达式值给出字段的默认值。

- [PRIMARY KEY|UNIQUE]子句是以该字段创建索引,取 PRIMARY KEY 创建的是主索引,取 UNIQUE 创建的是候选索引。

- [REFERENCE <表名 2>][TAG <索引标识符名>]子句用于指定与建立永久关系的父表名。<表名 2>为父表名,若省略[TAG <索引标识符名 1>]就在父表已存在的主索引标识上建立联系。若父表没有主索引关键字,系统将产生错误。

- [NOCPTRANS]子句用于指定 C 或 M 型。主字段不进行代码页转换。只能用于 C、M 型字段。

- PRIMARY KEY <表达式 2> TAG <索引标识符名 2>子句指定要创建的主索引。<表达式 2>为表中字段组合。一个表只能有一个主索引,如已建立主索引就不可以用此子句。

- UNIQUE <表达式 3> TAG <索引标识符名 3>创建候选索引。<表达式 3>为表中字段组合。

- FOREIGN KEY <表达式 4> TAG <索引标识符名 4> [NODUP],即创建一个外部(非主)索引,并建立和父表的关系。包含[NODUP]则创建一个候选外部索引。

- REFERENCES <表名 3> [TAG <索引标识符名 5>],即指定与之建立永久关系的父表。

- CHECK <逻辑表达式 2> [ERROR <字符表达式 2>],即指定表的有效性规则。[ERROR <字符表达式 2>]指定出错信息。

- FROM ARRAY <数组名>,即指定从一包含字段信息(字段名、类型、宽度)的数组生成表结构。

【例 4. 27】 建立"学生成绩管理. DBC"以及两个数据库表 Nstudent. DBF 和 Ngrade. DBF。

```
CREATE DATABAS 学生成绩管理
CREATE TABLE Nstudent (学号 C(8) NOT NULL PRIMARY KEY,;
姓名 C(8),性别 L,中共党员 L,出生日期 D;
CHECK YEAR(出生日期)>1990 AND YEAR(出生日期)<2000,;
班级 C(20),爱好 M,相片 G)
CREATE TABLE NGRADE(学号 C(8),课程号 C(8),;
平时成绩 N(4,1),考试成绩 N(4,1),;
FOREIGN KEY 学号 TAG 学号 REFERENCES Nstudent)
```

在定义 Nstudent 表结构的同时,定义了学号字段为主索引,且学号字段值不允许为空;定义了出生日期字段的有效性规则:出生年份必须介于 1995—2000 年(不包含这两年)之间。定义 Ngrade 表时,建立与父表 Nstudent 之间的永久关系,定义学号为外部索引。

4.3.2 修改表

1. 命令格式 1
【格式】ALTER TABLE <表名>

```
ADD|ALTER [COLUMN] <字段名> <类型> [(<宽度>[,<小数>])]
[NULL|NOT NULL]
[CHECK <逻辑表达式>[ERROR <字符表达式>]]
[DEFAULT <表达式>]
[PRIMARY KEY|UNIQUE]
[REFERENCES <表名 2> [TAG <标识>]]
[NOCPTRANS]
[NOVALIDATE]
```

【功能】对指定表增加指定字段,或者修改指定字段。

【说明】

- <表名>,即指定要修改结构的表名。
- ADD [COLUMN] <字段名>,即指定要添加的字段名。
- ALTER [COLUMN] <字段名>,即指定要修改的已有字段名。
- NOVALIDATE,即默认情况下,修改表结构将受到表中数据完整性的约束,使用该选项,修改表结构将不受到表中数据完整性的约束。
- 其余参见 CREATE TABLE。

【例 4. 28】 为 Ngrade 表增加总评成绩字段,定义该字段为数值型,宽度为 4,小数点位数为 1。

```
ALTER TABLE Ngrade ADD 总评成绩 N(4,1)
```

2. 命令格式 2
【格式】ALTER TABLE <表名>

```
ALTER [COLUMN] <字段名>
[NULL | NOT NULL]
[SET DEFAULT <表达式>]
[SET CHECK <逻辑表达式>[ERROR <字符表达式>]]
[DROP DEFAULT]
[DROP CHECK]
[NOVALIDATE]
```

【功能】对指定表的指定字段属性进行修改。

【说明】

- SET DEFAULT <表达式>，即指定已有字段的新默认值。

- SET CHECK <逻辑表达式>，即指定已有字段的新的有效性规则。

- DROP DEFAULT，即删除已有字段的默认值。

- DROP CHECK，即删除已有字段的有效性规则。

- 其余参见 CREATE TABLE。

【例 4.29】 给 Nstudent 表的"学号"字段设置默认值"2011"，使以后输入该字段的工作减少到只需输入第 5～8 位。

```
ALTER TABLE Nstudent ALTER 学号 SET DEFAULT "2011"
```

3. 命令格式 3

【格式】ALTER TABLE <表名 1>

```
[DROP [COLUMN] <字段名 1>]
[SET CHECK <逻辑表达式 1>[ERROR <字符表达式>]]
[DROP CHECK]
[ADD PRIMARY KEY <表达式 1> TAG <标识名 1> [FOR <逻辑表达式 2>]]
[DROP PRIMARY KEY]
[ADD UNIQUE <表达式 2> [TAG <标识名 2>[FOR <逻辑表达式 3>]]]
[DROP UNIQUE TAG <标识名 3>]
[ADD FOREIGN KEY <表达式 3> TAG <标识名 4> [FOR <逻辑表达式 4>]
REFERENCES <表名 2> [TAG <标识名 5>]]
[DROP FOREIGN KEY TAG <标识名 6> [SAVE]]
[RENAME COLUMN <字段名 2> TO <字段名 3>]
[NOVALIDATE]
```

【功能】删除指定表的指定字段及其属性，为表添加或删除主索引、候选索引、外部关键字、有效性规则，改变表中字段名称。

【说明】

- DROP [COLUMN] <字段名 1>，即删除已有字段<字段名 1>，同时删除字段默认值和字段有效性规则。

- SET CHECK <逻辑表达式 1>，即指定表的有效性规则。

- ADD PRIMARY KEY <表达式 1> TAG <标识名 1> [FOR <逻辑表达式 2>]，即往表中添加主索引。

- DROP PRIMARY KEY，即删除表的主索引，同时删除所有基于此关键字的永久关系。

- ADD UNIQUE <表达式 2>［TAG <标识名 2>［FOR <逻辑表达式 3>］］,即往表中添加候选索引,要注意的是,这里的 UNIQUE 不是唯一索引的意思。
- DROP UNIQUE TAG <标识名 3>,即删除表的候选索引。
- ADD FOREIGN KEY <表达式 3> TAG <标识名 4>［FOR <逻辑表达式 4>］,即往表中添加外部关键字索引。
- DROP FOREIGN KEY TAG <标识名 6>［SAVE］,即删除表的外部关键字。省略［SAVE］选项,则从.CDX 中删除索引标识,否则,保留之。
- RENAME COLUMN <字段名 2> TO <字段名 3>,即改变表中字段名称。<字段名 2>为待更改的字段名,<字段名 3>为新字段名。

【例 4.30】 删除 Nstudent 表中的"爱好"字段。

ALTER TABLE Nstudent   DROP   爱好

4.3.3 删除表

【格式】DROP DATABASE <数据库名>
【功能】删除指定数据库的结构和数据。
【说明】谨慎使用。
【格式】DROP TALBE <表名>
【功能】删除指定表的结构和内容(包括在此表上建立的索引)。
【说明】如果只是想删除一个表中的所有记录,则应使用 DELETE 语句。

【例 4.31】 删除 Nstudent 表。

DROP TABLE Nstudent

计算机等级考试考点:
(1) CREATE TABLE-SQL
(2) ALTER TABLE-SQL

4.4 SQL 的操作功能

数据操纵语言是完成数据操作的命令,一般分为两种类型的数据操纵,它们统称为 DML:

- 数据查询:寻找所需的具体数据。
- 数据修改:添加、删除和改变数据。

数据操纵语言一般由 INSERT(插入)、DELETE(删除)、UPDATE(更新)、SELECT(查询)等组成,由于 SELECT 比较特殊,所以一般又将它以查询语言的形式单独出现,在前面已经重点介绍了。

4.4.1 插入记录

【格式 1】INSERT INTO <表名> ［<字段名表>］ VALUES (<表达式表>)

【格式 2】INSERT　INTO　<表名>　　FROM　ARRAY <数组名>| FROM MEMVAR

【功能】在指定的表文件尾部追加一条记录。格式 1 用表达式表中的各表达式值赋值给<字段名表>中的相应的各字段。格式 2 用数组或内存变量的值赋值给表文件中各字段。

【说明】如果某些字段名在 INTO 子句中没有出现,则新记录在这些字段名上将取空值(或默认值)。<字段名表>指定表文件中的字段,省略时,按表文件字段的顺序依次赋值。<表达式表>指定要追加的记录各个字段的值。<表达式表>中值的个数一定要与<字段名表>中字段个数匹配。

【例 4.32】　在表文件 student 的末尾追加三条记录。

```
＊＊＊用表达式方式追加第一条记录＊＊＊
INSERT INTO　 student (学号,姓名,性别, 政治面貌,出生年月, 班级);
VALUES("20110767","李中国","男","团员",{^1995/01/06},"2011 金融 3 班")


＊＊＊用数组方式追加第二条记录＊＊＊
DIMENSION　 STA[8]
STA(1) = "20110633"
STA(2) = "刘宁"
STA(3) = "女"
STA(4) = "中共党员"
STA(5) = {^1995/08/26}
STA(6) = " 2011 会计 9 班"
INSERT　INTO　student　FROM　ARRAY　STA


＊＊＊用内存变量方式追加第三条记录＊＊＊
学号 = "20110812"
姓名 = "赵娜"
性别 = "女"
政治面貌 = "团员"
出生年月 = {^1994/12/14}
班级 = "2011 园林 1 班"
INSERT　INTO　 student　FROM　 MEMVAR
```

4.4.2　更新记录

【格式】UPDATE <表文件名> SET <字段名 1>=<表达式> [,<字段名 2>=<表达式> …] [WHERE <条件>]

【功能】更新指定表文件中满足 WHERE 条件子句的数据。其中 SET 子句用于指定列和修改的值,WHERE 用于指定更新的行,如果省略 WHERE 子句,则表示表中所有行。

【说明】更新操作又称为修改操作。

【例 4.33】　将 student 表中,赵娜的出生年月修改为 1995 年 12 月 14 日。

```
UPDATE　 student　 SET　 出生年月 = {^1995/12/14}　 WHERE　 姓名 = "赵娜"
```

【例 4.34】　将 grade 表中,课程号为 L001 的课程成绩每人加 5 分。

```
UPDATE　 grade　 SET　 成绩 = 成绩 + 5　 WHERE　 课程号 = "L001"
```

4.4.3 删除记录

【格式】DELETE FROM <表名> WHERE <表达式>

【功能】从指定的表中删除满足 WHERE 子句条件的所有记录。如果在 DELETE 语句中没有 WHERE 子句,则该表中的所有记录都将被删除。

【说明】这里的删除是逻辑删除,即在删除的记录前加上一个删除标记"＊"。

【例 4.35】 删除 student 表中记录号 10 以后的记录。

DELETE FROM student WHERE recno()>10

计算机等级考试考点:
(1) DELETE-SQL
(2) INSERT-SQL
(3) UPDATE-SQL

4.5 本 章 小 结

查询在数据处理中的应用是很普遍的,SELECT 语句是重点中的重点,无论在考试或是实际应用中,都是最基本的、最主要的内容。SQL 是一种关系数据库的标准语言,它除了数据查询外,还包括了数据定义、数据操纵和数据控制等方面的功能。我们在学习时,要掌握书上的基本知识和例题,尤其要做到活学活用,自己在练习的时候可以以图书管理、学籍管理等为例再进行大量练习。在复习和练习 SQL 语句时,要掌握每条命令的主要格式、重点结构、功能以及重点说明等。

本章的主要内容:
(1) SQL 的概念及其特点。
(2) 利用 SQL 进行数据查询。
(3) 利用 SQL 完成表结构及其联系的定义。
(4) 利用 SQL 完成表记录的添加、修改和删除等操作。

本章所介绍的 SQL 是关系数据库基础的语言,利用 SQL 进行数据查询是处理数据的基础,也是国家二级考试中的重点,读者在上机实践应用中应加以熟练掌握。

4.6 习 题

一、选择题

1. 建立表结构的 SQL 命令是(   )。
    A. DROP TABLE   B. ALTER TABLE
    C. CREAT INDEX   D. CREAT TABLE

2. 利用 SQL 语句为表中所有学生的名次增加 1 应输入(   )命令。
    A. UPDATE 学生 SET 名次＝名次＋1
    B. UPDATE 名次＝名次＋1

C. SET 名次＝名次+1

D. UPDATE 学生 SET 名次+1

3. SELECT-SQL 语句的作用是（　　）。

 A. 选择工作区语句   B. 数据查询

 C. 选定标准语句   D. 数据修改

4. 如果在 SQL SELECT 语句的 ORDER BY 子句中指定了 DESC,则表示（　　）。

 A. 按降序排序   B. 按升序排序   C. 不排序   D. 无任何意义

5. SQL 中的数据操作语句不包括（　　）。

 A. INSERT   B. UPDATE   C. SELECT   D. DELETE

6. 下列查询类型中,不属于 SQL 查询的是（　　）。

 A. 简单查询   B. 嵌套查询   C. 联接查询   D. 视图查询

7. 如果从磁盘中物理删除表文件,应输入（　　）命令。

 A. DROP   B. DROP TABLE

 C. DELETE   D. DELETE TABLE

8. 在 Visual FoxPro 的 SQL 语句中,具有数据查询功能的是（　　）语句。

 A. CREAT   B. INSERT   C. SELECT   D. DELETE

9. Visual FoxPro 支持的 SQL 命令要求（　　）。

 A. 被操作的表一定要打开

 B. 被操作的表一定不要打开

 C. 被操作的表不一定要打开

 D. 以上说法都不正确

10. 在 SQL 中,空值用（　　）表示。

 A. IS NULL   B. ＝NULL   C. NULL   D. ＊NULL

11. 假设存在表"考生成绩",求表中成绩最高的记录应输入（　　）命令。

"考生成绩"表

记录号	学号	成绩	名次
1	9001	95	2
2	9002	84	7
3	9003	92	3
4	9004	99	1
5	9005	90	4

 A. SELECT MAX(成绩) FROM 考生成绩

 B. SELECT MIN(成绩) FROM 考生成绩

 C. SELECT AGV(成绩) FROM 考生成绩

 D. SELECT SUM(成绩) FROM 考生成绩

12. SQL-DELETE 命令是（　　）删除记录。

 A. 逻辑   B. 物理

 C. 彻底   D. 以上说法都不正确

13. 使用(　　)短语可以将查询结果存放到永久表中。
    A. INTO TABLE
                        B. INTO ARRAY
    C. INTO VURSOR
                     D. INTO DBF|TABLE

14. 使用(　　)短语可以直接将查询结果输出到打印机。
    A. INTO PRINTER
                       B. TO PRINTER
    C. TO PROMFR
                       D. INTO PROMPT

15. 如果要将查询到的考生信息保存到数组 XY 中,应输入(　　)命令。
    A. SELECT * FROM 考生 INTO ARRAY XY
    B. SELECT * FROM 考生 INTO CURSOR XY
    C. SELECT * FROM 考生 INTO DBF XY
    D. SELECT * FROM 考生 INTO TABLE XY

16. 按列名的值进行分组的语句是(　　)。
    A. GROUP   B. ORDER BY   C. ARRAY BY   D. GROUP BY

17. 下列关于 SQL 的并运算,说法不正确的一项是(　　)。
    A. 集合的并运算,即 UNION,是指将两个以上 SELECT 语句的查询结果通过并运算合并成一个查询结果
    B. 集合的并运算,即 UNION,是指将两个 SELECT 语句的查询结果通过并运算合并成一个查询结果
    C. 进行并运算要求两个查询结果具有相同个数的字段数据,并且对应的字段的值要出自同一个值域
    D. 两个查询结果要具有相同的数据类型和取值范围

18. 设有学生 S(学号,姓名,性别,年龄),查询所有年龄小于等于 18 岁的女同学,并按年龄进行降序排序生成新的表 WS,正确的 SQL 命令是(　　)。
    A. SELECT * FROM S WHERE 性别='女' AND 年龄<=18 ORDER BY 4 DESC INTO TABLE WS
    B. SELECT * FROM S WHERE 性别='女' AND 年龄<=18 ORDER BY 年龄 INTO TABLE WS
    C. SELECT * FROM S WHERE 性别='女' AND 年龄<=18 ORDER BY '年龄' DESC INTO TABLE WS
    D. SELECT * FROM S WHERE 性别='女' AND 年龄<=18 ORDER BY '年龄' ASC INTO TABLE WS

19. 设有学生选课表 SC(学号,课程号,成绩),用 SQL 检索同时选修课程号为 C1 和 C5 的学生的学号的正确命令(　　)。
    A. SELECT 学号 FROM SC WHERE 课程号='C1' AND 课程号='C5'
    B. SELECT 学号 FROM SC WHERE 课程号='C1' AND 课程号=(SELECT 课程号 FROM SC WHERE 课程号='C5')
    C. SELECT 学号 FROM SC WHERE 课程号='C1' AND 学号=(SELECT 学号 FROM SC WHERE 课程号='C5')
    D. SELECT 学号 FROM SC WHERE 课程号='C1' AND 学号 IN (SELECT

学号 FROM SC WHERE 课程号＝'C5')

20. 设有学生表 S(学号,姓名,性别,年龄)、课程表 C(课程号,课程名,学分)和学生选课表 SC(学号,课程号,成绩),检索学号、姓名和学生所选课程的课程名和成绩,正确的 SQL 命令是(   )。

    A. SELECT 学号,姓名,课程名,成绩 FROM S,SC,C WHERE S.学号＝SC.学号 AND SC.学号＝C.学号

    B. SELECT 学号,姓名,课程名,成绩 FROM（S JOIN SC ON S.学号＝SC.学号） JOIN C ON SC.课程号＝C.课程号

    C. SELECT S.学号,姓名,课程名,成绩 FROM S JOIN SC JOIN C ON S.学号＝SC.学号 ON SC.课程号＝C.课程号

    D. SELECT S.学号,姓名,课程名,成绩 FROM S JOIN SC JOIN C ON SC.课程号＝C.课程号 ON S.学号＝SC.学号

二、填空题

1. 在 Visual FoxPro 中,用来修改表结构的命令是＿＿＿＿＿；修改表中数据的命令是＿＿＿＿＿。

2. 在 SELECT-SQL 语句中,消除重复出现的记录行的子句是＿＿＿＿＿。

3. 在 Visual FoxPro 中,集合的并运算是指＿＿＿＿＿。

4. ＿＿＿＿＿是 SQL 中最简单的查询,这种查询基于单个表,它是由＿＿＿＿＿和＿＿＿＿＿的短语构成无条件查询,或由＿＿＿＿＿、＿＿＿＿＿、＿＿＿＿＿短语构成条件查询。

5. ＿＿＿＿＿是 SQL 的核心。在 Visual FoxPro 中,SQL 的查询命令也称为＿＿＿＿＿,它的基本形式由＿＿＿＿＿组成,多个查询块可以嵌套执行。

6. Visual FoxPro 中用于计算检索的函数有＿＿＿＿＿、＿＿＿＿＿、＿＿＿＿＿、＿＿＿＿＿和＿＿＿＿＿。

7. 嵌套查询是指＿＿＿＿＿。

8. 从"考生资料"表中查询所有年龄大于 22 岁的姓名,应输入＿＿＿＿＿命令。

9. SQLDELETE 命令是＿＿＿＿＿删除记录。

10. 在 SELECT-SQL 语句中,HAVING 子句必须与＿＿＿＿＿子句配合使用。

11. 在 SELECT-SQL 语句中,定义一个区间范围的特殊运算符是＿＿＿＿＿,检查一个属性值是否属于一组值中的特殊运算符是＿＿＿＿＿。

第 5 章 | **Visual FoxPro 的结构化程序设计**

前面各章都是以交互方式,即在命令窗口中逐条输入命令或通过选择菜单来执行 Visual FoxPro 命令的。除此之外,常常采用程序的方式来完成更为复杂的任务。

Visual FoxPro 程序设计包括结构化程序设计和面向对象程序设计。前者是传统的程序设计方法;后者面向对象,用户界面可利用 Visual FoxPro 提供的辅助工具来设计,应用程序可自动生成,但是仍需用户编写一些过程代码。就此而言,结构化程序设计仍是面向对象程序设计的基础。

本章主要介绍结构化程序设计,包括程序的建立、执行和调试,程序的基本结构,多个程序模块的组合方法等内容。面向对象程序设计将在后续章节中介绍。

5.1 程序与程序文件

5.1.1 程序的概念

学习 Visual FoxPro 的目的就是要使用它的命令来组织和处理数据、完成一些具体任务。许多任务单靠一条命令是无法完成的,而是要通过执行一组命令来完成。如果采用在命令窗口逐条输入命令的方式进行,不仅非常麻烦,而且容易出错。特别是当该任务需要反复执行或所包含的任务较多时,这种逐条输入命令执行的方式几乎是不可行的,这时应该采用程序的方式。

程序是能够完成一定任务的命令的有序集合。这组命令被存放在称为程序文件或命令文件(以.PRG 为扩展名)的文本文件中。当运行程序时,系统会按照一定的次序自动执行包含在程序文件中的命令。与在命令窗口逐条输入命令相比,采用程序方式有如下好处:

- 可以利用编辑器,方便地输入、修改和保护程序。
- 可以用多种方式、多次运行程序。
- 可以在一个程序中调用另一个程序。

5.1.2 命令文件的建立与运行

1. 建立或修改程序文件

可用两种方式调用系统内置的文本编辑器建立或修改程序文件。

1）命令方式

【格式1】MODIFY COMMAND［<盘符>］［<路径>］<程序文件名>

【格式2】MODIFY FILE［<盘符>］［<路径>］<程序文件名>

2）菜单方式

- 打开"文件"菜单，选择"新建"，在"新建"窗口中选择"程序"，再选择"新建文件"命令。
- 在"项目管理器"中选择"代码"选项中的"程序"选项，再单击"新建"按钮。

2. 保存程序

程序输入、编辑完毕，单击"文件"→"保存"菜单项，或按 Ctrl＋W 组合键，或单击工具栏中的"保存"按钮。或在"另存为"对话框中指定程序文件的存放位置和文件名，并单击"保存"按钮保存程序文件并退出文本编辑器。程序文件的默认扩展名是.PRG。

3. 执行程序

程序文件建立后，可以用多种方式、多次执行它。下面是两种常用的方式。

1）菜单方式

- 单击"程序"→"运行"菜单项，打开"运行"对话框，选择程序文件，单击"运行"按钮。
- 从文件列表框中选择要运行的程序文件，打开该程序文件，并单击"运行"命令按钮。

2）命令方式

【格式】DO［<盘符>］［<路径>\］<文件名>

【功能】执行指定<盘符>、<路径>下的程序文件。

4. 程序的书写规则

（1）一个程序是由若干行组成的，每行由 Enter 键结束。一个命令可以写在一行也可以分多行书写，分行书写时应该在行末尾加续行号，Visual FoxPro 续行号为";"然后以 Enter 键结束本行。

（2）为了提高程序的可读性，方便今后对程序的修改与完善，有必要在程序中插入注释行。注释命令可采用以下三种命令之一。

【格式1】NOTE <注释内容>

【格式2】＊<注释内容>

【格式3】&& <注释内容>

如果程序语句是以 ＊ 或 Note 开头，就是注释语句行，程序执行到此将跳过该行，继续执行后面的语句。&& 命令则是用于语句尾部的注释语句。

【例5.1】 在成绩管理数据库中，查找 2011 工设 2 班学生的成绩，包括其学生的学号、姓名、课程名及成绩。

程序设计：

```
* 查询程序 p5_1.PRG
open   database F:\学生成绩管理\成绩管理          && 打开学生数据库
select student.学号, student.姓名, course.课程名称, grade.成绩;
from student, grade, course;                      && 命令分行书写要加分号
where student.学号 = grade.学号 and grade.课程号 = course.课程号 and;
student.班级 = "2011 工设 2 班"                    && select 命令结束
close database all                                && 关闭数据库
```

Visual FoxPro 的结构化程序设计

执行结果如图 5.1 所示。

学号	姓名	课程名称	成绩
20110306	刘清华	计算机文化基础	92.00
20110307	王一梅	计算机文化基础	90.00
20110301	彭帅	计算机文化基础	95.50
20110319	张万年	计算机文化基础	70.00
20110306	刘清华	高等数学	43.00
20110307	王一梅	高等数学	79.50
20110301	彭帅	高等数学	78.00
20110319	张万年	高等数学	89.00
20110306	刘清华	平面设计	89.00
20110307	王一梅	平面设计	83.00
20110301	彭帅	平面设计	78.00
20110319	张万年	平面设计	90.00

图 5.1　例 5.1 执行结果

5.1.3　程序中的基本语句

程序文件中既可包含能在命令窗口执行的 Visual FoxPro 命令，也可包含一些程序控制语句(如输入输出语句、结构控制语句等)。

1. 调试命令与辅助命令

1) SET TALK 命令

【格式】SET TALK ON|OFF

【功能】设置命令在执行过程中的状态信息，ON 为显示命令(是默认值)，OFF 为不显示命令。如：copy files 学生.* TO *.* 命令，若命令设为 ON 则会显示复制过程中复制的几个文件的信息。若命令设置为 OFF 则无信息。

2) CANCEL 命令

【格式】CANCEL

【功能】终止程序运行，清除所有私有变量，返回到命令窗口，有关私有变量的概念在本章后面将会详细介绍。

3) RETURN 命令

【格式】RETURN

【功能】结束当前程序执行返回到调用它的上级程序，若无上级调用程序则返回到命令窗口。

4) QUIT 命令

【格式】QUIT

【功能】退出 Visual FoxPro 系统，返回 Windows 操作系统。

2. 输入与输出命令

1) 输入命令

(1) INPUT 命令

【格式】INPUT [<字符表达式>] TO [<内存变量>]

【功能】用来从键盘输入数据，回车后将数据赋给内存变量。

【说明】<字符表达式>为提示信息，输入的数据可为常量、变量和表达式，输入 C,L,D 型常量时要用定界符。

【例 5.2】 编程查找指定学号的学生的姓名、性别、课程号、成绩。

程序设计：

```
* 查询程序 p5_2.PRG
open   database F:\学生成绩管理\成绩管理                &&打开学生数据库
input "输入学生学号:" to xm
select student.姓名, student.性别, grade.课程号,grade.成绩;
from student, grade;
where student.学号 = grade.学号 and student.学号 = xm
close database all                                   &&关闭数据库
Return
```

执行结果：

输入学生学号：20110801

效果如图 5.2 所示。

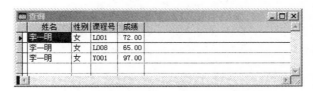

图 5.2　例 5.2 执行结果

（2）ACCEPT 命令

【格式】ACCEPT [<字符表达式>] TO [<内存变量>]

【功能】从键盘输入字符串数据,回车后赋给内存变量。

【说明】<字符表达式>为提示信息,输入的字符串不需加定界符,否则会将定界符作为字符串的一部分,若不输入数据,将空串赋给变量。

（3）WAIT 命令

【格式】WAIT[<字符表达式>] TO [<内存变量>] [WINDOW [AT <行,列>]] [NOWAIT] [CLEAR|NOCLEAR][TIMEOUT <数值表达式>]

【功能】暂停程序运行,字符表达式为提示信息,待小键盘输入一个字符赋给内存变量,程序继续执行。

【说明】省略[<字符表达式>]则显示默认信息:"按任意键继续…。"[TO <内存变量>]中内容为空串,省略此项,输入字符不保存。[WINDO[AT <行,列>]]提示信息窗口在屏幕上的位置,省略 AT <行,列>信息将显示在屏幕的右上角。[NOWAIT]不等待输入直接往下执行。CLEAR 清除提示信息窗口,NOCLEAR 不清除提示信息窗口,直到执行一条 WAIT Window 命令或 WAIT CLEAR 命令为止。[TIMEOUT <数值表达式>]由数值表达式指定等待输入的秒数。若超出秒数,则不等待,自动往下执行。

【例 5.3】　WAIT 的应用。

```
* p5_3.PRG
wait "继续? " to x window time 10
```

执行结果如图 5.3 所示。

Visual FoxPro 的结构化程序设计

继续?　　　　　　　　　　　　　　　　　学生成绩管理系统
　　　　　　　　　　　　　　　　　　　　设计者：××

图 5.3　例 5.3 执行结果 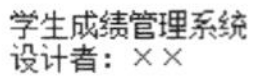　　　　　　图 5.4　例 5.4 执行结果

2）输出命令

在前面曾介绍了? 和?? 输出命令，下面再介绍几条可以完成输出功能命令。

（1）文本输出命令

【格式】TEXT <文本信息> ENDTEXT

【功能】将文本信息内容原样输出。

【说明】TEXT 与 ENDTEXT 必须成对出现。

【例 5.4】　用文本输出命令显示系统名称，程序文件名为 TEXT.PRG。

程序设计：

```
* p5_4.PRG
CLEAR
TEXT
学生成绩管理系统
设计者：××
ENDTEXT
```

执行结果如图 5.4 所示。

（2）定位输入输出命令

【格式】@<行,列> [SAY <表达式>] [GET <变量名>] [DEFAULT <表达式>]

【功能】在屏幕的指定行和列输出表达式的值并修改内存变量的值。

【说明】

- <行,列>，行自上而下编号，列自左至右编号，编号从 0 开始，行列可以使用小数精确定位。
- 省略 SAY 选项 GET 变量值在行列指定位置开始显示，若选 SAY 选项，先显示表达式的值，然后再显示 GET 变量值。
- GET 中的变量必须有初值或用[DEFAULT <表达式>]中的<表达式>命令定值。
- GET 选项必须用 READ 命令操作。

【例 5.5】　编程：查找指定班级中学生成绩大于等于指定成绩的学生学号、姓名、成绩。

程序设计：

```
* p5_5.PRG
clear
open   database F:\学生成绩管理\成绩管理
@ 10,10 say "输入指定班级：" get pj default "              "
@ 10,50 say "输入指定分数：" get ws default 0
read
@ 10, 10 say "指定班级为：" + pj + "指定分数为" + str(ws)
select student.学号, student.姓名, grade.成绩;
from student, grade where student.班级 = pj   and grade.成绩 = ws;
and student.学号 = grade.学号
```

```
close database all
return
```

执行结果如图 5.5 所示。

图 5.5　例 5.5 执行结果

（3）用户定义对话框 MESSAGEBOX()函数

【格式】MESSAGEBOX(CMessageText,[nDialogboxType[,CTitleBarText]])

【功能】该函数用于显示一个信息框。

【说明】

- CMessageText：表示显示在信息框中的正文内容。
- nDialogboxType：确定消息框中要显示哪些按钮和图标。如果没有 nDialogboxType；则默认消息框中只有"确定"按钮。
- CTitleBarText：表示出现在消息框标题栏中的文本。
  ➢ 0～5：表示出现在信息框中的按钮，如表 5.1 所示。
  ➢ 16，32，48，64：表示出现在消息框中的图标，如表 5.2 所示。
  ➢ 0,256,512：表示消息框中哪些是默认按钮，如表 5.3 所示。

表 5.1　按钮类型和数目

值	按　　钮
0	只有"确定"按钮
1	具有"确定"和"取消"按钮
2	具有"终止"、"重试"和"忽略"按钮
3	具有"是"、"否"和"取消"按钮
4	具有"是"和"否"按钮
5	具有"重试"和"取消"按钮

表 5.2　图标类型

值	图　　标
16	停止图标
32	问号图标
48	感叹号图标
64	信息图标

表 5.3　默认按钮

值	默认按钮
0	第一个按钮
256	第二个按钮
512	第三个按钮

例如，1+64+256：表示消息框中有"确定"，"取消"按钮，有信息图标，"取消"按钮是默认按钮。3+32+512：表示消息框中有"是"、"否"、"取消"按钮，有问号图标，"取消"按钮是默认按钮。

Visual FoxPro 的结构化程序设计

MESSAGEBOX()函数的返回值是一个数值,用于确定在消息框中选择了哪个按钮,具体对应关系如表 5.4 所示。例如,消息框中有"取消"按钮,那么按 Esc 键或单击"取消"按钮时,就会返回 2。

表 5.4 MESS()函数的返回值

返回值	对应按钮
1	"确定"按钮
2	"取消"按钮
3	"终止"按钮
4	"重试"按钮
5	"忽略"按钮
6	"是"按钮
7	"否"按钮

【例 5.6】 显示"要将更改保存到 P5_6.PRG 中吗?",有"是"、"否"、"取消"按钮,有问号图标,"是"为默认按钮。

? MESSAGEBOX("要将更改保存到 P5_6.PRG 中吗?",3 + 32 + 0,"修改保存提示")

执行结果如图 5.6 所示。

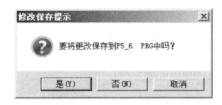

图 5.6 例 5.6 结果窗口

计算机等级考试考点:

(1) 程序文件的建立。

(2) 简单的交互式输入、输出命令。

(3) 用户定义对话框(MESSAGEBOX)的使用。

5.2 结构化程序设计

程序结构是指程序中命令或语句执行的流程结构。Visual FoxPro 提供了三种基本结构:顺序结构、选择结构、循环结构。

5.2.1 三种基本结构与算法

结构化程序设计一般采用顺序、选择、循环三种基本结构,为了能使读者对这三种结构有一个直观的理解,介绍一下程序的流程框图(见图 5.7)。

流程框图的作用是可以直观地描述出程序的走向,下面用流程框图介绍三种基本结构。

开始与结束　　　准备　　　判断　　　联系　　　流线　　　输入输出

图 5.7　流程框图

1. 顺序结构

顺序结构就是程序是按语句排列的先后顺序来执行的。如图 5.8 所示,先执行 A,再执行 B。

2. 选择结构

条件为真执行一部分语句,否则执行另一部分语句。如图 5.9 所示,若条件为真执行 A,否则执行 B。

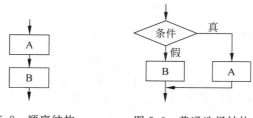

图 5.8　顺序结构　　　图 5.9　普通选择结构

在选择结构中还有一种称为多分支选择结构,如图 5.10 所示。依次判断条件,若条件 1 为真执行 A_1,否则判断条件 2,若条件 2 为真执行 A_2,……,以此类推,执行 A_n。

3. 循环结构

当条件为真执行循环体,否则结束循环,如图 5.11 所示。若条件为真执行循环体 A,否则结束循环执行下一语句。

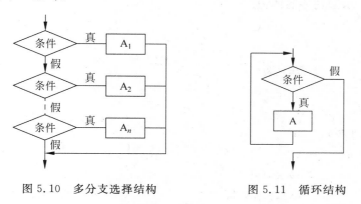

图 5.10　多分支选择结构　　　图 5.11　循环结构

这三种结构经常贯穿于程序设计之中,望读者能在理解的基础上熟练运用。

4. 算法

算法就是一种解决问题的方法。它必须满足以下条件:

(1) 输入。具有 0 个或多个输入的外界量。

(2) 输出。至少有一个数据输出,作为程序执行后的结果。

(3) 有穷性。每条指令的执行次序必须是有限的。

Visual FoxPro 的结构化程序设计

（4）确定性。每条指令的含义必须是明确的，无歧义的。

（5）可行性。每条指令执行的时间都必须是有限的。

算法一般采用流程框图、自然语言、计算机语言、数学语言、规定的符号等方式描述。

【例 5.7】 求 $\sum_{n=1}^{50} n$ 的值。

分析：即求 $1+2+\cdots+50$ 的值。用 n 表示每一项，n 的初值为 1，终值为 50。由于每一项的前一项增加 1，就有 $n=n+1$。求和用 s，s 初值为 0，只要 $n\leqslant50$，重复做 $s=s+n$，$n=n+1$，知道 $n>50$，输出 s 值。

算法：

（1）定义 $s=0,n=1$，它们都为 N 型。

（2）判断 $n\leqslant50$，为真做第①、第②步，否则转到第（3）步。

① $s=s+n$；

② $n=n+1$ 转第（2）步。

（3）输出 s。

（4）结束。

有了算法，就可以根据算法将程序写出来。当然有些简单问题可以不用写算法直接写出程序。

一般来说我们解决问题遵循以下几步：分析问题，写出算法，根据算法写出程序，将程序输入计算机即建立程序文件，调试执行，输出结果。

5.2.2 顺序结构程序设计

由顺序结构特点可知，例 5.1～例 5.6 程序使用顺序结构的程序设计。

【例 5.8】 求圆柱体的体积。

程序设计：

```
* P5_7.PRG
v = 0                    && 体积
r = 0                    && 半径
h = 0                    && 高
input "输入半径 r: " to r
input "输入高 h: " to h
s = pi() * r * r         && 底面积
v = s * h                && 圆柱体体积
?" 圆柱体体积: v = ", v
return
```

执行结果：

```
输入半径 r: 10
输入高 h: 10
圆柱体体积: v = 3141.59
```

5.2.3 选择结构程序设计

Visual FoxPro 对于普通选择结构与多分支选择结构都有相应的实现命令。

1. 普通选择结构：IF-[ELSE]-ENDIF

【格式】IF <条件>
　　　　<命令序列 1>
　　　　[ELSE
　　　　<命令序列 2>]
　　　　ENDIF

【功能】当条件成立时执行命令序列 1,否则执行命令序列 2。当不包含 ELSE 时,条件成立执行命令序列 1,否则执行 ENDIF 后的语句。

【说明】IF-ENDIF 必须成对出现,此语句可以嵌套使用。执行流程图如图 5.12 所示。

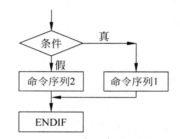

图 5.12　IF-ENDIF 执行流程图

【例 5.9】　编程：输入学号在学生表中查询学生姓名、性别和班级,若没有找到,输出"无此学生"。

程序设计：

```
* P5_9.PRG
clear
open   database F:\学生成绩管理\成绩管理
use student
accept "输入学号："   TO   XH
LOCATE FOR 学号 = XH
IF found()
?"学号：",学号
?"姓名：",姓名
?"性别：",性别
?"班级：",班级
ELSE
?"无此学生"
ENDIF
close database
return
```

执行结果：

输入学号：20110636

学号： 20110636
姓名： 叶诗文
性别： 女
班级： 2011会计9班

2. 多分支选择结构：DO CASE-ENDCASE 命令

【格式】DO CASE

CASE <条件 1>

<命令序列 1>

CASE <条件 2>

<命令序列 2>

…

CASE <条件 n>

<命令序列 n>

[OTHERWISE]

<命令序列 $n+1$>

ENDCASE

【功能】依次判断条件是否成立,若某个条件成立,则执行对应的语句序列,然后执行 ENDCASE 的后面语句,若所有条件都不成立,如有 OTHERWISE 就执行语句序列 $n+1$, 否则执行 ENDCASE 下面的语句。

【说明】条件为逻辑表达式，DO CASE 与 ENDCASE 必须成对出现,执行流程图如图 5.13 所示。

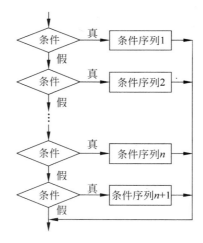

图 5.13 DO CASE-ENDCASE 执行流程图

【例 5.10】 输入学生姓名,成绩,给出分数的等级,学生成绩为百分制,成绩的等级情况为：90 分≤成绩≤100 分为优秀,80 分≤成绩≤89 分为良好,70 分≤成绩≤79 分为中等,60 分≤成绩≤69 分为及格,0 分≤成绩≤59 分为不及格。

程序设计：

```
* P5_10.PRG
cj = 0
dj = ""
accept "输入学生姓名：" to xm
input "输入学生成绩：" to cj
do case
case cj >= 90 and cj <= 100
dj = "优秀"
case cj >= 80
dj = "良好"
case cj >= 70
dj = "中等"
case cj >= 60
dj = "及格"
case cj >= 0 and cj <= 59
dj = "不及格"
otherwise
dj = "输入错误"
endcase
?xm, cj, dj
Return
```

执行结果：

```
输入学生姓名：张林
输入学生成绩：90
张林        90        优秀
```

3. 嵌套选择语句

在解决一些复杂问题时，需要将多个选择结构语句结合起来使用。也就是说，在选择结构的<语句序列>中，允许包括另一个合法的选择结构，形成选择的嵌套。对于嵌套选择结构的程序而言，每一个 IF 必须和一个 ENDIF 配对。为了使程序易于阅读，内外层选择结构层次分明，通常按缩进格式来书写。

【例 5.11】 某商场采取打折的方法进行促销，购物金额在 200 元以上（不包括 200 元），按九五折优惠；购物金额在 600 元以上（不包括 600 元），按九折优惠；购物金额在 1000 元以上（不包括 1000 元），按八五折优惠。编写程序，根据用户的购物金额，计算其优惠额及实际付款金额。

程序设计：

```
* P5_11.PRG
INPUT '请输入购物金额' TO  je        && 接收要计算的购物金额
IF je <= 200                        && 判断金额是否超过 200 元
yh = 0                              && 没有优惠
ELSE
```

```
IF je <= 600
yh = je * 0.05                                   && 优惠额为 5%
ELSE
IF je <= 1000                                    && 判断金额是否超过 1000 元
yh = je * 0.1                                    && 优惠额为 10%
ELSE
yh = je * 0.15                                   && 优惠额为 15%
ENDIF
ENDIF
ENDIF
? '优惠额为 ', yh, '实际付款为 ', je - yh           && 显示优惠额和实际付款
RETURN                                           && 返回命令窗口
```

执行结果：

```
请输入购物金额:100

优惠额为               0 实际付款为:          100
请输入购物金额:300

优惠额为            15.00 实际付款为:        285.00
请输入购物金额:680

优惠额为            68.0 实际付款为:         612.0
请输入购物金额:1500

优惠额为           225.00 实际付款为:       1275.00
```

其实在许多条件嵌套的地方,我们可以采用 DO CASE-ENDCASE 来实现。

5.2.4 循环结构程序设计

Visual FoxPro 有三种循环结构,它们是 DO WHILE-ENDDO, FOR-ENDFOR, SCAN-ENDSCAN 命令。

1. DO WHILE-ENDDO 命令

【格式】DO WHILE <条件>

　　　　<命令序列 1>

　　　　[LOOP]

　　　　<命令序列 2>

　　　　[EXIT]

　　　　<命令序列 3>

　　　　ENDDO

【功能】当条件成立时,执行 DO WHILE 与 ENDDO 之间的命令,也称循环体。程序执行到 END DO 时自动返回到 WHILE <条件>处重新判断条件是否成立,以决定是否循环。当条件不成立时,结束循环,执行 ENDDO 下面的命令。

【说明】DO WHILE 与 ENDDO 必须成对出现;遇到 LOOP 命令时,结束本次循环,自动返回 DO WHILE 处重新判断条件;遇到 EXIT 命令时,就结束循环,执行 ENDDO 下面的命令。执行流程图如图 5.14 所示。

【例 5.12】 求 $\sum_{n=1}^{50} n$ 的值,此题在例 5.7 中已给出算法。程序设计如下:

```
* P5_12.PRG
s = 0
n = 1
DO WHILE n < = 50
s = s + n
n = n + 1
ENDDO
?"s = ", s
return
```

执行结果:

s = 1275

【例 5.13】 逐条显示在"成绩管理"数据库的 student 表中性别为"男"的所有记录。

程序设计:

```
* P5_13.PRG
SET TALK OFF
CLEAR
OPEN DATABASE F:\学生成绩管理\成绩管理
USE student
DO   WHILE .NOT. EOF()
 IF   性别 = "男"
  DISPLAY
 ENDIF
 SKIP
ENDDO
CLOSE DATABASE
SET TALK ON
RETURN
```

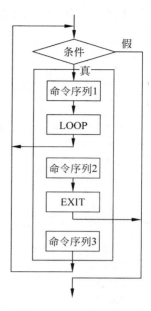

图 5.14　DO WHILE-ENDDO 执行流程图

执行结果:

记录号	学号	姓名	性别	政治面貌	出生年月	班级
7	20110601	张学有	男	团员	09/04/94	2011会计9班
记录号	学号	姓名	性别	政治面貌	出生年月	班级
8	20110810	熊天平	男	中共党员	07/08/93	2011园林1班
记录号	学号	姓名	性别	政治面貌	出生年月	班级
9	20110301	彭帅	男	团员	03/05/94	2011工设2班
记录号	学号	姓名	性别	政治面貌	出生年月	班级
10	20110319	张万年	男	中共党员	12/09/93	2011工设2班
记录号	学号	姓名	性别	政治面貌	出生年月	班级
11	20110602	孙扬	男	团员	09/12/94	2011会计9班
记录号	学号	姓名	性别	政治面貌	出生年月	班级
12	20110609	汪洋	男	团员	04/13/94	2011会计9班
记录号	学号	姓名	性别	政治面貌	出生年月	班级
13	20110767	李中国	男	团员	01/06/95	2011金融3班

175

第 5 章

Visual FoxPro 的结构化程序设计

【例 5.14】 编程显示"成绩管理"数据库的 student 表中除姓李以外的所有学生的记录。

程序设计：

```
* P5_14.PRG
SET TALK OFF
CLEAR
OPEN DATABASE F:\学生成绩管理\成绩管理
USE student
DO WHILE .T.
  IF EOF()
    EXIT
  ENDIF
  IF like("李 * ",姓名)
    SKIP
    LOOP
  ENDIF
  DISPLAY
  SKIP
ENDDO
CLOSE DATABASE
SET TALK ON
RETURN
```

执行结果：

记录号	学号	姓名	性别	政治面貌	出生年月	班级
1	20110636	叶诗文	女	团员	12/11/96	2011会计9班
4	20110707	彭小雨	女	团员	12/11/94	2011金融3班
5	20110306	刘清华	女	团员	09/13/95	2011工设2班
6	20110307	王一梅	女	团员	08/15/95	2011工设2班
7	20110601	张学有	男	团员	09/04/94	2011会计9班
8	20110810	熊天平	男	中共党员	07/08/93	2011园林1班
9	20110301	彭帅	男	团员	03/05/94	2011工设2班
10	20110319	张万年	男	中共党员	12/09/93	2011工设2班
11	20110602	孙扬	男	团员	09/12/94	2011会计9班
12	20110609	汪洋	男	团员	04/13/94	2011会计9班
14	20110633	刘宁	女	中共党员	08/26/95	2011会计9班
15	20110812	赵娜	女	团员	12/14/95	2011园林1班

2. FOR-ENDFOR 命令

【格式】 FOR <循环变量>=<初值> TO <终值> [STEP <步长>]
　　　　　<循环体>
　　　　ENDFOR|NEXT

【功能】先把初值赋给循环变量,再判断循环条件是否成立。若不成立就结束循环,执行循环后面的命令,若条件成立,就执行循环体,循环再执行一次,循环变量自动增加一个步长。再判断循环变量是否成立,以判断是否执行循环体。

【说明】循环变量为内存变量,初值、终值、步长为数值表达式。当步长大于 0 时,循环条件为循环变量≤终值;当步长小于 0 时,循环条件为≥终值;当步长等于 0 时,循环变量无增量,为死循环。步长默认值为 1。在循环体内可以改变循环变量,但这会改变循环次数。在循环体内可以包括 LOOP 和 EXIT。当遇到 LOOP 时,本次循环结束,循环变量增加一个步长值,进入下一次循环,当遇到 EXIT 时,结束循环,执行下面的命令。执行流程图如图 5.15 所示。

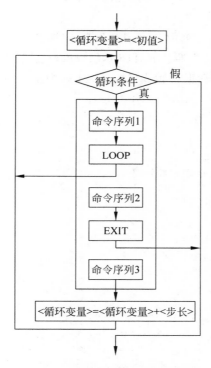

图 5.15 FOR-ENDFOR 执行流程图

【例 5.15】 循环求 $\sum\limits_{i=1}^{n} i$ 的值,即求 $1+2+\cdots+n$。

程序设计:

```
* P5_15.PRG
s = 0
input "输入 n: " to n
for i = 1 to n
  s = s + i
endfor
?" s = ", s
return
```

执行结果:

Visual FoxPro 的结构化程序设计

```
输入 n: 100
s = 5050
```

3. SCAN-ENDSCAN 命令

用于对表操作的循环命令。通常也称表扫描循环命令。

【格式】SCAN［<范围>］［FOR <条件>］［WHILE <条件>］

　　　　<循环体>

　　　　ENDSCAN

【功能】在当前表的指定范围内,记录指针自动移到满足条件的记录上,执行循环体,然后再将记录指针自动移动到下一个满足条件的记录上再一次执行循环体直至超出范围。默认范围为表中所有记录。

【说明】循环体内可包含 LOOP 与 EXIT 命令,当遇到 LOOP 命令时,结束本次循环返回到 SCAN 处进入下一次循环。当遇到 EXIT 时,结束循环,执行 ENDSCAN 后面的命令 。

【例 5.16】 输出"成绩管理"数据库的 student 表中所有团员的姓名和出生年月。

程序设计:

```
* P5_16.PRG
SET TALK OFF
CLEAR
OPEN DATABASE F:\学生成绩管理\成绩管理
USE student
SCAN  FOR 政治面貌 = "团员"
? 姓名,出生年月
ENDSCAN
CLOSE  DATABASE
SET TALK ON
RETURN
```

执行结果:

```
叶诗文   12/11/96
李小静   10/10/94
李一明   09/12/95
彭小雨   12/11/94
刘清华   09/13/95
王一梅   08/15/95
张学有   09/04/94
彭帅     03/05/94
孙扬     09/12/94
汪洋     04/13/94
李中国   01/06/95
赵娜     12/14/95
```

4. 循环的嵌套

在循环命令的循环体中包含了其他循环。循环嵌套就是指多重循环。Visual FoxPro 的三种循环可以互相嵌套。嵌套层数一般没有限制,但内循环的循环体必须完全包含在外循环的循环体中,不能相互交叉。正确的嵌套关系如下:

```
DO    WHILE    <条件表达式 1 >
<语句序列 11 >
 DO    WHILE    <条件表达式 2 >
 <语句序列 21 >
  DO    WHILE    <条件表达式 3 >
```

```
  <语句序列 3 >
  ENDDO
 <语句行序列 22 >
 ENDDO
<语句行序列 12 >
ENDDO
```

【例 5.17】 输出乘法表。

分析：由于乘法表是 9 行,第一行为一列,第二行为二列,……,设 i,j 变量,i 控制行作为外循环变量,j 控制列作为内循环变量。乘法表为 9 行,i 初值为 1,终值为 9,步长为 1,由于第 j 行有 i 列,所以 j 的初值为 1,终值为 i,步长为 1。计算 $i*j$。

程序设计：

```
* P5_17.PRG
clear
FOR i = 1 TO 9
 FOR j = 1 TO i
   ??str(j,2) + ' * ' + str(i,1) + spac(1) + " = " + str(i * j,2)
 ENDFOR
 ?
ENDFOR
RETURN
```

执行结果：

```
1*1 = 1
1*2 = 2 2*2 = 4
1*3 = 3 2*3 = 6 3*3 = 9
1*4 = 4 2*4 = 8 3*4 =12 4*4 =16
1*5 = 5 2*5 =10 3*5 =15 4*5 =20 5*5 =25
1*6 = 6 2*6 =12 3*6 =18 4*6 =24 5*6 =30 6*6 =36
1*7 = 7 2*7 =14 3*7 =21 4*7 =28 5*7 =35 6*7 =42 7*7 =49
1*8 = 8 2*8 =16 3*8 =24 4*8 =32 5*8 =40 6*8 =48 7*8 =56 8*8 =64
1*9 = 9 2*9 =18 3*9 =27 4*9 =36 5*9 =45 6*9 =54 7*9 =63 8*9 =72 9*9 =81
```

计算机等级考试考点：

(1) 顺序结构程序设计。

(2) 选择结构程序设计。

(3) 循环结构程序设计。

5.3 过程及过程调用

Visual FoxPro 与其他高级语言一样,支持结构化程序设计方法,允许将若干命令或语句组合在一起作为整体调用,这些可独立存在并可整体调用的命令语句组合称为过程。

结构化程序设计方法要求将一个大的系统分解成若干个子系统,每个子系统就构成一个程序模块。模块是一个相对独立的程序段,它可以为其他模块所调用,也可以去调用其他模块。将一个应用程序划分成一个个功能相对简单、单一的模块程序,不仅有利于程序的开发,也有利于程序的阅读和维护。Visual FoxPro 模块化在具体实现上提供三种形式,它们是子程序、过程和函数。

5.3.1 子程序

子程序也叫外部过程,是以程序文件(.PRG)的形式单独存储在磁盘上的。子程序只需录入一次,就可反复被调用执行。

1. 子程序的结构

在 Visual FoxPro 中,子程序的结构与一般的程序文件一样,可以用 MODIFY COMMAND 命令来建立、修改和存盘,扩展名也默认为.PRG。子程序书写形式:

```
[PARANETES <形参表>]
<命令序列>
RETURN [TO MASTER|TO <程序文件名>]
```

【说明】[PARANETES <形参表>]这些形参用于接收 DO 命令发送的实参值。当返回调用程序时把这些形参值回送给形参表中的形参。多个形参之间用逗号隔开。RETURN[TO MASTER|TO <程序文件名>]子句若不包含在程序中,子程序返回调用程序中调用命令的下一行。调用程序继续执行。若包含 TO MASTER,是在子程序嵌套调用时,直接返回最外层的主程序。若包含 TO <程序文件名>,子程序返回到指定的程序文件。

2. 子程序的调用

【格式】DO <文件名> [WITH <实参表>]

【功能】调用由文件名指定的程序。

【说明】实参表中的实参是传给子程序的,实参可为常量、变量、表达式。若实参个数少于形参个数,多余的形参值取逻辑假(.F.)。若实参个数多于形参个数,系统提示错误信息。实参为常量或一般表达式时,系统将其值传给对应形参变量,称为值传递。若实参为变量,系统把实参地址传给形参,此时形参与实参实际上是同一个变量,称为地址传递或引用传递。

子程序的调用过程的基本情况如图 5.16～图 5.18 所示。

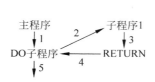

图 5.16 无嵌套子程序调用

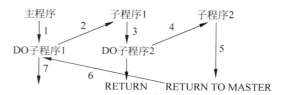

图 5.17 有嵌套直接返回主程序

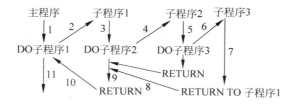

图 5.18 有嵌套子程序,返回指定程序

【例 5.18】 利用子程序方法求 M!/(N! * (M−N)!),其中(M > N)。

程序设计:

```
* P5_18.PRG                          * 子程序 sub1.PRG
INPUT "请输入 M: " TO m               s = 1
INPUT "请输入 N: " TO n               FOR i = 1 TO x
s = 0                                s = s * i
x = m                                ENDFOR
DO sub1                              RETURN s
s2 = s
x = n
DO sub1
s3 = s
x = m − n
DO sub1
s4 = s
s1 = s2/(s3 * s4)
?s1
```

执行结果:

```
请输入M: 9
请输入N: 7
        36.0000
```

5.3.2 过程与过程文件

内部过程:把多个过程组织在一个文件中(这个文件称为过程文件),或者把过程放在调用它的程序文件的末尾。Visual FoxPro 为了识别过程文件或者程序文件中的不同过程,规定过程文件或者程序文件中的过程必须用 PROCEDURE 语句说明。过程有两种存放方式:

(1) 把所有的过程集中写入一个被称为过程文件(.PRG 文件)的磁盘文件中。

(2) 直接把过程写在调用它的主程序文件中,主程序被打开时,过程同时被调入内存。

1. 过程的书写格式

【格式】

```
PROCEDURE < 过程名>
 [PARAMETERS <形参表>]
 <命令行列>
 [RETURN <表达式>]
[ENDPROC]
```

【说明】[RETURN <表达式>]子句的作用是返回表达式的值,若只有 RETURN 将返回逻辑真。若无此子句过程结果处自动执行一条隐含的 RETURN 命令。[ENDPROC]子句表示过程结束,一般可不选。过程与子程序一样可以嵌套调用。

2. 过程文件的建立

过程文件的建立方法与程序文件相同。可用 MODIFY COMMAND <过程文件名>命

Visual FoxPro 的结构化程序设计

令或调用其他文字编辑软件来建立。

过程文件的结构一般为：

```
PROCEDURE <过程名 1>
<命令序列 1>
RETURN
PROCEDURE <过程名 2>
<命令序列 2>
RETURN   …
PROCEDURE <过程名 N>
<命令序列 N>
RETURN
```

3. 过程的调用

过程写在过程文件时，调用过程之前，首先要打开存放该过程的过程文件。

打开过程文件的命令：

【格式】SET PROCEDURE TO ［<过程文件名列表>］［ADDITIVE］

【功能】打开由过程文件名列表指定的过程文件，过程文件名列表是用逗号分隔的过程文件名。

【说明】无任何选项将关闭所有打开的过程文件。选 ADDITIVE，在新打开过程文件时并不关闭前面打开的过程文件。

关闭过程文件的命令：

【格式 1】RELEASE PROCEDURE <过程文件名列表>

【格式 2】CLOSE PROCEDURE

【格式 3】SET PROCEDURE TO

【说明】格式 1 用于关闭过程文件列表中的过程文件。格式 2 和格式 3 用于关闭所有的过程文件。

主程序与过程在同一个文件时，直接用 DO <文件名>来调用，当出现了同名的过程和子程序时，调用的顺序首先从过程与主程序在同一文件中调用，其次从过程文件中调用，最后从子程序中调用。

【例 5.19】 用过程方法求长方形的面积。

程序设计：

```
* P5_19.PRG
x = 0
y = 0
s = 0
input "输入 x: " to x
input "输入 y: " to y
do P1 with x,y,s
?"s = ", s
return

PROCEDURE P1
PARAMETERS a, b, c
```

```
c = a * b
return
```

执行结果：

```
输入 x: 15
输入 y: 32
s =    480
```

【例 5.20】 用过程文件实现对"成绩管理"数据库的 student 表进行查询、删除和插入操作。

程序设计：

主程序如下：

```
* P5_20.PRG                          && 主程序文件名
SET TALK OFF
CLEAR
SET  PROCEDURE  TO  PROCE            && 打开过程文件
OPEN DATABASE F:\学生成绩管理\成绩管理
USE student
INDEX  ON  姓名 TO  XM
DO  WHILE  .T.                       && 显示菜单
CLEAR
@ 2,20 SAY  "学生成绩管理系统"
@ 4,20 SAY  "A:按姓名查询"
@ 6,20 SAY  "B:按记录号删除"
@ 8,20 SAY  "C:插入新的记录"
@ 10,20 SAY  "D:退出"
CHOISE = " "
@ 12,20 SAY "请选择 A、B、C、D: " GET  CHOISE
READ
DO  CASE
    CASE  CHOISE = "A"
             DO PROCE1
    CASE  CHOISE = "B"
             DO PROCE2
    CASE  CHOISE = "C"
             DO PROCE3
    CASE  CHOISE = "D"
             EXIT
ENDCASE
ENDDO
SET PROCEDURE TO                     && 关闭过程文件
CLOSE DATABASE
SET TALK ON
```

过程文件如下：

```
* PROCE.PRG                          && 过程文件名
PROCEDURE  PROCE1                    && 查询过程
CLEAR
```

Visual FoxPro 的结构化程序设计

```
ACCEPT  "请输入姓名："  TO  NAME
SEEK NAME
IF  FOUND()
DISPLAY
ELSE
? "查无此人"
ENDIF
WAIT
RETURN

PROCEDURE PROCE2                              && 删除记录过程
CLEAR
INPUT "请输入要删除的记录号："  TO N
GO N
DELETE
WAIT "物理删除吗 Y/N："  TO FLAG
IF FLAG = "Y" .OR. "y"
PACK
ENDIF
RETURN
PROCEDURE PROCE3                              && 插入新的记录过程
CLEAR
APPEND
RETURN
```

5.3.3 自定义函数

1. 函数的概念

函数与子程序过程一样，是一个独立的子模块，调用关系也相同，它的程序段要和主调程序存在同一个文件中，它一经定义，使用方式的调用与标准函数相同。它可以有参数传递，可以有返回值。

2. 函数的书写格式

```
FUNCTION 函数名
[PARAMETERS <形参表>]
<命令序列>
[RETURN [表达式]]
[ENDFUNC]
```

说明：[RETURN [表达式]]子句是返回函数的值，若无表达式 RETURN 返回逻辑真。若不选此子句，在函数结束处自动执行一条隐含的 RETURN 命令。ENDFUNC 表示函数的结束，一般不选用。

3. 函数的调用

格式：函数名([<实参表>])

功能：调用由函数名指定的自定义函数。函数也可以嵌套，它与子程序过程类似，函数的执行过程可参看子程序执行过程。

【例 5. 21】 用自定义函数求长方形的面积。

```
* P5_21.PRG
clear
x = 0
y = 0
s = 0
input "输入 x: " to x
input "输入 y: " to y
s = f(x, y)
?" s = ", s
return
function f
parameters a, b
c = a * b
return c
```

执行结果：

```
输入 x: 10
输入 y: 20
s =    200
```

5.3.4　过程调用中的参数传递

模块程序可以接收调用程序传递过来的参数,并能够根据收到的参数控制程序流程和对接收到的参数进行处理,从而大大提高模块程序功能设计的灵活性。

接收参数的命令有：

PARAMETERS <形参变量 1>[,<形参变量 2>,…]
LPARAMETERS <形参变量 1>[,<形参变量 2>]

PARAMETERS 命令声明的形参变量被看做是模块程序中建立的私有变量；LPARAMETERS命令声明的形参变量被看做是模块程序中建立的局部变量。除此之外,两条命令没有什么不同。不管是 PARAMETERS 命令还是 LPARAMETERS 命令,都应该是模块程序的第一条可执行命令。相应地,调用模块程序的格式可以写为以下两种格式。

1) 格式 1

DO <程序名> WITH <实参 1>[,<实参 2>,…]

2) 格式 2

<程序名>(<实参 1>[,<实参 2>,…])

在调用有接收参数语句的模块时传递给形参的值称为实参。实参可以是常量、变量,也可以是一般形式的表达式。调用模块程序时,系统会自动把实参传递给对应的形参。形参的数目不能少于实参的数目,否则系统运行时会产生错误。如果形参的数目多于实参的数目,那么多余的形参取初值逻辑假.F.。

采用格式 1 调用模块程序时如果实参是常量或一般形式的表达式,系统会计算出实参

Visual FoxPro 的结构化程序设计

的值,并把它们赋值给相应的形参变量,这种情形称为按值传递。如果实参是变量,那么传递的将不是变量的值,而是变量的地址。这时形参和实参实际上是同一个变量(尽管它们的名字可能不同),在模块程序中对形参变量值的改变,同样是对实参变量值的改变。这种情形称为按引用传递。如果实参是内存变量而又希望进行值传递,可以用圆括号将该内存变量括起来,强制该变量以值方式传递数据。

采用格式 2 调用模块程序时,默认情况下都以按值方式传递参数。如果实参是变量,可以通过 SET UDFPARMS 命令重新设置参数传递的方式。该命令的格式如下:

SET UDFPARMS TO VALUE|REFERENCE

TO VALUE:按值传递,形参变量值的改变不会影响实参变量的取值;TO REFERENCE:按引用传递,形参变量值改变时,实参变量值也随之改变。

【例 5.22】 用参数传递编程,阅读下列程序,分析显示结果。

```
* 主程序名 P5_22.PRG
SET TALK OFF
CLEAR
Input "请输入 x: "to x
Input "请输入 y: "to y
DO sub WITH x,(y)
?x,y
?sub(x,y),x,y
RETURN
PROC sub
PARAMETERS a,b
a = a + b
b = a
RETURN a + b
ENDP
SET TALK ON
```

执行结果:

请输入x: 10

请输入y: 20

```
30        20
100       30        20
```

5.3.5 变量的作用域

程序设计离不开变量,变量在程序中有一个有效的区域,我们称为变量的作用域。如果以变量的作用域来分,内存变量可分为公共变量、局部变量和私有变量。

1. 公共变量

公共变量是指在所有程序模块中都可以使用的内存变量。公共变量要先建立后使用。

【格式】PUBLIC <内存变量表>

【功能】该命令的功能是建立公共的内存变量,并为它们赋初值逻辑假.F.。

【说明】当定义多个变量时,各变量名之间用逗号隔开;用 PUBLIC 语句定义过的内存变量,在程序执行期间可以在任何层次的程序模块中使用;变量定义语句要放在使用此变量的语句之前,否则会出错;任何已经定义为公共变量的变量,可以用 PUBLIC 语句再定义,但不允许重新定义为局部变量;使用公共变量可以增强模块间的通用性,但会降低模块间的独立性。

2. 局部变量

局部变量的有效区域只限于本模块,它要用 LOCAL 定义。

【格式】LOCAL <内存变量表>

【功能】该命令的功能是建立指定的内存变量,并为它们赋初值逻辑假.F. 。

【说明】由于该命令 LOCAL 与 LOCATE 的前 4 个字母相同,所以这条命令的动词不能缩写。在程序中没有被说明为公共变量的内存变量都被看做是局部变量。

3. 私有变量

私有变量在本模块及其调用的各下属模块中有效,凡是没有经过 PUBLIC 与 LOCAL 定义的或用 PRIVATE 定义的变量都是私有变量。在程序中直接使用而由系统自动隐含建立的变量都是私有变量。私有变量的作用域是建立它的模块及其下属的各层模块。一旦建立它的模块程序运行结束,这些私有变量将自动清除。

在子程序中可以用 PRIVATE 命令隐藏主程序中可能存在的变量,使这些变量在子程序中暂时无效。命令格式为:

【格式 1】PRIVATE <内存变量表>

【格式 2】PRIVATE ALL [LIKE|EXCEPT <通配符>]

【说明】用 PRIVATE 语句说明的内存变量,只能在本程序及其下属过程中使用,退出程序时,变量自动释放;用 PRIVATE 语句在过程中说明的私有变量,可以与上层调用程序出现的内存变量同名,但它们是不同的变量,在执行被调用过程期间,上层过程中的同名变量将被隐藏。

【例 5.23】 分析下面程序中变量的作用域。

```
* P5_23.PRG
CLEAR
PUBLIC   x1                          && 建立公共变量 x1
LOCAL    x2                          && 建立局部变量 x2
STORE "f" TO x3                      && 建立私有变量 x3
x1 = 10
x2 = 20
DO proc1
?"主程序中 -- "                       && 三个变量在主程序中都可使用
?"x1 = ",x1
?"x2 = ",x2
?"x3 = ",x3
RETURN
PROCEDURE proc1
x1 = 30
X2 = 40                              && 建立私有变量 x2
?"子程序中 -- "                       && 公共变量和私有变量在子程序中可以使用
?"x1 = ",x1
?"x2 = ",x2
```

Visual FoxPro 的结构化程序设计

```
?"x3 = ",x3
RETURN
```

执行结果：

```
                        子程序中--
                        x1=              30
                        x2=              40
                        x3= f
                        主程序中--
                        x1=              30
                        x2=              20
                        x3= f
```

【例 5.24】 变量的隐藏示例。

```
* * P5_24.PRG              * 过程 P
SET TALK OFF               PROCEDURE p
x = 10                     PRIVATE x
y = 15                     x = 50
DO p                       y = 100
? x, y                     ? x, y
                           RETURN
```

执行结果：

```
        50      100
        10      100
```

【例 5.25】 LOCAL 和 PRIVATE 命令的比较示例。

```
* P5_25.PRG
PUBLIC x, y
x = 10
y = 100
DO p1
? x, y                     && 显示 10    bbb
* 过程 p1
PROCEDURE p1
PRIVATE x                  && 隐藏上层模块中的变量 x
x = 5                      && 建立私有变量 x, 并赋值 5
LOCAL y                    && 建立局部变量 y, 并隐藏同名变量
DO p2
?x, y                      && 显示 aaa   .F.
* 过程 p2
PROCEDURE p2
x = "aaa"                  && x 是在 p1 中建立的内存变量
y = "bbb"                  && y 是在主程序中建立的公共变量
RETURN
```

执行结果：

```
        aaa     .F.
        10      bbb
```

计算机等级考试考点：

（1）子程序设计与调用。

（2）过程与过程文件。

（3）局部变量和全局变量、过程调用中的参数传递。

5.4 程 序 调 试

程序调试是指在发现程序有错误的情况下，确定出错的位置并加以改正，直至满足设计要求。程序调试往往是先分模块调试，当各模块都调试通过以后，再将各模块联合起来进行调试，通过联调后，便可试运行，试运行无误后即可投入正常使用。

程序的错误通常有两类：语法错误和逻辑错误。语法错误相对容易发现和修改，当程序运行到这类错误时，Visual FoxPor 会自动中断程序的执行，并弹出编辑窗口，显示出错的命令行，给出出错信息，这时可以方便地修改错误。逻辑错误系统是无法确定的，只能用户自己来查错。往往需要跟踪程序的执行，在动态执行过程中监视并找出程序中的错误。

5.4.1 调用调试器

调用调试器的方法一般有两种：

（1）选择"工具"菜单中的"调试器"命令。

（2）在命令窗口输入 DEBUG 命令。

在 Visual FoxPro 中，打开"调试器"窗口后，可以选择性地打开 5 个子窗口：跟踪、监视、局部、调用堆栈、调试输出。系统默认显示监视、局部和调用堆栈三个子窗口，如图 5.19 所示。

5.4.2 调试器工作环境

调试器有跟踪、监视、局部、输出、调用堆栈 5 个窗口。这些窗口都可以通过窗口菜单调出来。

（1）跟踪窗口，用于打开、显示被测试的程序，打开被测试程序的过程为："文件"→"打开"，打开对话框选择所需程序。

（2）监视窗口，用于指定表达式在程序测试执行过程中其值的变化情况。

（3）局部窗口，用于显示模块程序中内存变量的名称、取值和类型。

（4）调用堆栈窗口，用于显示当前处于执行状态的程序、过程和方法。若正在执行的是一个子程序，则显示主程序与子程序的名称。

（5）输出窗口，用于显示由 DEBUGOUT <表达式>命令指定的表达式的值，一般用于程序调试过程中数据的显示。

5.4.3 断点类型

断点设置的位置一般是程序编写有误的部分，设置断点后可以逐行进行跟踪监视。断点类型有 4 种，接下来分别介绍 4 种类型及设置方法。断点的设置必须是在调试器打开的情况下实现的。

Visual FoxPro 的结构化程序设计

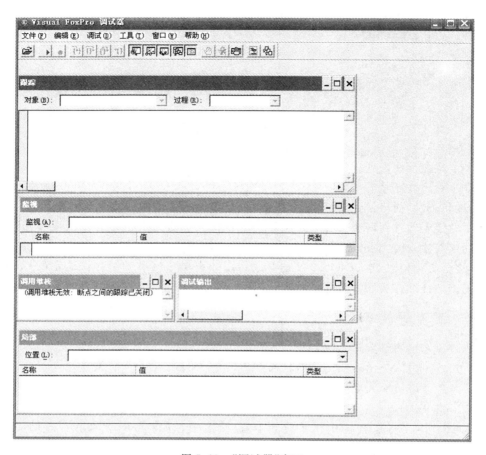

图 5.19 "调试器"窗口

1. 类型 1

类型 1 为在定位处中断。可通过在跟踪窗口双击需设置断点的程序行的左端灰色区域。可以看到在该程序行前出现红色圆点，表明断点设置成功。取消断点的方法与设置断点的方法相同。

2. 类型 2

如果表达式为逻辑真，则在定位处中断。设置方法为："工具"→"断点"，打开"断点"对话框（见图 5.20）→在"类型"下拉列表框中选出对应的类型→在"定位"文本框中输入断点的位置→在"文件"文本框中指定文件，文件可为程序文件、过程文件等。在"表达式"文本框中输入需要显示的表达式单击"添加"→"确定"按钮。如输入程序"1,6"表示在程序 1 中第 6 行设置断点。设置完毕后将在"跟踪"窗口中显示断点。

3. 类型 3

当表达式为真时中断，设置方法为："工具"→"断点"→在"类型"下拉列表框选相应类型→在"表达式"文本框中输入相应的表达式单击"添加"→"确定"按钮。

4. 类型 4

当表达式的值改变时中断。设置方法为："工具"→"断点"→在"类型"下拉列表框中选

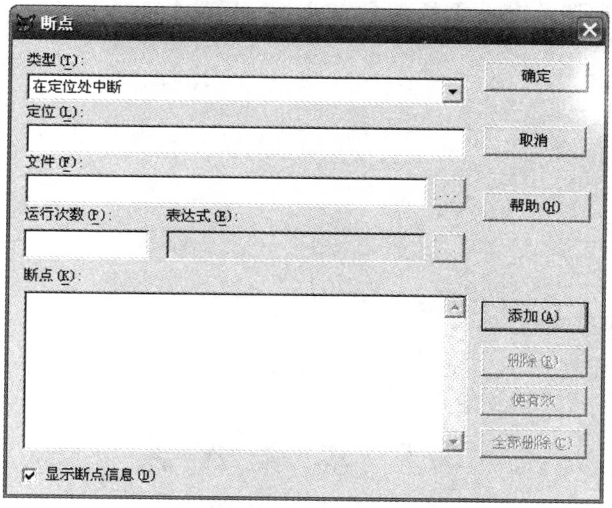

图 5.20　"断点"对话框

相应的断点类型→在"表达式"文本框中输入相应的表达式单击"添加"→"确定"按钮。若所需表达式已在监视窗口中指定,则在该表达式前显示断点。

【例 5.26】　编写一个程序求 1~20 之间能被 3 整除的数,然后用调试器进行调试。设类型 1 与类型 3 断点。

程序设计:

```
* P5_26.PRG
clear
for i = 1 to 20
if i/3 = int(i/3)
    ?i
endif
endfor
```

调试程序步骤:

(1) 在调试器窗口中打开程序 P5_26.PRG

打开调试器窗口:"工具"→"调试器"。

将程序显示在跟踪窗口中:"文件"→"打开",在打开窗口中选 P5_26.PRG,单击"确定"按钮。

(2) 设断点

双击程序第 5 行左侧,出现断点标识,类型 1 断点设置完成。

单击"工具"→"断点"→在"类型"下拉列表框中选对应类型→在"表达式"文本框中输入:i/3＝int(i/3)单击"添加"→"确定"按钮,类型 3 断点设置完成。

(3) 设置监视表达式

在监视窗口中的监视文本框中输入 i/3＝int(i/3),然后确定。

(4) 开始调试

"调试"→"运行"→在断点中断时双击继续执行命令按钮。本题可出现 6 次中断。在实

191

际应用中,一个程序在调试时设置断点的类型要根据具体情况而定。

（5）执行结果：

```
3
6
9
12
15
18
```

计算机等级考试考点：

应用程序的调试与执行。

5.5 本 章 小 结

程序设计（Programming）是给出解决特定问题程序的过程,是软件构造活动中的重要组成部分。本章介绍了程序设计的基本知识和内容,主要包括以下内容：

（1）程序的建立、修改和运行。

（2）程序的三个基本结构即顺序、分支、循环和实现这三种结构的命令。

（3）对多模块结构的基本概念与命令做了介绍,并对子程序、过程、函数分别做了介绍。

（4）参数的传递和变量的类型以及其作用域。

（5）程序的调试。

对于非计算机专业或刚刚接触编程的同学,编程有一定难度是肯定的,我们建议大家首先要读经典的程序,理解思路,掌握编程思想,然后加以分类总结,并且要在理解的基础上加以运用。

5.6 习   题

一、选择题

1. 在 Visual FoxPro 中,用来建立程序文件的命令是（   ）。

    A. OPEN COMMAND＜文件名＞   B. MODIFY＜文件名＞

    C. MODIFY COMMAND＜文件名＞   D. 以上答案都不对

2. 在 Visual FoxPro 中,INPUT 命令用来（   ）。

    A. 暂停执行程序,将键盘输入的数据送入指定的内存变量后再继续执行

    B. 结束当前程序的执行,返回调用它的上一级程序

    C. 暂停执行程序,将键盘输入的字符串送入指定内存变量后继续执行

    D. 以上答案都不正确

3. 在 Visual FoxPro 中,执行程序文件的命令是（   ）。

    A. DO＜文件名＞   B. OPEN＜文件名＞

    C. MODIFY＜文件名＞   D. 以上答案都不对

4. 在 Visual FoxPro 中,QUIT 命令用来（   ）。

A. 终止运行程序

B. 执行另外一个程序

C. 结束当前程序的执行，返回调用它的上一级程序

D. 退出应用程序

5. 在 Visual FoxPro 中，程序文件的默认扩展名为（　　）。

　　A．.PGR　　　　　　　B．.PRG　　　　　　　C．.CDX　　　　　　D．.DCX

6. 保存程序文件的快捷键为（　　）。

　　A．Ctrl＋W　　　　　B．Shift＋W　　　　　C．Ctrl＋S　　　　　D．Shift＋S

7. 在"命令"窗口中输入 DEBUG 命令的结果是（　　）。

　　A．打开"调试器"窗口　　　　　　　　　B．打开"跟踪"窗口

　　C．打开"局部"窗口　　　　　　　　　　D．打开"监视"窗口

8. 在 Visual FoxPro 中，打开"调试器"窗口后，默认显示（　　）三个子窗口。

　　A．跟踪、监视、调试输出　　　　　　　B．监视、局部、调试输出

　　C．调用堆栈、监视、局部　　　　　　　D．以上答案都不对

9. 在 Visual FoxPro 中，包括（　　）程序结构。

　　A．顺序结构　　　　B．选择结构　　　　C．循环结构　　　　D．A，B，C

10. 有如下程序：

主程序：Z.PRG	子程序：Z1.PRG	子程序：Z2.PRG
STORE 2 TO X1,X2,X3	X2＝X2＋1	X3＝X3＋1
X1＝X1＋1	DO Z2	RETURN TO MASTER
DO Z1	X1＝X1＋1	
？X1＋X2＋X3	RETURN	
RETURN		

执行命令 DO Z 后，屏幕显示的结果为（　　）。

　　A．9　　　　　　　　B．10　　　　　　　　C．3　　　　　　　　D．4

11. 数据表文件 XSCJ.DBF 中有 8000 条记录，其文件结构是：姓名/C/8，成绩/N/6.
2。建立命令文件如下：

```
USE XSCJ
J = 0
DO WHILE .NOT. EOF()
J = J + 成绩
SKIP
ENDDO
? '平均分:' + STR(J/8000,6,2)
RETURN
```

运行此程序，屏幕上将显示（　　）。

　　A．平均分:XXX.XX（X 代表数字）　　　　B．数据类型不匹配

　　C．平均分:J/8000　　　　　　　　　　　D．字符串溢出

12. 有如下程序：

```
DIMENSION K(2,3)
I = 1
DO WHILE I <= 2
J = 1
DO WHILE J <= 3
K(I,J) = I * J
?? K(I,J)
?? " "
J = J + 1
ENDDO
?
I = I + 1
ENDDO
RETURN
```

运行此程序的结果是( )。

A. 1 2 3　　　B. 1 2　　　C. 1 2 3　　　D. 1 2 3
　　2 4 6　　　　 3 2　　　　 1 2 3　　　　 2 4 9

二、填空题

1. 程序是_____。它被存放在称为_____或_____的文本文件中。

2. 在 Visual FoxPro 中，程序结构是指_____。

3. 在 Visual FoxPro 中，程序调试是指_____。

4. 在 Visual FoxPro 中，支持选择结构的语句有_____。

5. 在 Visual FoxPro 中，如果希望一个内存变量只限于在本过程中使用，说明这种内存变量的命令是_____。

三、程序填空

1. 求 1+2+3+…+99。

```
S = 0
   (1)
DO WHILE i <= 99
   (2)
   (3)
ENDDO
?S
RETURN
```

2. 求 1!+2!+…+100!。

```
S = 0
T = 1
For i = 1 TO 100
   (1)
   (2)
ENDFOR
?S
```

RETURN

3. 有程序段如下：

```
STORE 0 TO X,Y
DO WHILE .T.
X = X + 1
Y = Y + X
IF X > = 100
EXIT
ENDIF
ENDDO
?"Y = " + STR(Y,3)
```

这个程序是计算的____(1)____，执行后的结果是____(2)____。

4. 有下列主程序 MAIN 与子程序 SUBP：

```
* 主程序 MAIN                    * 子程序 SUBP
CLEAR                           PARAMETERS Y
X = 100                         Y = 200
Y = 100                         @5,5 SAY "Y = " + STR(Y,3)
DO SUBP WITH X                  RETURN
@6,5 SAY "Y = " + STR(Y,3)
CANCEL
```

执行主程序后，屏幕第 5 行显示信息____(1)____，屏幕第 6 行显示信息____(2)____。

5. 设有 XSQK.DBF 表，并以学号字段为关键字进行了索引。假定数据库和索引已经打开，学号字段为普通索引，请填空，使用下面程序段把学号重复的记录物理删除。

```
USE XSQK
DO WHILE ____(1)____
   XH = 学号
   SKIP
   IF ____(2)____
      DELETE
   ENDIF
ENDDO
   ____(3)____
```

6. 计算机等级考试考生数据表 STUDENT.DBF 的笔试和上机成绩已分别录入其中的"笔试"和"上机"字段（皆为 N 型），此外另有"等级"字段（C 型）。凡两次考试均达到 80 分以上者（含 80 分），应在等级字段中填入"优秀"。编程如下，请填空。

```
SET TALK OFF
USE STUDENT
DO WHILE .NOT. EOF()
IF 笔试> = 80 .AND. 上机> = 80
_____(1)_____
ENDIF
_____(2)_____
ENDDO
```

```
USE
SET TALK ON
```

四、编程题

1. 试编写一个程序，求 1～100 之间的质数。

2. 我国古代数学家张丘建在"算经"里提出一个世界数学史上有名的百鸡问题：鸡翁一，值钱五，鸡母一，值钱三，鸡雏三，值钱一，百钱买百鸡，问鸡翁，母，雏各几何？

第6章　表单设计与应用

Visual FoxPro 不仅支持面向过程的编程技术,而且支持面向对象的编程技术,并在设计语言方面做了很多扩充。面向对象编程不需要考虑程序代码的全部流程,只需要考虑如何创建对象及创建什么样的对象。

表单是 Visual FoxPro 创建应用程序与应用程序界面的重要途径之一,它将可视化操作与面向对象的程序设计思想结合在一起。表单设计器是设计表单的工具,它提供了设计应用程序界面的各种控件,相应的属性、事件。它运用了面向对象的程序设计和事件驱动机制,使开发者能直观、方便、快捷地完成应用程序的设计与界面设计的开发工作。

本章主要介绍面向对象的编程技术的基本概念,表单的概念以及设计与建立,表单中常用控件的应用等。

6.1　面向对象程序设计基础

面向对象的程序设计思想是将事物的共性、本质内容抽象出来封装成类。Visual FoxPro 又将软件开发常用的功能抽象封装成标准类,开发者用类定义所需对象,通过对对象的属性设置,对事件的编程完成程序设计,Visual FoxPro 还提供了自定义类及面向对象的其他完整机制与功能,在下面将逐一进行介绍。

6.1.1　对象与类

1. 对象

客观世界的任何实体都可以被看成是对象(Object),对象是对反映客观事物属性及其行为特征的描述;对象大多数是具体的、可见的,也有一些特殊的对象是不可见的,指某些概念。例如一部电话、一个命令按钮和窗口都是对象。每个对象都具有描述其特征的属性以及附属于它的行为。对象把事物的属性和行为封装在一起,是一个动态的概念。

从编程的角度来看,对象是一种将数据和操作过程结合在一起的数据结构,或者是一种具有属性(数据)和行为(过程和函数)的集合体。事实上程序中的对象就是对客观世界中事物的一种抽象描述。每个对象都具有描述其特征的属性及附属于它的行为(方法)。

对象是面向对象编程的基本元素,是"类"的具体实例。

(1) 对象属性:属性用来表示对象的状态。

(2) 对象方法:对象方法是描述对象行为的过程。

对象的属性特征标识了对象的物理性质,对象的行为特征描述了对象可执行的行为动作。对象的每一种属性,都是与其他对象加以区别的特性,都具有一定的含义,并拥有一定的值。

2. 类

所谓类(Class),就是对一组对象的属性和行为特征的抽象描述。或者说,类是具有共同属性、共同操作性质的对象的集合。

对象和类的概念是很相近的,但是它们又是不同的。类是对象的抽象描述;对象是类的实例。类是抽象的,对象是具体的。例如,如果把电话看成是抽象的,那么电话机、手提电话就是具体的;可以把电话看成是类,把某一具体的电话机看成是对象。

在 Visual FoxPro 系统中,类就像是一个模板,对象都是由它生成的,类定义了对象所有的属性、事件和方法,从而决定了对象的一般性的属性和行为。

类有基类、子类和父类之分。基类是一种计算机语言为用户预先定义的类,以某个类为起点创建的新类称为子类,前者称为父类,例如用基类来创建新类时,基类是父类,新类是子类。用户也可以把从基类派生出的类作为父类,并由其派生出新的子类。在 Visual FoxPro 系统中,允许由父类派生出多个子类来。在父类的基础上派生子类,子类的基础上再派生子类,如此循环,可以在已有的类中派生出多个子类。

类一般具有的 4 大特征:

- 继承性——说明了子类沿用父类特征的能力。指在基于父类(现有的类)创建子类(新类)时,子类继承了父类里的方法和属性。当然可以为子类添加新的方法和属性,使子类不但具有父类的全部属性和方法,而且还允许对已有的属性和方法进行修改,或添加新的属性和方法。
- 多态性——指一些关联的类包含同名的方法程序,但方法程序的内容可以不同,具体调用在运行时根据对象的类确定。
- 封装性——说明包含和隐藏对象信息,如内部数据结构和代码的功能等。
- 抽象性—— 指提取一个类或对象与众不同的特征,而不对该类的所有信息进行处理。

3. Visual FoxPro 6.0 的基类

各种窗口、菜单栏、单选按钮、复选框等在面向对象的设计中都称为"对象"。Visual FoxPro 6.0 对这些常用的对象提供了丰富的基本类(基类)供用户直接使用。根据实际需要对它们进行相应的改造以形成"子类"或者直接形成"对象",以提高开发者的工作效率。

Visual FoxPro 6.0 基类是系统本身内含的,并不存放在某个类库中。用户可以基于基类生成所需要的对象,也可以扩展基类创建自己的子类。

Visual FoxPro 6.0 的基类共分为两个大类:容器类和控件类。

1) 容器类

容器类可以包含其他对象,并且允许访问这些对象。表 6.1 列出了每种容器类所能包含的对象。

表 6.1　容器类

容　　器	包含的对象
命令按钮组	命令按钮
容器	任意控件
自定义	任意控件、页框、容器和自定义对象
表单集	表单、工具栏
表单	页框、任意控件、容器或自定义对象
表格列	表头和除表单集、表单、工具栏、计时器和其他列以外的任一对象
表格	表格列
选项按钮组	选项按钮
页框	页面
页面	任意控件、容器和自定义对象
项目	文件、服务程序
工具栏	任意控件、页框和容器

2) 控件类

控件类的封装比容器类更为严密,但也因此损失了一些灵活性,控件类中不能包含其他类,最典型的就是命令按钮。表 6.2 中列出了 Visual FoxPro 的控件类。

表 6.2　控件类

类　　名	含　　义	类　　名	含　　义
Active Doc	活动文档	Control	控件
LABEL	标签	PAGEFRAME	页框
Checkbox	复选框	Custom	定制
LINE	线条	PROJECTHOOK	项目挂钩
Column	(表格)列	Edit box	编辑框
LISTBOX	列表框	SEPARATOR	分隔符
Combo box	组合框	Form	表单
OLECONTROL	OLE 容器控件	SHAPE	形状
OLEBOUNDCONTROL	OLE 绑定控件	SPINNER	微调控件
Command group	命令按钮组	Grid	表格
OPTIONBUTTON	选项按钮	TEXTBOX	文本框
Container	容器	Header	列标头
OPTIONGROUP	选项按钮组	TIMER	定时器

6.1.2　事件与方法

1. 事件

事件(Event)是一种由系统预先定义而由用户或系统发出的动作。事件作用于对象,对象识别事件并做出相应反应。

事件可由用户引发,比如用户用鼠标单击程序界面上的一个命令按钮就引发了一个 Click 事件,命令按钮识别该事件并执行相应的 Click 事件代码。事件也可以由系统引发,比如生成对象时,系统就引发一个 Init 事件,对象识别该事件,并执行相应的 Init 事件代码。此外,事件代码也可以被系统事件触发,如计时器中的 Timer 系统事件可以触发事件代码。

在 Visual FoxPro 系统中,对象可以响应五十多种事件。当事件发生时,将执行包含在事件过程中的全部代码。事件有的适用于专门控件,有的适用于多种控件,表 6.3 中列出了 Visual FoxPro 系统中的主要事件。

表 6.3　常用事件

事　件	触　发	事　件	触　发
Load	创建对象前	RightClick	用右键单击对象时
Init	创建对象时	KeyPress	按下并释放键盘时
Activate	对象激活时	LostFocus	对象失去焦点时
GetFocus	对象获得焦点时	Unload	释放对象时
Click	用左键单击对象时	Destry	释放对象时在 Unload 前触发
Dblclick	用左键双击对象时	Error	对象方法或文件代码产生错误时
MouseUp	释放鼠标键时	Resize	调整对象大小时
MouseDown	按鼠标键时	MouseMove	在对象上移动鼠标时

如果需要通过某个事件完成某种功能,就可以在文件中编写相应程序。

2. 方法

方法是与对象相关的过程,是对象能执行的操作。方法分为两种,一种为内部方法,另一种为用户自定义方法。内部方法是 Visual FoxPro 预先定义好的方法,供用户使用或修改后使用。表 6.4 给出常用的方法。

表 6.4　常用方法

方　法	含　义	方　法	含　义	方　法	含　义
Release	将表单从内存中释放	Show	显示表单	Cls	清除表单内容
Refresh	刷新表单或控件	Hide	隐藏表单		

3. 对象的引用规则

1) 引用形式

对象对属性、文件、方法的引用是用点运算符“.”。

【格式】对象.属性|方法|事件

【说明】对象若有包含与被包含关系,可以从外层用,引用到内层对象。

2) 对象在引用中常使用的关键字

对象在引用中常使用的关键字,如表 6.5 所示。

表 6.5　对象在引用中常使用的关键字

关 键 字	含　义	例　子
This	当前对象	This. Caption
ThisForm	当前表单	ThisForm. Caption
ThisFormSet	当前表单集	ThisFormSet. Form1. command1. Caption
Parent	表示对象的“父容器”	Parent. Caption

【例 6.1】　基于 Visual FoxPro 的 FORM 类生成一个对象,然后访问该对象的一些属性和方法。

```
* p6 - 1.PRG
Oform = CREATEOBJECT("Form")        && 生成一个空白表单
Oform.show()                        && 显示表单
Oform.caption = "演示"              && 修改表单的标题
?"这是一个生成对象的演示程序"        && 在表单上输出字符串
Oform.release                       && 关闭表单
```

【例 6.2】 如果 Form1 中有一个命令按钮组 Commandgroup1,该命令按钮组有两个命令按钮: Command1 和 Command2。

如果要在命令按钮 Command1 的事件(如单击事件)代码中修改该按钮的标题可用下列命令:

```
This.caption = "确定"
```

如果要在命令按钮 Command1 的事件代码中修改命令按钮 Command2 的标题可用下列命令:

```
Thisform.Commandgroup1.command2.caption = "取消"
```

或者

```
This.parent.command2.caption = "取消"
```

但不能写成下列命令:

```
Thisform.command2.caption = "取消"
```

如果要在命令按钮 Command1 的事件代码中修改表单的标题可用下列命令:

```
This.Parent.parent.Caption = "测试窗口"
```

或者

```
Thisform.caption = "测试窗口"
```

4. 对象对事件的反应

当作用在对象上的一个事件发生时,若没有与之相关的代码,则不会发生任何操作。开发者只需对少数几个要用到的事件设计响应程序。事件的响应程序一般是一个过程,用事件的名称来命名。系统对事件的响应有先后顺序。

为对象编写事件代码时,注意以下两条基本原则:

- 容器不处理与所包含的对象相关联的事件。例如:一个命令按钮位于表单上,当用户单击命令按钮时,只会触发命令按钮的 Click 事件,不会触发表单的 Click 事件。
- 若没有与某对象相关联的事件代码,则 Visual FoxPro 在该对象所在的类的层次结构中逐层向上检查是否有与此事件相关联的代码。若找到则执行此代码。

5. 事件驱动模型

事件是面向对象方法中驱动程序的引擎。事件的触发分为用户操作触发和在程序运行过程中触发两种方式。典型的用户操作触发事件有用户单击鼠标时触发 Click 事件。程序运行过程中触发事件表示在程序运行过程中自动触发,例如某对象的 Iint 事件,是在对象创建时程序自动触发。通常让程序允许事件触发使用 READ EVENTS 命令。如果不允许事件触发可以使用 CLEAR EVENTS 命令。

6.1.3　类和对象的创建

在利用面向对象的方法设计应用程序时,通常是先将常用的对象定义成一个类,然后在这个类的基础上派生出具体的对象。当然,由于 Visual FoxPro 提供了大量实用的基类,因此也可以在基类的基础上派生出具体的对象。创建类和派生对象时均可通过代码实现,当然 Visual FoxPro 还提供了可视化的创建方法。可以通过菜单方式、命令方式和程序方式来创建类。

1. 创建类库

每个新建的类可保存在以 .VCX 为扩展名的类库中,有以下三种创建类库的方法。

- 使用菜单创建类时,在"新建类"对话框的"存储于"框中指定一个新的类库文件。创建实例请参看后面用"类设计器"创建类的过程。
- 使用 CREATE CLASS 命令。
- 使用 CREATE CLASSLIB 命令。

【例 6.3】　在命令窗口输入命令,创建一个名为 new_lib 的类库:

```
CREATE CLASSLIB new_lib
```

【例 6.4】　创建一个名为 myclass 的新类和一个名为 new_lib 的新类库:

```
CREATE CLASS myclass OF new_lib AS CUSTOM
```

2. 用菜单方式创建类

用菜单方式创建类的操作步骤如下。

(1) 在 Visual FoxPro 系统的主菜单下,打开"文件"菜单,选择"新建"命令,进入"新建"对话框。

(2) 在"新建"对话框中选择"类",再单击"新建文件"按钮,进入"新建类"对话框。

(3) 在"新建类"对话框中定义如下信息:

① 在"类名"文本框中定义新类名。例如输入"myForm"。

② 在"派生于"下拉列表中,选择基类名或父类名。例如选择 Form;在"存储于"文本框中,选择或定义类库名。例如输入"Myclasslib",如图 6.1 所示。再单击"确定"按钮,进入"类设计器"对话框,如图 6.2 所示。

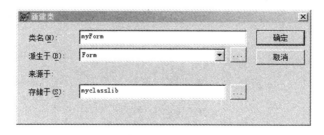

图 6.1　"新建类"对话框

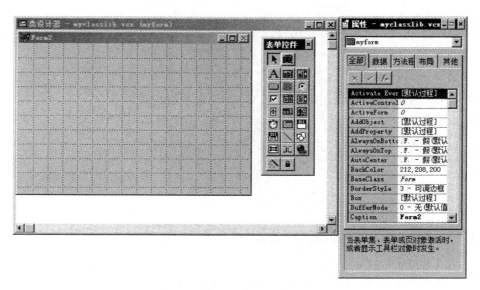

图 6.2 "类设计器"窗口

（4）在"类设计器"对话框中，如果不想改变父类属性、事件或方法，类就已经建立完成，同时被保存在类库中，供以后使用；如果想修改父类的属性、事件或方法，或给新类添加新的属性、事件或方法，在"类设计器"对话框可继续进行操作。

（5）设置类的属性操作步骤如下：

① 打开"显示"菜单，选择"属性"命令，弹出"属性"窗口。

② 在"属性"窗口，可以修改基类或父类原有的属性。

③ 关闭"属性"窗口。

如果在"属性"窗口不能满足用户对类的属性定义，用户可自己添加新的属性。操作步骤如下：

① 选择"类"菜单的"新建属性"命令，进入"新建属性"对话框。在"名称"文本框中，输入要创建的新属性名；在"可视性"下拉列表框中选择属性设置。

其中，公共（Public）表示可以在其他类或过程中引用；保护（Protected）表示只可以在本类中的其他方法或者其子类中引用；隐藏（Hidden）表示只可以在本类中的其他方法中引用。

② 在"说明"文本框中输入对新属性的说明。

③ 再单击"添加"按钮，则新属性被加入到"属性"窗口。

（6）当类创建完成后，虽然已继承了基类或父类的全部方法和事件，但多数时候还是需要修改基类、父类原有的方法和事件，或加入新的方法。操作步骤如下：

① 打开"显示"菜单，选择"代码"命令，进入代码编辑窗口。在该窗口中，可以在"对象"下拉列表框中选择对象，在"过程"下拉列表框中确认继承下来的方法和事件，或修改继承的方法和事件。

② 在代码编辑窗口中，"过程"下拉列表框中列出的方法如果不能满足对类的定义，用户可以自己添加新的方法。打开"类"菜单，选择"新方法程序"选项，进入"新方法程序"对话

表单设计与应用

框。在"名称"文本框中,输入要创建的新方法名;在"可视性"下拉列表框中,选择方法属性;在"说明"文本框中,输入对新方法的说明。再单击"添加"按钮,进入"代码编辑"对话框,新方法被加入到"代码编辑"对话框中。

3. 通过编程定义类

利用代码创建类,可以通过 DEFINE CLASS 命令来实现。

【格式】DEFINE CLASS < ClassName1 > AS < ParentClass >

　　　　[< Object >.] < PropertyName > = < eExpression >…

　　　　[ADD OBJECT < ObjectName > AS < ClassName2 >

　　　　[WITH < cPropertylist >]]…

　　　　[FUNCTION|PROCEDURE < Name >

　　　　< cStatements >

　　　　[ENDFUNC|ENDPROC]]…

　　　　ENDDEFINE

【功能】创建一个以< ParentClass >为基类的新类,新类中除继承基类中的属性、方法和事件外,还将为一系列的属性< PropertyName >赋予新值< eExpression >,为方法、事件添加程序代码< cStatements >,对于容器新类还可添加以< ClassName2 >为基类的名为< ObjectName >的对象。

【例 6.5】 创建一个含可以修改表单大小的命令按钮的表单。

```
* myform.PRG
Define Class myForm  As  Form
Visible = .t.                        && 设置 myform 的属性,以下相同
Scale = 1
BackColor = rgb(128,128,0)
Width = 200
Height = 150
Add Object SizeIt As CommandButton;
With  Caption = "放大",;
Width = 80,;
Top = 24,;
Left = 24
Procedure SizeIt.Click
If This.Parent.Scale = 1
This.Parent.Scale = 2
This.Parent.Height = This.Parent.Height * 2
This.Parent.Width = This.Parent.Width * 2
This.Caption = "缩小"
Else
This.Parent.Scale = 1
This.Parent.Height = This.Parent.Height/2
This.Parent.Width = This.Parent.Width/2
This.Caption = "放大"
Endif
EndProc
EndDefine
```

4. 用命令方式创建类

【格式】Create Class <类名>[Of <类库名>]

【功能】命令会打开"新建类"窗口,其他操作与菜单方式操作相同。

5. 由类创建对象

使用函数 CreateObject()可将类实例化成对象,然后才能实现类的事件或方法的操作。

【例 6.6】 实例化例 6.5 中派生类的事件和方法。

新建一个程序,并在程序设计器中依次输入下面语句:

```
* p6_6.PRG
SET PROCEDURE TO myform ADDITIVE          && 加载类的定义
Form1 = CreateObject('myForm')
Form1.show()
```

然后在生成的窗口中单击命令按钮,看是否能通过单击窗口中的按钮来放大窗口,并通过单击窗口中的该按钮还原窗口。

计算机等级考试考点:

类和对象、事件、方法等基本概念。

6.2 表单的设计

6.2.1 表单的概念

表单(Form)就是一个输入或显示某种信息的界面(窗口),是 Visual FoxPro 提供的用于建立应用程序界面的工具之一,被大量应用于人机交互界面的设计当中。应用表单设计功能,可以设计出具有 Windows 风格的各种程序界面。由于表单使用非常频繁,所以在 Visual FoxPro 中,专门提供了一个表单设计器来设计表单程序。

Visual FoxPro 标准类中有容器类和控件类等。表单类是一个容器类,具体的一个表单就是表单类的一个实例,即对象,表单也就是一个容器,除含有窗口的标准控件标题栏、控制按钮外,还可以向表单中添加各种对象,如按钮、文本框、表格、图片等。在表单设计器环境下可以进行添加、删除及布局控件的操作。

表单作为一个对象,也和其他控件对象一样具有属性,表单的属性是表单的特性,可以通过属性窗口或程序语句对其进行设置,表单具有很多属性,其中常用的表单属性如表 6.6 所示。

表 6.6　常用表单属性

属　　　性	用　　　途	默　认　值
Autocenter	初始化时,是否让表单自动在 Visual FoxPro 窗口中央	.F.
AlwayOnTop	表单是否总是处于其他窗口之上	.F.
BackColor	决定表单窗口的颜色	255,255,255
BorderStyle	指定表单边框风格,0-无边框,1-单线框,3-系统(可调)	3
Caption	指定表单显示的标题文本	Form1
Closable	是否可以通过单击关闭按钮或双击控制菜单框来关闭表单	.T.

属　　性	用　　途	默 认 值
DataSession	指定表单里的表是在省略的全局能访问的工作区打开(设置为 1),还是在表单自己的私有工作区打开(设置为 2)	1
MaxButton	表单是否有最大化按钮	.T.
MinButton	表单是否有最小化按钮	.T.
Movable	表单是否能移动	.T.
Name	指定表单名	Form1
Scrollbar	指定滚动条类型 0-无,1-水平,2-垂直,3-水平垂直	0
TitleBar	控制表单是否有标题栏 0-无,1-有	1
WindowState	表单状态 0-正常,1-最小化,2-最大化	0
WindowType	＊指定表单是模式表单(设置为 1),或非模式表单(设置为 0)	0

注意:在一个应用程序中。若运行一个模式表单,在关闭该表单前不能访问应用程序中的其他界面元素。

表单可以对用户启动或系统触发的事件做出响应,例如用户可以在表单的 Click 事件过程中编写程序,从而单击表单时执行该事件过程。表单的常用事件见表 6.7。所有事件方法的运行都是由一种特定事件触发的。

表 6.7　常用的表单事件

事　　件	发 生 时 间
Load	当表单装入内存时发生。如果关闭表单后再装载,Load 事件将再次发生
Init	当表单初始化时发生。除非表单退出后再重新启动,否则该事件只能发生一次
Active	当表单被激活时发生。每当表单成为当前活动的对象时,其 Active 事件就会被激活一次
Resize	当表单的大小发生改变时发生。当表单 BorderStyle 属性值为 3-可调边框时可改变表单大小
Click	当鼠标左键单击表单时发生
DblClick	用户使用鼠标左键双击表单时发生
RightClick	当鼠标右键单击表单时发生
GotFocus	表单接收焦点时发生,由用户动作引起,如按 Tab 键或单击,或者在代码中使用 SetFocus 方法程序
LostFocus	当表单失去焦点时发生,由用户动作引起,如按 Tab 键或单击,或者在代码中使用 SetFocus 方法程序使焦点移到新的对象上
Destroy	当表单被释放时发生
Unload	当表单被关闭时发生
Paint	当表单重新绘制时发生

除常用的事件外,方法也是表单和表单控件的一个重要方面,表 6.8 列出了表单设计时常用的一些方法。一个表单运行依次触发了 Load、Activate、Init、Show、Paint 和 Refresh 等事件和方法程序。

表 6.8　常用的表单方法

方　　法	功　　能
Hide	隐藏表单(将表单的 Visible 属性设置为.F.)
Show	显示表单(将表单的 Visible 属性设置为.T.)
Release	释放表单,关闭表单
Refresh	刷新表单。当表单被刷新时,表单上的所有控件也都被刷新

6.2.2　表单向导

创建表单一般可以使用以下两种方式:使用表单向导创建表单;使用表单设计器创建表单。表单向导是通过与用户人机交互向导,完成对表进行浏览、编辑等基本操作界面的自动生成。表单向导可以为单表建立表单,称单表表单;为多表建立表单,称多表表单。

1. 利用表单向导创建单表表单

【例 6.7】　利用表单向导创建一个学生信息录入表单,实现对 student 表的操作。

(1)执行"文件"→"新建"命令,或单击常用工具栏中的"新建"按钮,或打开"项目管理器"窗口选择"文档"选项卡,选中"表单",单击"新建"按钮,打开"向导选取"对话框,如图 6.3 所示。

图 6.3　"向导选取"对话框

(2)在"向导选取"对话框"选择要使用的向导"中选择"表单向导"→单击"确定"按钮,打开表单向导"步骤 1-字段选取"对话框→在"数据库和表"列表框中选表→在"可用字段"中双击要选择的字段,如图 6.4 所示。

(3)单击"下一步"按钮,进入表单向导"步骤 2-选择表单样式"对话框,如图 6.5 所示。

(4)单击"下一步"按钮,进入表单向导"步骤 3-排序次序"对话框,如图 6.6 所示,选一个字段作为排序字段。

(5)单击"下一步"按钮,进入表单向导"步骤 4-完成"对话框,如图 6.7 所示,可按需要完成步骤 4 中的选项,然后单击"完成"按钮。

(6)打开"另存为"对话框→在"保存表单为"文本框中输入表单名,如输入"student",如图 6.8 所示,然后单击"保存"按钮。

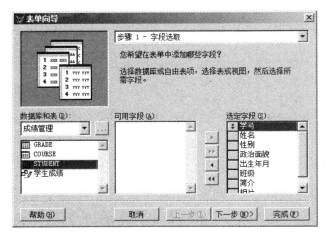

图 6.4　步骤 1-字段选取

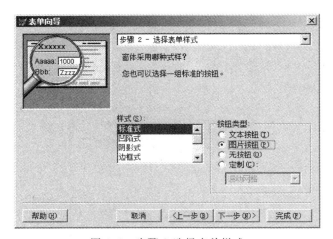

图 6.5　步骤 2-选择表单样式

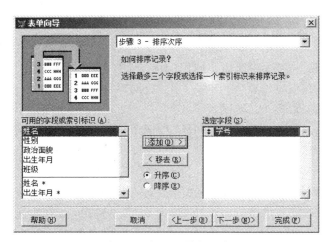

图 6.6　步骤 3-排序次序

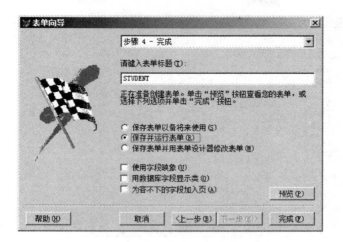

图 6.7　步骤 4-完成

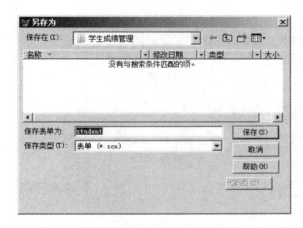

图 6.8　"另存为"对话框

（7）执行表单,保存后可自动运行,也可选择"程序"→"运行",打开"运行"对话框→在文件类型文本框中选择表单建立时的表单名,如 student. SCX 然后单击"运行"按钮,如图 6.9 所示。

在图 6.9 底部有一行命令按钮,这些按钮的功能是一目了然的,对于要修改记录内容时,必须单击编辑按钮,否则记录内容为只读,在单击编辑按钮后,对记录进行修改后保存,就可完成对表单的修改。

2. 利用表单向导创建多表表单

【例 6.8】　利用表单向导创建一个学生成绩维护表单,可以实现基于一对多表单的操作。

（1）执行"文件"→"新建"命令,或单击常用工具栏中的"新建"按钮,或打开"项目管理器"窗口选择"文档"选项卡,选中"表单",单击"新建"按钮,打开"向导选取"对话框。

（2）在"向导选取"对话框"选择要使用的向导"中选"一对多表单向导"→单击"确定"按钮,打开表单向导"步骤 1-从父表中选定字段"对话框,如图 6.10 所示。

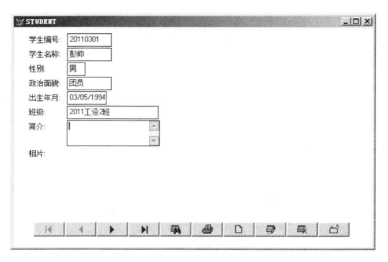

图 6.9　student. SCX 表单

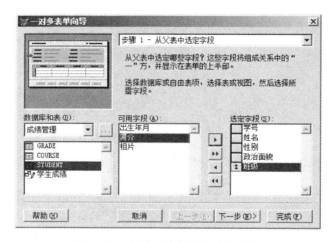

图 6.10　步骤 1-从父表中选定字段

（3）单击"下一步"按钮，进入表单向导"步骤 2-从子表中选定字段"对话框，如图 6.11 所示。

（4）单击"下一步"按钮，进入表单向导"步骤 3-建立表之间的关系"对话框，如图 6.12 所示。若没有关系可在此步中通过各表下的下拉列表框中选择字段建立关系。

（5）单击"下一步"按钮，进入表单向导"步骤 4-选定表单样式"对话框，如图 6.13 所示。

（6）单击"下一步"按钮，进入表单向导"步骤 5-排序次序"对话框，如图 6.14 所示，选一个字段作为排序字段。

（7）单击"下一步"按钮，进入表单向导"步骤 6-完成"对话框，如图 6.15 所示，可按需要完成步骤 6 中的选项，然后单击"完成"按钮。

（8）打开"另存为"对话框→在保存表单文本中输入表单名，如输入 student-grade，如图 6.16 所示，然后单击"保存"按钮。

（9）执行表单，保存后可自动运行，也可选择"程序"→"运行"命令，打开"运行"对话框→

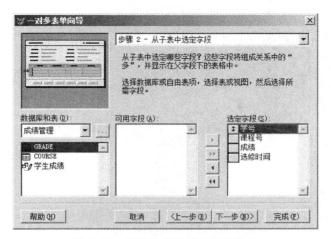

图 6.11　步骤 2-从子表中选定字段

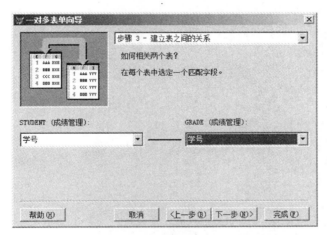

图 6.12　步骤 3-建立表之间的关系

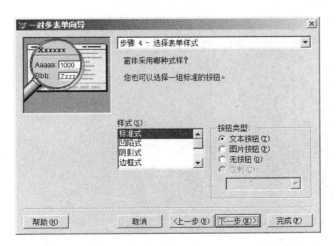

图 6.13　步骤 4-选择表单样式

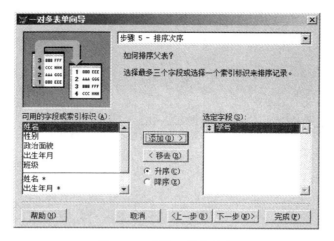

图 6.14　步骤 5-排序次序

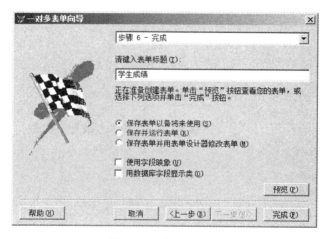

图 6.15　步骤 6-完成

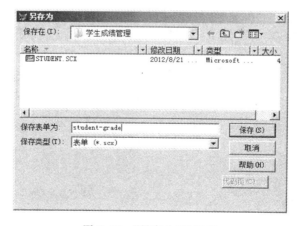

图 6.16　"另存为"对话框

在文件类型文本框中选择表单建立时的表单名,如 student-grade. SCX,然后单击"运行"按钮,如图 6.17 所示。

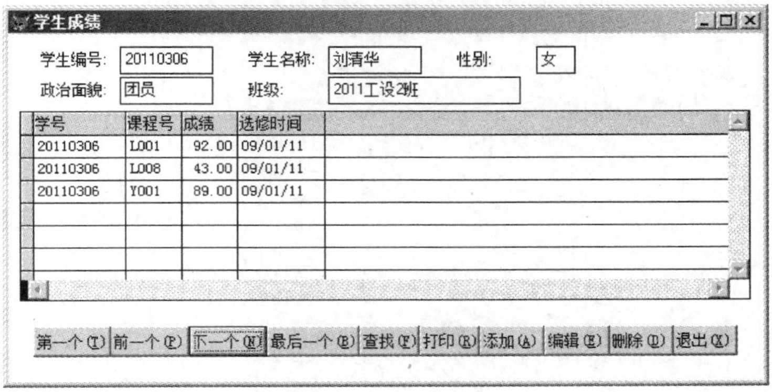

图 6.17 student-grade. SCX

6.2.3 表单设计器

用表单向导设计表单,固然简单方便又不需要编写代码,但表单向导设计出的表单是有一定的固定模式的,功能也有限。如果想设计无固定模式、多功能的表单,表单向导是无法实现的。Visual FoxPro 提供了表单设计器,面向对象编程的可视化工具,用以满足开发者设计独特风格、功能齐全的表单。

1. 表单设计器的环境

1) 启动表单设计器方法

启动表单设计器有多种方法:

* 菜单方法:若是新建表单,在系统菜单中选择"文件"→"新建"命令,在"文件类型"对话框中选择"表单",单击"新建文件"按钮;若是修改表单,则选择"文件"→"打开"命令,在"打开"对话框中选择要修改的表单文件名,单击"打开"按钮。

* 命令方法:在命令窗口输入如下命令:

```
CREATE  FORM  <文件名>                  && 创建新的表单
```

或

```
MODIFY  FORM <文件名>|?                 && 打开一个已有的表单
```

* 项目管理器:先选择文档标签,然后选择表单,单击"新建"按钮。若是修改表单,选择要修改的表单,单击"修改"按钮。

无论是用哪一种方式,都能启动表单设计器,如图 6.18 所示。

2) 表单设计器环境设置

在表单设计器中有 FORM 表单设计窗口,表单设计器工具栏,表单控件工具栏和表单属性窗口等,如图 6.18 所示。若表单设计器中工具栏、属性窗口被隐藏,可通过打开"显示"菜单选择相关选项即可,如图 6.19 所示。如果表单设计器被隐藏,可以通过如下步骤"显示"→"工具栏",打开"工具栏"对话框,如图 6.20 所示,选择"表单设计器"单击"确定"按钮。

表单设计器工具栏　　　"表单" 菜单

表单设计窗口　　　　　表单控件工具栏　　　表单 "属性" 窗口

图 6.18　表单设计器

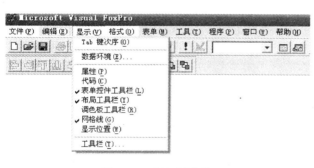

图 6.19　"显示"菜单

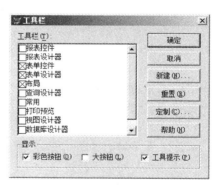

图 6.20　"工具栏"对话框

3）表单设计器工具栏

"表单设计器"工具栏可以通过"显示"菜单中的"工具栏"命令打开和关闭。"表单设计器"工具栏如图 6.21 所示。

（1）设置 Tab 键次序

单击此按钮,可显示按下 Tab 键时,光标在表单各控件上移动的顺序。要改变顺序可用鼠标按需要顺序单击各控件的显示顺序号。控件是 Visual FoxPro 所有图形构件的统称,控件可以快速构造应用程序的输入输出界面,表单的设计与控件是密不可分的。

（2）数据环境

单击此按钮，可以为表单提供表、数据库表、视图的数据环境。

（3）属性窗口

单击此按钮，可以打开或关闭属性窗口。属性窗口用于对各对象设置属性。属性窗口中，对象下拉列表用来显示当前对象。全局选项卡是列出全部选项的属性和方法，数据选项卡是列出显示或操作的数据属性，方法选项卡显示方法和事件，布局选项卡显示所有布局的属性，其他选项卡显示自定义属性和其他特殊属性。

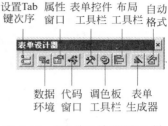

图6.21 "表单设计器"工具栏

（4）代码窗口

单击此按钮，可打开或关闭代码窗口，代码窗口用于对对象的事件与方法的代码的编辑。

（5）表单控件工具栏

单击此按钮，可打开或关闭表单工具栏。表单工具栏提供了21个控件和选定对象、查看类、生成器锁定、按钮锁定等几个图形按钮。在设计表单中用控件设计图形界面。若想知道某一个控件的名称，只需要把鼠标放到这个控件上。

（6）调色板工具栏

单击此按钮，可打开或关闭调色板工具栏，该工具栏用于对对象的前景和背景进行设置。

（7）布局工具栏

单击此按钮，可打开或关闭布局工具栏，可对对象位置进行设置。

（8）表单生成器

"表单生成器"提供一种简单、交互的方法把字段作为控件添加到表单上，并可以定义表单的样式和布局。要使用此按钮，可打开或关闭表单生成器，直接以填表的方式对相关对象各项进行设置。

（9）自动格式

单击此按钮，可打开或关闭自动格式生成器，应先选定一个或多个控件，单击此按钮，可对各控件进行设置。"自动格式生成器"提供一种简单、交互的方法为选定控件应用格式化样式。

4）表单设计器窗口

"表单设计器"窗口内包含正在设计的表单的设计窗口。用户可在表单中进行可视化的添加和修改控件。表单只能在"表单设计器"窗口内移动。

5）"属性"窗口

设计表单时一般要使用"属性"窗口。在"属性"窗口中可以完成表单设计的大部分工作。根据所选的对象不同，"属性"窗口显示的内容也不尽相同。当选定的对象多于一个表单控件时，窗口显示的是多个对象的共同属性。

"属性"窗口见图6.18，包括最上面的对象框和"全部"、"数据"、"方法程序"、"布局"及"其他"5个属性选项卡。对象框显示当前被选定对象的名称，单击对象框右侧的下拉箭头将打开当前表单及表单中所有对象的名称列表，用户可以从中选择一个需要编辑修改的对象或表单。"属性"窗口中的列表框显示当前被选定对象的所有属性、方法和事件,用户可以从中选择一个。如果选择的是属性项,窗口内将出现属性设置框,用户可以在此对选定的属性进行设置。

对于表单及控件的绝大多数属性,其数据类型通常是固定的,如 Width 属性只能接收数值型数据,Caption 属性只能接收字符型数据。但有些属性的数据类型并不是固定的,如文本框的 Value 属性可以是任意数据类型,复选框的 Value 属性可以是数值型的,也可以是逻辑型的。

一般来说,要为属性设置一个字符型值,可以在设置框中直接输入,不需要加定界符。否则系统会把定界符作为字符串的一部分。但对那些既可接收数值型数据又可接收字符型数据的属性来说,如果在设置框中直接输入数字"123",系统会首先把它作为数值型数据对待。要为这类属性设置数字格式的字符串,可以采用表达式的方式,如="123"。要通过表达式为属性赋值,可以在设置框中先输入等号再输入表达式,或者单击设置框左侧的函数按钮打开表达式生成器,用它来给属性指定一个表达式。表达式在运行初始化对象时计算。

有些属性的设置需要从系统提供的一组属性值中指定,此时可以单击设置框右端的下拉箭头打开列表框从中选择,或者在属性列表框中双击属性,即可在各属性值之间进行切换。

有些属性需要指定文件名或颜色,这时可以单击设置框右侧的按钮,打开相应的对话框进行设置。

要把一个属性设置为默认值,可以在属性列表框中右击该属性,然后从快捷菜单中选择"重置为默认值"。要把一个属性设置为空串,可以在选定该属性后,依次按 BackSpace 键和 Enter 键,此时在属性列表框中该属性的属性值显示为(无)。

有些属性在设计时是只读的,用户不能修改。这些属性的默认值在列表框中以斜体显示。

当同时选择多个对象时,"属性"窗口显示这些对象共有的属性,用户对属性的设置也将针对所有被选定的对象。

6) 表单控件工具栏

"表单控件"工具栏内含控件按钮,将鼠标移到某个按钮上面停留片刻就会显示该按钮的名称。利用"表单控件"工具栏可以方便地往表单添加控件,操作方法是:先单击"表单控件"工具栏中相应的控件按钮,然后将鼠标移至表单窗口的合适位置单击或拖动鼠标以确定控件大小。

除了控件按钮,"表单控件"工具栏还包含以下 4 个辅助按钮,如图 6.22 所示。

(1)"选定对象"按钮:当此按钮处于按下状态时,表示不可创建控件,此时可以对已经创建的控件进行编辑,如改变大小、移动位置等;当按钮处于未按下状态时,表示允许创建控件。

在默认情况下,该按钮处于按下状态,此时如果从"表单控件"工具栏中单击选定某种控件按

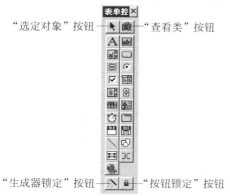

图 6.22 "表单控件"工具栏

钮,选定对象按钮就会自动弹起,然后再往表单添加这种类型的一个控件,选定对象按钮又会自动转为按下状态。

（2）"按钮锁定"按钮：当此按钮处于按下状态时,可以从"表单控件"工具栏中单击选定某种控件按钮,然后在表单窗口中连续添加这种类型的多个控件而不需要每添加一次控件就单击一次控件按钮。

（3）"生成器锁定"按钮：当此按钮处于按下状态时,每次往表单中添加控件,系统都会自动打开相应的生成器对话框,以便用户对该控件的常用属性进行设置。

也可以右击表单窗口中已有的某个控件,然后从弹出的快捷菜单中选择"生成器"命令来打开该控件相应的生成器对话框。

（4）"查看类"按钮：在可视化设计表单时,除了可以使用 Visual FoxPro 提供的一些基类外,还可以使用保存在类库中的用户自定义类,但应该先将它们添加到"表单控件"工具栏中。将一个类库文件中的类添加到"表单控件"工具栏中的方法是：单击工具栏中的"查看类"按钮,然后在弹出的菜单中选择"添加"命令,调出"打开"对话框,最后在对话框中选定所需的类库文件,并单击"确定"按钮。要使"表单控件"工具栏重新显示 Visual FoxPro 基类,可选择"查看类"按钮弹出的菜单中的"常用"命令。

【例 6.9】 设计一个如图 6.23 所示的表单。当单击表单上的文字时文字变为"中南林业科技大学涉外学院欢迎您!",再双击就又恢复成以前的文字。单击"退出"释放表单。

设计步骤：

（1）打开表单设计器。

（2）打开表单工具栏的属性窗口。

（3）在表单上添加一个标签控件和一个命令按钮控件。

（4）将当前对象选为标签 Label1,将它的标题 Caption 属性设置为"欢迎使用学生成绩管理系统",字号 FontSize 属性设置为 15,粗体 FontBold 属性设置为.T.,对齐 Alignment 属性设置为 2-中央。

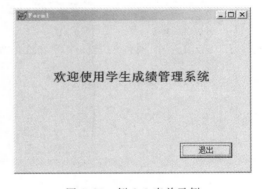

图 6.23　例 6.9 表单示例

（5）将当前对象选为命令按钮 Command1,将它的 Caption 属性设置为"退出"。

（6）双击标签 Label1,打开代码窗口。将当前对象选为 Label1,在过程中选 Click 事件,在代码编辑窗口中输入 this.caption="中南林业科技大学涉外学院欢迎您!",如图 6.24 所示。

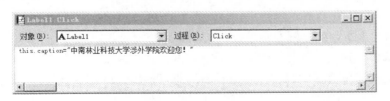

图 6.24　代码窗口

（7）在过程中选 DblClick 事件，在代码编辑窗口中输入 this. caption＝"欢迎使用学生成绩管理系统"。

（8）将当前对象选为命令按钮 Command1，过程中选择 Click 事件，在代码编辑窗口中输入 ThisForm. RELEASE。关闭代码窗口。

（9）选择"文件"→"保存"命令，或单击常用工具栏中的"保存"按钮，打开"另存为"对话框→输入表单名 P6_6→单击"保存"按钮。

（10）执行表单，单击常用工具栏中的"运行"按钮或选择"表单"→"执行表单"命令，其运行结果如图 6.24 所示。

2. 控件的操作与布局

1）控件操作

（1）在表单中放置控件

打开表单设计器和表单控件工具栏，单击表单控件工具栏中的所需控件如"命令"按钮，然后在表单适当的位置调整成适当的大小，如图 6.25 所示。

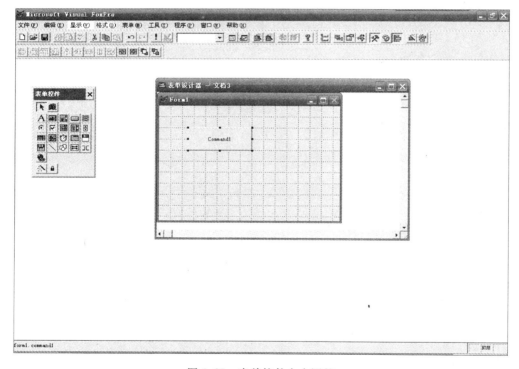

图 6.25　表单控件大小调整

（2）控件在表单中的复制与粘贴

选择表单中已存的控件如 Command1→右击打开快捷菜单→选择"复制"→在表单适当的位置打开快捷菜单选择"粘贴"。若位置不理想，可以通过拖曳的方式移动控件。

（3）调整大小

选需要调整大小的控件如 Command1，可用拖曳控件四周的 8 个黑色方块来调整大小。也可以通过属性设置来调整控件的大小。控件的宽度属性为 Width，高度属性为 Heght，左上角坐标属性为 Left 和 Top。

（4）删除控件

选中要删除的控件，然后按 Del 键。

（5）在表单中放置多个同类的控件

单击表单工具栏中的"锁定"按钮，然后选定要添加的控件，此时可反复添加多个相同的控件。再次单击"锁定"按钮可取消锁定。

2）布局工具栏

使用布局工具栏可以对表单上的多个控件对象进行位置和形状的调整。其方法是：按住 Shift 键后，单击表单上的多个控件，然后单击主菜单栏中的"显示"菜单，在弹出的菜单中选择布局工具栏选项，则出现如图 6.26 所示的布局工具栏。

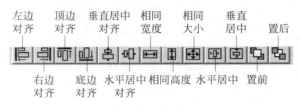

图 6.26　布局工具栏

3）调色板工具栏

使用调色板工具栏可对表单或所选表单上的控件对象进行着色。在表单上同时选择一个或多个控件对象，然后单击主菜单栏中的"显示"菜单，在弹出的菜单中选择调色板工具栏选项，即可弹出如图 6.27 所示的调色板工具栏。

图 6.27　调色板工具栏

- ，单击此按钮，所选择对象的前景色改变为所选的颜色。
- ，单击此按钮，所选择对象的背景色改变为所选的颜色。
- ，单击此按钮，可以打开一个颜色面板。

3. 数据环境

表单的运行往往需要打开一定的数据表和关联，Visual FoxPro 提供的数据环境可以在表单打开时自动打开设计时指定的数据表和关联。数据环境的设计在表单设计时完成。

1）打开数据环境设计器

（1）表单设计器环境下，单击"表单设计器"工具栏中的"数据环境"按钮。

（2）选择"显示"→"数据环境"命令，即可打开"数据环境设计器"窗口，此时，系统菜单栏中将出现"数据环境"菜单。

表单设计与应用

(3) 在表单设计器中右击鼠标,选择快捷菜单中的"数据环境"。

2) 向数据环境设计器中添加/删除表或视图

(1) 打开数据环境设计器,从中就可以向数据环境中添加希望打开表单时一同打开的数据表和视图。在数据环境设计器中,向数据环境添加数据表或视图的方法有多种:

- 从菜单"数据环境"中选择"添加",打开"添加表或视图"对话框,从中选择表或视图。
- 右击数据环境设计器页面,选择"添加"。
- 激活项目管理器窗口,选"数据"选项页,展开数据树,找到要添加的数据表或视图,拖到数据环境设计器中。

以上方式选择文件后,都会打开"添加表或视图"对话框,如图 6.28 所示。如果数据环境原来是空的,那么在打开数据环境设计器时,该对话框就会自动出现。选择所需表,单击"添加"按钮。

(2) 右击添加到数据环境中的数据表标题,选择"移去",可将数据表从数据环境中移走。

3) 数据环境中的数据表或视图建立关联的方法

设置关系的方法为:将主表的某个字段(作为关联表达式)拖动到子表的相匹配的索引标记上即可。如果子表上没有与主表字段相匹配的索引,也可以将主表字段拖动到子表的某个字段上,这时应根据系统提示确认创建索引。

常用的关系属性如下。

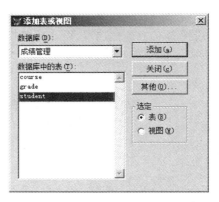

图 6.28 "添加表或视图"对话框

- RelationalExpr:用于指定基于主表的关联表达式。
- ParentAlias:用于指明主表的别名。
- ChildAlias:用于指明子表的别名。
- ChildOrder:用于指定与关联表达式相匹配的索引。
- OneToMany:用于指明关系是否为一对多关系,该属性默认为.F.,如果关系为"一对多关系",该属性一定要设置为.T.。

4) 数据环境的常用属性

数据环境实际上是其所属表单的一个容器类对象,具有完整的属性集和方法程序。常用的两个数据环境属性如下。

- AutoOpenTables:当运行或打开表单时,是否打开数据环境中的表和视图,默认值为.T.。
- AatoCloseTables:当释放或关闭表单时,是否关闭由数据环境指定的表和视图,默认值为.T.。

5) 向表单中添加字段

前面提到,利用"表单控件"工具栏可以很方便地将一个标准控件放置到表单上。当要通过控件来显示和修改数据时,一般要为控件设置一些属性。例如,用一个文本框来显示或编辑一个字段数据,这时就需要为该文本框设置 ControlSource 属性,使其与该字段关联。

Visual FoxPro 为用一个文本框来显示或编辑一个字段数据提供了更好的方法,它允许用户从"数据环境设计器"窗口、"项目管理器"窗口或"数据库设计器"窗口中直接将字段、表或视图拖入表单,系统将产生相应的控件并与字段相联系。

在默认情况下,如果拖动的是字符型字段,将产生文本框控件;如果拖动的是备注型字段,将产生编辑框控件;如果拖动的是表或视图,将产生表格控件。但用户可以选择"工具"菜单中的"选项"命令,打开"选项"对话框,然后在"字段映像"选项卡中修改这种映像关系。

【例 6.10】 设计一个表单,它可以对表进行浏览、编辑,并可以释放表单(即退出),界面如图 6.29 所示。

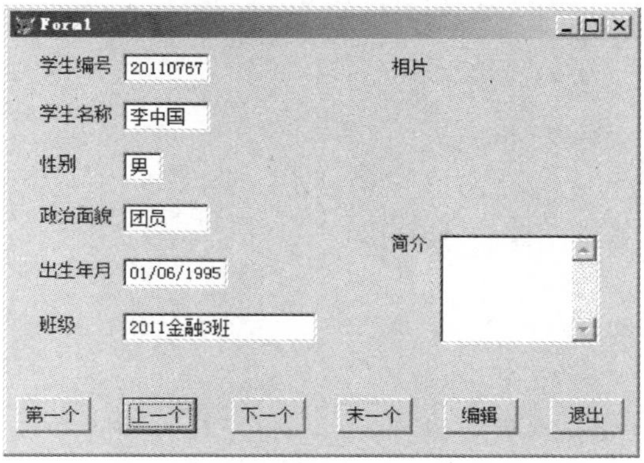

图 6.29 例 6.10 表单

设计步骤如下:

(1) 打开表单设计器与数据环境设计器。

(2) 将学生表添加到数据环境设计器中。

(3) 然后将学生表中的字段拖放到表单中。

(4) 按图 6.29 建立界面与设置相应 Caption 属性。

(5) Form1 的 Init 事件设置如下代码(各个按钮为可用状态):

```
thisform.command1.enabled = .t.
thisform.command2.enabled = .t.
thisform.command3.enabled = .t.
thisform.command4.enabled = .t.
thisform.command5.enabled = .t.
thisform.command6.enabled = .t.
```

enabled 的属性按钮是否可用,默认值为.T.,代表可用。

(6) Command1 的 Click 事件代码:

```
go top
thisform.command2.enabled = .f.
thisform.command3.enabled = .t.
thisform.refresh
```

（7）Command2 的 Click 事件代码：

```
if !bof()
    skip - 1
else
    go top
thisform.command2.enabled = .f.
endif
thisform.command3.enabled = .t.
thisform.refresh
```

（8）Command3 的 Click 事件代码：

```
if !eof()
    skip
else
    go bottom
    thisform.command3.enabled = .f.
endif
thisform.command2.enabled = .t.
thisform.refresh
```

（9）Command4 的 Click 事件代码：

```
go bottom
thisform.command2.enabled = .t.
thisform.command3.enabled = .f.
thisform.refresh
```

（10）Command5 的 Click 事件代码：

```
browse
```

（11）Command6 的 Click 事件代码：

```
thisform.release
```

表单执行结果如图 6.29 所示。

4. 设置属性与编辑代码

通过例 6.9 和例 6.10 已对表单的设计步骤与方法有了一个基本的了解，现在对设置属性与编辑代码做进一步的介绍。

1）设置属性

（1）在属性窗口的对象下拉列表框中选择要设置属性的对象。

（2）在属性列表框中找到要设置的属性并选中该属性。

（3）在属性设置框中输入具体设置的属性值。

2）添加新的属性和方法

（1）创建新属性

向表单添加新属性的步骤如下：

① 在系统菜单中选择"表单"→"新建属性"命令，打开"新建属性"对话框，如图 6.30

所示。

②　在"名称"框中输入属性名称。

③　有选择地在"说明"框中输入新建属性的说明信息。

（2）创建新方法

在表单中添加新方法的步骤如下：

①　在系统菜单中选择"表单"→"新建方法程序"命令，打开如图 6.31 所示的"新建方法程序"对话框。

②　在"名称"框中输入方法名。

③　有选择地在"说明"框中输入新建方法的说明信息。

图 6.30　"新建属性"对话框

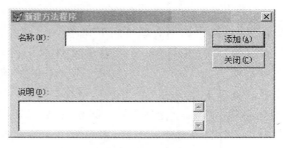

图 6.31　"新建方法程序"对话框

3）编辑代码

（1）打开代码窗口的方法：

• 单击表单设计器工具栏中的代码窗口按钮。

• 双击表单工作区任意位置。

（2）在对象下拉列表框中选择要编辑代码的对象。

（3）在过程下拉列表框中选择要编辑的代码对象的事件或方法。

（4）在代码编辑区中输入相应的代码。

（5）关闭代码编辑窗口，有以下两种方法：

• 单击表单设计器工具栏中的代码窗口。

• 单击代码窗口中的关闭按钮。

5. 表单的修改与运行

1）表单的修改

（1）打开表单设计器

选择"文件"→"打开"，或单击常用工具栏中的"打开"按钮，打开"打开"对话框→在"文件类型"中选择"表单"→在文件列表中选择要修改的表单→单击"确定"按钮。

（2）对表单进行修改

• 如果对表单中的已有控件对象修改，方法与设置属性和编辑代码相同。

• 如果在表单中创建新的控件对象，可在表单控件工具栏中选中控件放到表单中，然后对该对象进行属性设置和代码编辑。

• 若要删除表单中的控件，选中该控件按 Del 键。

表单设计与应用

2）表单的运行

（1）在设计时运行表单

在设计时可采用以下方法运行表单文件：

- 在项目管理器窗口中，选择要运行的表单，然后单击"运行"按钮。
- 在表单设计器窗口中，在系统菜单中选择"表单"→"执行表单"命令，或单击常用工具栏中的"运行"按钮。
- 在系统菜单中选择"程序"→"运行"命令，打开"运行"对话框，然后在运行对话框中选择要运行的表单文件，单击"运行"按钮。
- 在命令窗口输入命令：DO FORM <表单文件名>。

（2）在程序中调用表单

在程序中调用表单可用下列命令：

【格式】DO FORM <表单文件名> ［NAME <变量>］［LINKED］［WITH <实参 1> <,实参 2>,…］［TO <变量>］［NOSHOW］

【说明】

- ［NAME <变量>］：如果包含 NAME 子句，系统将建立指定名字的变量，并使它指向表单对象。否则，系统将建立与表单文件名相同的变量，并使它指向表单对象。
- ［LINKED］关键字：如果包含 LINKED 关键字，表单和表单对象变量将链接起来，这时，表单对象将随指向它的变量的清除而关闭（释放），否则，即使变量已经清除（如超出作用域，用 RELEASE 命令清除），表单对象依然存在。但不管有没有 LINKED 关键字，指向表单对象的变量并不会随表单的关闭而清除。
- ［TO <变量>］：用于从模式表单返回值。
- ［WITH <参数列表>］：用于向表单传递参数。
- ［NOSHOW］：如果包含 NOSHOW 关键字，表单运行时将不显示，直到将表单的 Visible 属性设置为.T.,或者调用表单的 Show 方法。

3）表单与其他程序模块间的通信

（1）将参数传递到表单

如果要将参数传递到表单，可进行如下操作：

① 在表单的 INIT 事件中，用 PARAMETERS 定义形参：

```
PARAMETERS param1,param2
```

② 在表单的 INIT 事件中可以直接访问参数，如果在表单的其他方法或事件中需要使用该参数，必须在表单的 INIT 事件中将参数保存到表单的属性或变量中。

③ 运行表单时，使用带 WITH 子句的 DO FORM 命令，系统会将 WITH 子句的实参值传递到 INIT 事件代码的 PARAMETERS 子句中的各形参。

（2）从表单返回值

只有模式表单可返回值。要从表单返回值可进行如下操作：

① 将表单的 WINDOWTYPE 属性设置为1,使表单成为模式表单。

② 在表单的 UNLOAD 事件代码中，包含一个带返回值的 RETURN 命令。

③ 运行表单时，在 DO FORM 命令中包含 TO 关键字。

（3）直接访问表单对象

表单运行后,在其释放前可通过指向表单的变量访问表单对象及表单中的所有控件对象。

表单设计的过程就是为特定的表单设置数据环境,根据目的选择适当的控件,设置其相关的属性和方法。

6.2.4 表单集

表单集是一个或多个相关表单的集合,由一个或多个可作为一个整体处理的表单构成,是一种容器类。将多个表单包含在一个表单集中,可把这些表单作为一个组进行操作。它有以下优点:

- 可同时显示或隐藏表单集中的全部表单。
- 能可视地调整多个表单以控制它们的相对位置。
- 可以在一个表单中方便地操纵另一个表单及其中的对象。
- 因为表单集中所有表单都是在单个 .SCX 文件中用单独的数据环境定义的,所以可自动地同步改变多个表单中的记录指针。如果在一个表单的父表中改变记录指针,另一个表单中子表的记录指针则被更新和显示。

可使用"表单设计器"在表单集中设置表单。创建了表单集,就可向该表单集添加或移去表单。

1. 创建表单集

创建表单集比较简单,可按下述步骤进行。

（1）按照创建/修改表单的方法打开表单设计器。

（2）选择系统菜单"表单"→"创建表单集",弹出的对话框提示操作将移动所有的新方法和新属性,并询问是否继续,如图 6.32 所示。

（3）选择"是",即完成表单集的创建。尽管表单设计器并没有改变,但单击"属性"对话框中下拉列表框可以看出表单集已创建,如图 6.33 所示。

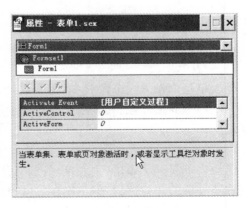

图 6.32　确认移动所有的新方法和新属性　　　　图 6.33　表单集已创建

表单设计与应用

2. 向表单集添加新表单

创建表单集后,"表单"菜单中的"添加新表单"命令也变得可用,如图 6.34 所示。选择该选项,即可向表单集添加新表单。

3. 删除表单集中的表单

如果表单集所包含的表单超过一个,且选定其中的一个表单,"表单"菜单中的"移除表单"命令将变得可用,选择该选项,即可从表单集中删除选定的表单。如果表单集中只有一个表单,则可删除表单集而只剩下表单。若要删除表单集,用户需从"表单"菜单中选择"移除表单集"。

应当注意,运行表单集时,将加载表单集中的所有表单和表单的所有对象,无论用户是否使用,它们都存在于内存中,因此使用表单集会使程序运行的速度变慢。如果不需要将多个表单处理为表单组,例如当各个表单间互相的操作不太频繁时,则尽可能不创建表单集,最好把多个表单分别存储在单个 .SCX 文件中,在使用表单时用命令"DO FORM 表单名"来加载表单。

图 6.34 创建表单集后的"表单"菜单

6.2.5 多表单操作

Visual FoxPro 允许创建两种类型的应用程序:单文档界面(SDI)和多文档界面(MDI)。

单文档界面(SDI)应用程序由一个或多个独立窗口组成,这些窗口均在 Windows 桌面上单独显示。许多小型软件都是一个 SDI 应用程序,在这些软件中打开的每条消息均显示在自己独立的窗口中。例如 Windows"附件"中的"扫雷"、"红心大战"等游戏界面,自始至终只有一个窗口,是一个很简单的 SDI 界面。

多文档界面(MDI)各个应用程序由单一的主窗口组成,且应用程序的窗口包含在主窗口中或浮动在主窗口顶端。Microsoft Word、Microsoft Excel 等就是 MDI 应用程序,在它的主窗口中可以同时打开多个文档窗口。

还有一些应用程序综合了 SDI 和 MDI 的特性。程序中的某一部分是一个 SDI 应用程序,而程序总体上是一个 MDI 程序。

1. 三种表单类型

为了支持这两种类型的界面,Visual FoxPro 允许创建以下几种类型的表单。

1) 子表单

子表单包含在另一个窗口中,用于创建 MDI 应用程序的表单。子表单不可移至父表单(主表单)边界之外,当其最小化时将显示在父表单的底部。若父表单最小化,则子表单也一同最小化。

2) 浮动表单

浮动表单属于父表单(主表单)的一部分,但并不是包含在父表单中。而且,浮动表单可以被移至屏幕的任何位置,但不能在父窗口后台移动。若将浮动表单最小化,它将显示在桌面的底部。若父表单最小化,则浮动表单也一同最小化。浮动表单也可用于创建 MDI 应用程序。

3）顶层表单

顶层表单没有父表单的独立表单,用于创建一个 SDI 应用程序,或用作 MDI 应用程序中其他子表单的父表单。顶层表单与其他 Windows 应用程序同级,可出现在其前台或后台,并且显示在 Windows 任务栏中。

2. 指定表单类型

创建各种类型表单的方法大体相同,但需设置特定属性以指出表单应该如何工作。如果创建的是子表单,则不仅需要指定它应在另外一个表单中显示,而且还需指定是否是 MDI 类的子表单,即指出表单最大化时是如何工作的。如果子表单是 MDI 类的,它会包含在父表单中,并共享父表单的标题栏、标题、菜单以及工具栏。非 MDI 类的子表单最大化时将占据父表单的全部用户区域,但仍保留它本身的标题和标题栏。多重表单常用相关属性如表 6.9 所示。

表 6.9   多重表单常用相关属性

属　　性	用　　途	默认值
AlwayOnType	用于控制表单是否总是位于其他打开窗口的顶部,.T. 为表单总在顶部,.F. 为表单不一定在顶部	.F.
Desktop	控制表单是否总在桌面窗口(可以浮动于其他窗口),.T. 为表单可在桌面窗口中浮动,.F. 为表单不能浮动	.F.
ShowWindow	此属性可设置 0,1,2。0:在屏幕中,即该表单是位于 Visual FoxPro 主窗口中的子表单。控制表单是在 Visual FoxPro 主窗口中还是在顶层表单中。1:在顶层表单中,该表单是活动的顶层表单中的子表单。2:作为顶层表单,表示该表单为顶层表单,其中可放置子表单	0
WindowType	控制表单是否为无模式表单还是有模式表单。取值为 0,1。0:无模式,1:有模式。有模式表单在它运行时其他运行的表单都不能操作,直到它被关闭后,其他表单才可操作	0
MDIForm	控制子表单最大化后是否与父表单组合成一体,.T 为组合成一体,共享父表单的标题栏、标题、菜单栏	.F.

1）建立顶层表单

用"表单设计器"创建一个表单,然后将表单的 ShowWindow 属性设置为 2(As Top-Level Form)。顶层表单与各种 Windows 应用程序窗口一样,独立运行在 Windows 平台上,最小化时出现在 Windows 任务栏中。

2）建立子表单

用"表单设计器"创建一个表单,然后将表单的 ShowWindow 属性设置为 0 或者 1。设置为 0 时,这个子表单的父表单将为 Visual FoxPro 主窗口,在本章前面的许多实例的表单就是这种类型的子表单,它显示在 Visual FoxPro 主窗口中;设置为 1 时,它的父表单是一个顶层表单,有时用户希望子窗口出现在另一个顶层表单窗口内,而不是出现在 Visual FoxPro 主窗口内时,这时可选用该项设置。

如果希望子表单最大化时与父表单组合成一体,可设置表单的 MDIForm 属性为.T.;如果希望子表单最大化时仍保留为一独立的窗口,可设置表单的 MDIForm 属性为.F.。

下面介绍如何显示顶层表单中的子表单,先按上文所述的方法创建顶层表单和子表单,

表单设计与应用

然后在顶层表单的事件代码中添加"DO FORM 子表单名"命令,指定要显示的子表单。但要注意不要把这个命令添加在顶层表单的 Load 或 Init 事件,因为这时顶层表单还未激活,并且要保证显示子表单时顶层表单是可视的。

3) 建立浮动表单

浮动表单也是一种子表单。它属于父表单的一部分,但不包含在父表单中,它可以移动到屏幕的任何位置,但不能在父窗口后台移动。当浮动表单最小化时,它将显示在桌面的底部。当父表单最小化时,它也一同最小化。用"表单设计器"创建一个表单,将 Show-Window 属性设为 0 或 1,再将表单的 Desktop 设为.T. 即可。

3. 主表单调用子表单

【格式】DO <表单名> [with <实参表>] [TO <内存变量>]

【功能】执行由表单名指定的子表单。

【说明】选[with <实参表>]是将父表单的实参传给子表单。子表单在 Init 事件中必须有 PARAMETERS <形参表> 或 LPATAMETERS <形参表> 参数接收命令,此命令在 5.3.4 节自定义方法中已有介绍。选[TO <内存变量>]是用内存从子表单返回来的值。子表单必须在 Unload 事件中用 RETURN[<表达式>] 返回命令,若 RETURN 命令无表达式将返回.T. 。且将子表单的 WindowType 属性设为 1。

【例 6.11】 利用多文档界面(MDI)求圆的面积,如图 6.35 所示。

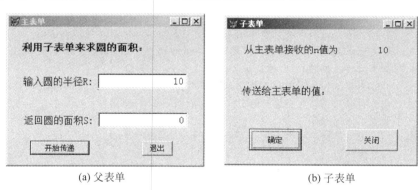

(a) 父表单   (b) 子表单

图 6.35   例 6.11 示意图

设计步骤如下:

(1) 按图 6.35(a)建立父表单及属性,将父表单 ShwoWindow 属性设为 1。当然也可设为 2,若设为 2 执行后,父表单将在桌面上。

(2) 开始传递 Command1 的 Click 事件代码:

```
r = thisform.text1.value
s = 0
do form s6_8_1  with r to s
thisform.Text2.value = s
```

(3) 退出 Command2 的 Click 事件代码:

```
thisform.release
```

（4）将父表单存成名为 s6_8. SCX。

（5）按图 6.35（b）建立子表单，将子表单的 ShowWindow 属性设为 1。

（6）子表单 form 的 Init 事件代码：

```
LPARAMETERS n
public t
thisform. label1. caption = "从主表单接收的 n 值为" + str(n)
t = pi() * n * n
```

（7）子表单 Form1 的 unload 事件代码：

```
return t
```

（8）子表单 Form1 的确定 Command1 的 Click 事件代码：

```
thisform. label2. caption = "传送主表单的值: " + str(t)
```

（9）子表单 Form1 的退出 Command2 的 Click 事件代码：

```
thisform. release
```

（10）将子表单存成名为 s6_8_1. SCX。

（11）执行父表单，运行结果如图 6.35 所示。

计算机等级考试考点：

（1）使用表单设计器和表单向导。

（2）设定数据环境。

6.3 常用表单控件

6.3.1 表单控件简介

表单控件主要在表单中使用，在创建每个新表单时，根据系统的默认设置都会弹出表单控件工具栏，否则单击"显示"菜单项下的"表单控件工具栏"选项，也将出现如图 6.36 所示的表单控件工具栏。

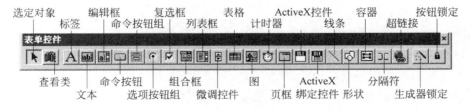

图 6.36 表单控件工具栏

在表单上添加控件后，右击该控件，在弹出的快捷菜单中选择"生成器"，可以快速设置控件的样式、与变量或字段等的捆绑、确定数据输入格式等。

可以使用控件生成器的控件有：Text（文本框）、Edit（编辑框）、CommandGroup（按钮

表单设计与应用

组)、OptionGroup(选择按钮组)、ComboBox(组合框)、Listbox(列表框)、Grid(表格)等。

常用控件的一些公共属性如下。

- Name：控件的名称,它是代码中访问控件的标识(表单或表单集除外)。
- Fontname：字体名。
- Fontbold：字体样式为粗体。
- Fontsize：字体大小。
- Fontitalic：字体样式为斜体。
- Forecolor：前景色。
- Height：控件的高度。
- Width：控件的宽度。控件的高度和宽度,也可在设计时通过鼠标拖曳进行可视化调整。
- Visible：控件是否显示。
- Enable：控件运行时是否有效。如果为. T. ,则表示控件有效,否则运行时控件不可使用。

6.3.2 标签控件

标签(Label)控件属于输出类控件,用于显示文本。它常用的属性如表 6.10 所示。

表 6.10 标签常用属性

属　　　性	用　　　　途	默认值
Caption	标题,用于显示文件	Label
Autosize	是否随标题文本大小调整	. F.
Alignment	指定标题文本控件中显示的对齐方式,0 为左对齐,1 为右对齐,2 为中央对齐	0
BorderStyle	设置边框样式,0 为无边框,1 为有固定单线边框	0
BackStyle	标签是否透明,0 为透明,1 为不透明	1
ForeColor	设置标题文本颜色,0,0,0 为黑色,255,255,255 为白色	0,0,0
WordWap	标题文本是否换行,T. 表示换行,. F. 表示不换行	. F.
FontName	设置标题文本字体类型	宋体
FontSize	设置标题文本字体大小	9

需要注意的是,在设计代码时,应该用 Name 属性值(对象名称)而不能用 Caption 属性值来引用对象。在同一作用域内两个对象(如一个表单内的两个命令按钮)可以有相同的 Caption 属性值,但不能有相同的 Name 属性值。用户在产生表单或控件对象时,系统会自动赋予对象相同的 Caption 属性值和 Name 属性值,如 Label1、Form1、Command1 等,但用户可以分别重新设置它们。

用户在为控件设置 Caption 属性时,可以将其中的某个字符作为访问键,方法是在该字符前插入这样的两个符号(\和<)。例如,下面代码在为标签设置 Caption 属性的同时,指定了一个访问键 X：ThisForm. MyLabel. Caption＝"选择项目(\< X)",对于一般控件,按相应的访问键,将激活该控件,使该控件获得焦点。

很多控件类都具有 Caption 属性,设置类似。

6.3.3 命令按钮控件

命令按钮(CommandButton)用来触发事件,完成特定的功能,常用属性如表 6.11 所示。

表 6.11　命令按钮的常用属性

属　性	用　途	默 认 值
Caption	标题	Command1
Enabled	按钮是否有效,. T. 为有效,. F. 为无效	. T.
Default	是否为默认按钮,. T. 是,. F. 不是	. F.
Cancel	是否取消按钮,. T. 是,. F. 不是	. F.
Visual	按钮是否可见,. T. 可见,. F. 不可见	. T.
Picture	设置图形文件,使按钮为图形按钮	(无)

6.3.4　命令组控件

1. 常用属性

命令按钮组(CommandGroup)是容器控件,常用属性如表 6.12 所示。

表 6.12　命令按钮组常用属性

属　性	用　途	默 认 值
ButtonCount	设置命令按钮组命令按钮的数目	2
Button	用于存取命令按钮组中各按钮的数目	0
Value	指定命令按钮组当前的状态,当属性值为数值型时,若为 N,表示第 N 个按钮被选中。当属性值为字符型时,若为字符型值 C,表示命令按钮组中 Caption 值为 C 的命令按钮组被选中	1
Backstyle	命令按钮组是否具有透明或不透明的背景。一个透明的背景与组下面的对象颜色相同,通常是表单或页面的颜色	0

2. 命令按钮组生成器

打开命令按钮组,选命令按钮组→右击,打开快捷菜单→选择"生成器",打开如图 6.37 所示的对话框。

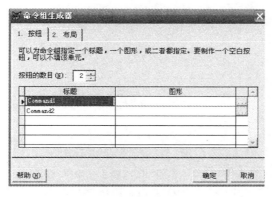

图 6.37　"命令组生成器"对话框

1)"按钮"选项卡

(1) 按钮的数目可用微调控件设置。

(2) 标题可用表格设置,既可含文本也可含图形。

2）"布局"选项卡

如图 6.38 所示，可对命令按钮组进行布局，对间隔、边框样式进行设置。

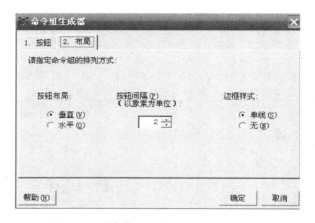

图 6.38 "命令组生成器""布局"选项卡

3. 编辑命令按钮组

选择命令按钮组→右击，打开快捷菜单→选择"编辑"。命令按钮组周边有绿色边界，此时可对命令按钮组中的每一个按钮依次设置属性。

【例 6.12】 设计"学生成绩管理系统"主界面表单，如图 6.39 所示，表单文件名为"系统界面. SCX"。

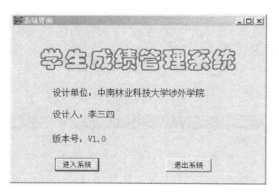

图 6.39 "学生成绩管理系统"主界面

表单设计操作步骤如下：

（1）在项目管理器中单击"文档"标签，选择"表单"，再单击"新建"按钮打开表单设计器，在表单的属性窗口中把 CAPTION 属性值设置为"系统界面"。

（2）单击"表单控件工具栏"中的"标签"按钮，在表单的合适位置上拖放或单击。

重复以上操作，在表单上添加 4 个标签，如图 6.39 所示。

（3）单击表单的 Label1，设定其属性值如表 6.13 所示。

（4）拖动表单边界改变表单大小，拖动 4 个标签到合适位置，然后按照表 6.13 要求设置其他标签的属性。

表 6.13　标签 Label1 的属性值

属　性　名	属　性　值
AUTOSIZE	.T.
CAPTION	学生成绩管理系统
FONTNAME	华文彩云
FONTSIZE	32
FONTBOLD	.T.
FORECOLOR	255,0,0

（5）选中命令按钮组控件，在表单中拖曳出一个命令按钮组。从属性窗口的对象下拉式组合框中选择命令按钮组的 COMMAND1，设定 COMMAND1 按钮的 Caption 属性值为"进入系统"；双击该按钮打开 CLICK 事件的方法程序窗口，输入其命令代码：DO FORM 登录，当然登录表单必须建立好。

（6）同样地，可以设置 COMMAND2 按钮的 Caption 属性值为"退出系统"，并设置其 CLICK 事件的命令代码为 THISFORM. RELEASE。

（7）第（5）步和第（6）步也可以选中命令按钮组的 Click 事件设置以下代码来实现。

```
DO CASE
CASE This. Value = 1
    DO FORM 登录                        && 针对第一个按钮采取某些行动
CASE This. Value = 2
    THISFORM. RELEASE                   && 针对第二个按钮采取某些行动
ENDCASE
```

（8）执行"文件"→"保存"菜单命令，输入文件名"系统界面"并保存表单，最后执行表单，结果如图 6.39 所示。

6.3.5　文本框控件

文本框（TextBox）控件是基本控件，可以输入、编辑数据。它可以处理除备份字段类型的数据，一般包含一行数据，在接收字符型数据时，最多 255 个字符。如果编辑的是日期型或日期时间型数据，那么在整个内容被选定的情况下，按"＋"或"－"，可以使日期增加一天或减少一天。

1. 常用属性

文本框常用属性见表 6.14。

表 6.14　文本框常用属性

属　　性	用　　途	默认值
ControlSource	指定文本框的数据源，数据源可为字段或内存变量	（无）
Value	指定文本框的值，默认值是空串。与 ControlSource 属性指定的变量具有相同的数据和类型	（无）
Passwordchar	指定文本框的定位符，即当向文本框输入数据时不显示真实的数据而显示定位符	（无）

233

第 6 章

表单设计与应用

续表

属　　性	用　　途	默 认 值
InputMask	用来指定数据的输入格式和显示方式,属性值为一个字符串,字符串由掩码组成,如表 3.2 所示	(无)
Readonly	.F.表示可以编辑;.T.表示不可以编辑	.F.

2. 文本框生成器

打开生成器,选文本框→右击,打开生成器,如图 6.40 所示。

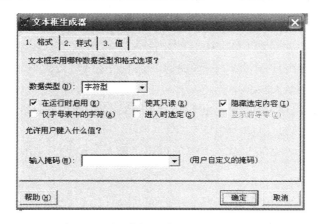

图 6.40　"文本框生成器""格式"选项卡

1)"格式"选项卡

"格式"选项卡用于指定文本的格式、输入掩码等。

2)"样式"选项卡

"样式"选项卡用于指定文本框排列方式,如图 6.41 所示。

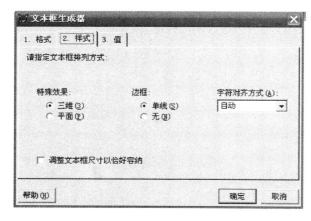

图 6.41　"文本框生成器""样式"选项卡

3)值选项卡

用字段下拉列表框中的列表来指定表或视图的字段,并用该字段保存文本框的内容。

【例6.13】 设计一个登录界面表单,当用户输入用户名和口令并确认后,检验其输入是否正确,若正确(假定用户名为admin,口令为123456),就显示"欢迎使用"字样并关闭表单;若不正确,则显示"用户名或口令不对,请重输…"字样,当登录失败3次即关闭表单。要求口令输入时显示♯号。表单文件名为"Form1.SCX",如图6.42所示。

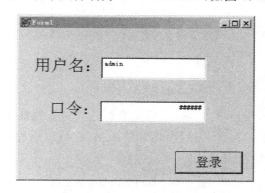

图6.42 用户登录界面

表单设计操作步骤如下:

(1) 在项目管理器中单击"文档"标签,选择表单,再单击"新建"按钮打开表单设计器。在表单上添加两个标签、两个文本框和一个命令按钮。

(2) 设置两个标签和一个命令按钮的Caption属性值。

(3) 设置文本框Text1的InputMask属性值。可在设置框直接输入XXXXX。

(4) 设置文本框Text2的InputMask属性值,可在设置框直接输入999999;设置Text2的PasswordChar属性值,可在设置框直接输入♯号。设置Text1、Text2的READONLY属性值为.F.。其他的属性按照图6.42要求设置。

(5) 从"表单"菜单选择"新建属性"命令,打开"新建属性"对话框,输入属性名称i,单击"添加"按钮为表单添加属性i,然后在"属性"窗口中将i的属性值设置为1。

(6) 双击表单,在表单的LOAD(装入)事件窗口中输入:

```
P = 1                                    && 新建内存变量P
```

(7) 设置文本框Text2的ControlSource属性值为P。设置Text2的Value属性值为0。

(8) 设置"确定"命令按钮的Click事件代码如下:

```
IF UPPER(Thisform.Text1.Value) = 'ADMIN' AND P = 123456
WAIT '欢迎使用' WINDOW TIMEOUT 5
ELSE
Thisform.i = Thisform.i + 1
IF Thisform.i = 4
WAIT '用户或口令不对,登录失败!' WINDOW TIMEOUT 10
Thisform.Release
ELSE
WAIT '用户或口令不对,请重输…' WINDOW TIMEOUT 5
ENDIF
```

表单设计与应用

```
ENDIF
```

（9）释放表单时清除内存变量。双击表单，单击过程框的下拉按钮，选择 UNLOAD 事件，在窗口中输入：

```
CLEAR MEMORY
```

（10）执行"文件"→"保存"菜单命令，输入文件名→"登录"并保存表单，最后执行表单，结果如图 6.42 所示。

6.3.6 编辑框控件

编辑框（EditBox）可用于输入、显示、编辑数据。它只能编辑字符型数据，可编辑长的字符型字段数据、备注字段数据、字符型内存变量数据，它可以编辑单行与多行数据。它最多能接收 2 147 483 647 个字符。

表 6.15 编辑文本框常用属性

属　　性	用　　　　途	默 认 值
Value	用来指定控件的状态	（无）
Readonly	是否为只读，.T. 为只读，.F. 可为编辑	.F.
Scrollbar	是否有滚动条，0 为无，2 为垂直滚动条	2
Selstart	返回用户在编辑框中所选文本的起始位置，取值范围为 0～编辑框中字符总数	0
Sellength	返回用户在文本输入区中选定的字符数目，或指定要选定的数目	0
Seltext	返回选定的文本，若无选定文本，返回菜单	0
Hideselection	使用焦点时是否隐藏选定标记，.T. 为隐藏，.F. 为不隐藏	.T.

【例 6.14】 设计如图 6.43 所示的表 student.DBF 的修改表单，表单文件名为"学生信息修改.SCX"。

图 6.43　学生情况修改界面

表单设计步骤如下：

（1）打开表单设计器，右击，在快捷菜单中选择"数据环境"菜单，把表 student.DBF 添加到数据环境中。

（2）把表 student.DBF 的字段分别拖动到表单的合适位置。拖动字段"简介"到表单时会自动生成一个标签和一个编辑框。通过布局工具栏对齐各个对象。

（3）把所有文本框和编辑框的 READONLY 属性值设置为.F.。

（4）在表单中添加一个标签和一文本框。标签的 CAPTION 属性设置为"请输入学号："；文本框的 ControlSource 属性值设置为 xh,READONLY 的属性值设置为.F.。

（5）双击表单,把表单的 LOAD(装入)事件修改为：xh＝space(8)。

（6）在表单中添加两个命令按钮。按钮的 CAPTION 属性分别为"查找"和"退出"。

（7）设置"查找"的 Click 事件代码为：

```
LOCATE FOR 学号 = ALLTRIM(XH)
THISFORM.REFRESH
```

（8）设置"退出"命令按钮的 Click 事件代码如下：

```
CLEAR MEMORY
THISFORM. RELEASE
```

（9）设置 Tab 键的次序,把输入学号的文本框设置为 1 号,"查找"按钮设置为 2 号。按照要求设置其他的属性,用文件名"学生情况修改. SCX"保存表单。运行结果如图 6.43 所示。

6.3.7　复选框控件

复选框(CheckBox)用于在软件中提供给用户一种或多种选择,以便满足用户的要求。复选框是一个逻辑框,它只有两种状态值：一种为.T.,表示选上；一种为.F.,表示没选上。当处于.T.状态时复选框内显示一个钩(√)；否则,复选框内为空白。常用属性如表 6.16 所示。

表 6.16　复选框常用属性

属　　　性	用　　　途	默 认 值
Caption	方框右侧的文本	Checkbox1
Alignment	0 表示文字在复选框旁边的右边；1 表示文字在复选框旁边的左边	0
Value	用来指明复选框的当前状态。当 0 或.F. 表示未选中,1 表示被选中,2 或 NULL 表示不确定	0 或.F.
ControlSource	指明与复选框建立联系的数据源。作为数据源的字段变量或内存变量,其类型可以是逻辑型或数值型。对于逻辑型变量,值.F.、.T. 和.NULL. 分别对应复选框未被选中、被选中和不确定。对于数值型变量,值 0、1 和 2(或.NULL.)分别对应复选框未被选中、被选中和不确定	(无)
Enabled	表示是否可选	.T.

6.3.8　选项组控件

选项组(OptionGroup)又称为选项按钮组,是包含选项按钮的一种容器。一个选项组中往往包含若干个选项按钮,但用户只能从中选择一个按钮,被选中的选项按钮中会显示一个圆点。选项按钮有生成器,可通过生成器对各按钮属性进行设置。控件生成器打开方法是一样的,就是选控件→右击打开快捷菜单→"生成器"。以后生成器的打开方法就不再叙

表单设计与应用

述了。对各按钮属性的设置也可选控件→右击打开快捷菜单→"编辑",控件周围出现绿色边界,依次对每个按钮属性进行设置。

表 6.17　选项组成用属性

属　　性	用　　途	默 认 值
Buttoncount	指定选项组按钮中的按钮数目	2
Value	若值为数值型 N,表示第 N 个按钮被选中,若为字符型 C,表示 Caption 属性值为 C 的按钮被选中	1
ControlSource	指定数据源	(无)
Buttons	存取选项按钮组中每个按钮的数组	0

6.3.9　列表框控件

列表框(ListBox)是用于显示项目的列表,用户可以在列表框中选择一项或多项。列表框也有生成器。打开方法是选中控件的快捷菜单中选择"生成器"即可。

1. 常用属性

列表框常用属性如表 6.18 所示。

表 6.18　列表框常用属性

属　　性	用　　途	默 认 值
Value	返回列表框中被选择的项目。若为 N 型数据返回项目次序号,若为 C 型数据返回项目内容	(无)
Listcount	指定列表框中的项目数	1
List	用来存取项目的字符串数组,形式为控件对象. List(<行>[, 列])	
Columncount	指定列数	0
ControlSource	指定数据源	(无)
Select	指定项目是否被选定。.T. 为选定,.F. 为没选定	.F.
Multiselect	是否允许多重选择。.T. 或 1 允许,.F. 为不允许	.F. 或无
Rowsource	指定列表框中条目的数据源	
RowSource-type	0：(无),在程序中用 additem 向列表框中添加项目	0-(无)
	1：值,用手工指定项目如 rowsource="aaa,bbb,ccc "	
	2：别名,将表中字段作为项目,由 Columncount 指定取字段数目	
	3：SQL 语句,将 Select 查询结果作为项目	
	4：查询(.QPR),将 Select 查询结果作为项目	
	5：数组,将数组内容作为项目	
	6：字段,将表中字段作为项目	
	7：文件,将文件作为项目	
	8：结构,将表结构作为项目	
	9：弹出式菜单,将弹出式菜单作为项目	

2. 常用方法

常用方法如表 6.19 所示。

表 6.19　常用方法

方　　法	用　　途
Addlistitem	在 RowSourceType 为 0 时为列表框添加器,形成 AddListItem(项目值,[<行>,<列>])
Removeitem	从 RowSourceType 为 0 的列表框中删除一项
Clear	清除表中各项
Nequery	当 RowSourceType 值改变时,更新列表

【例 6.15】　设计如图 6.44 所示的学生人数年龄统计表单,表单文件名为"年龄统计. SCX"。可以在表单中设计复选框给用户选择要统计的条件,设计列表框选择班级。

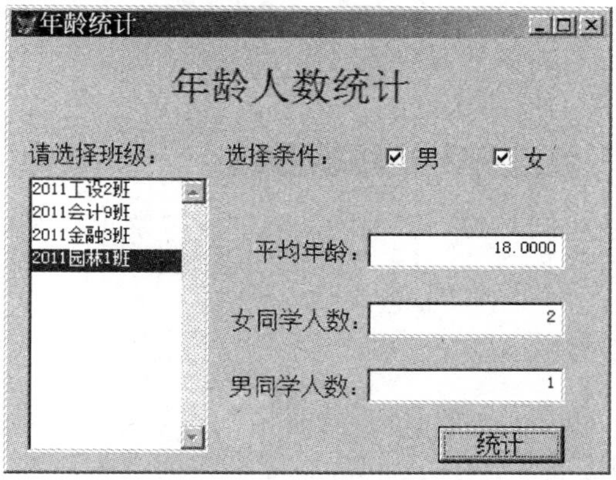

图 6.44　"年龄统计"界面

设计步骤如下:

(1) 打开表单设计器,右击,在快捷菜单中选择"数据环境"菜单,把表 student. DBF 添加到数据环境中。

(2) 在表单中添加一个标签,其 Caption 属性设置为"年龄人数统计"。

(3) 在表单中添加一个标签和一个列表框。设置列表框的 RowSourceType 的属性值为 5,RowSource 的属性值为 b,ControlSource 的属性值为 bg。

(4) 在表单的 load 事件中添加如下查询班级代码:

```
select distinct 班级 from student into array b
```

(5) 单击复选框控件按钮,在表单的合适位置拖动鼠标,生成两个复选框。将 ControlSource 的属性值分别设置为 i 和 j,选项组的 Value 属性值设置为 1,选项组的 Enabled 属性值设置为. T. ,分别设置选项组中各个选项的 Caption 属性。

(6) 在表单中添加 3 个标签和 3 个文本框。文本框的 ControlSource 属性值依次设置为 an、mc 和 lc,READONLY 的属性值设置为. T. 。

(7) 在表单中添加一个命令按钮。按钮的 Caption 属性设置为"统计",设置其 Click 事件代码为:

```
dime a(2,2)
a = 0
select count( * ),avg(year(date()) - year(出生年月)) from student where;
```

```
班级 = bg group by 性别 into array a
do case
case i = 1 and j = 1
  an = (a(2) * a(1) + a(4) * a(3))/(a(1) + a(3))
  mc = a(3)
  lc = a(1)
case i = 1 and j = 0
  an = a(2)
  mc = 0
  lc = a(1)
case i = 0 and j = 1
  an = a(4)
  mc = a(3)
  lc = 0
endcase
thisform.refresh
```

（8）按照要求进行其他设置，执行"文件"→"保存"菜单命令，输入文件名"成绩统计.SCX"并保存表单，最后执行表单，结果如图 6.44 所示。

6.3.10 组合框控件

组合框（ComboBox）也是一种列表框，它有两种形式：一种是下拉式列表框，与列表框一样，另一种为下拉式组合框。下拉式组合框可以在列表框中选择选项，也可以输入一个值。组合框所常用的属性和方法与列表框基本相同，但组合框没有多选择属性，即没有Multselect 属性。它有一个重要的属性就是 style，用途如表 6.20 所示。

表 6.20　style 组合框形式属性

属 性 值	用　　途
0	下拉组合框。可在列表中选择选项，也可输入。是默认值
1	下拉式列表框

【例 6.16】　设计如图 6.45 所示的成绩统计表单，表单文件名为"成绩统计.SCX"。可以在表单中设计选项组给用户选择要统计的科目，设计列表框选择班级。

设计步骤：

（1）打开表单设计器，右击，在快捷菜单中选择"数据环境"菜单，把表 student.DBF 和 grade.DBF 添加到数据环境中。

（2）在表单中添加一个标签，其 Caption 属性设置为"班级成绩统计"。

（3）在表单中添加一个标签和一个组合框。设置组合框的 RowSourceType 的属性值为 6，RowSource 的属性值为 student.班级，ControlSource 的属性值为 bg。

（4）单击选项组控件按钮，在表单的合适位置拖动鼠标，生成选项组。将 ControlSource 属性值设置为 i，选项组的 Value 属性值设置为 1，选项组的 Enabled 属性值设置为.T.，分别设置选项组中各个选项的 Caption 属性。选择各个选项的方法类似命令按钮组的选择。

（5）在表单中添加 3 个标签和 3 个文本框。文本框的 ControlSource 属性值依次设置

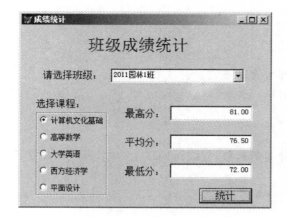

图 6.45　"成绩统计"界面

为 mag、ag 和 mig，Readonly 的属性值设置为. T. 。

（6）在表单中添加一个命令按钮。按钮的 Caption 属性设置为"统计"，设置其 Click 事件代码为：

```
dime a(1,3)
a = 0
Do case
Case i = 1
  select max(成绩),avg(成绩),min(成绩) from student,grade where ;
  student. 学号 = grade. 学号   and   班级 = bg and 课程号 = "L001" into array a
  mag = a(1)
  ag = a(2)
  mig = a(3)
Case i = 2
  select max(成绩),avg(成绩),min(成绩) from student,grade where ;
  student. 学号 = grade. 学号   and   班级 = bg and 课程号 = "L008" into array a
  mag = a(1)
  ag = a(2)
  mig = a(3)
Case i = 3
  select max(成绩),avg(成绩),min(成绩) from student,grade where;
  student. 学号 = grade. 学号   and   班级 = bg and 课程号 = "W001" into array a
  mag = a(1)
  ag = a(2)
  mig = a(3)
Case i = 4
  select max(成绩),avg(成绩),min(成绩) from student,grade where;
  student. 学号 = grade. 学号   and   班级 = bg and 课程号 = "J001" into array a
  mag = a(1)
  ag = a(2)
  mig = a(3)
Case i = 5
  select max(成绩),avg(成绩),min(成绩) from student,grade where;
  student. 学号 = grade. 学号   and   班级 = bg and 课程号 = "Y001" into array a
  mag = a(1)
  ag = a(2)
```

表单设计与应用

```
      mig = a(3)
   Endcase
   Thisform. refresh
```

（7）按照要求进行其他设置，执行"文件"→"保存"菜单命令，输入文件名"成绩统计.
SCX"并保存表单，最后执行表单，结果如图 6.45 所示。

6.3.11　表格控件

表格（Grid）是一种容器对象，它按行列显示数据，外观与浏览窗口相似。

1. 常用属性

常用属性如表 6.21 所示。

表 6.21　表格常用属性

属　　　性	用　　　途	默 认 值
Columncount	指定表格列数	−1
Linkmaster	指定表格中显示子表的父表名	（无）
HeaderHeight	表格头高。通过鼠标拖动操作也可以调整表格的头高	（无）
RowHeight	行高。通过鼠标拖动操作也可以调整表格的行高	（无）
recordsourcetype	0：表。数据来源于由 RecordSource 指定的表，该表能自动打开	1
	1：别名。数据来源于已经打开的表，由 RecordSource 指定该表别名	
	2：提示。运行时，由用户根据提示选择表格数据源	
	3：查询(.QPR)。数据来源于查询，由 RecordSource 指定一个查询文件	
	4：SQL 语句。数据来源于 SQL 语句，由 RecordSource 指定一条 SQL 语句	
RecordSource	指定表格数据源	（无）
ChildOrder	用于指定为建立一对多的关联关系，子表所要用到的索引。该属性的作用类似于 SET ORDER 命令	（无）
RelationalExpr	确定基于主表（由 LinkMaster 属性指定）字段的关联表达式。当主表中的记录指针移至新位置时，系统首先会计算出关联表达式的结果，然后再从子表中找出在索引表达式（当前索引可由 ChildOrder 属性指定）上的取值与该结果相匹配的所有记录，并将它们显示于表格中	（无）

2. 表格的组成

表格是由若干个列组成的。列是由标题和列控件组成的。列有自己的属性和方法、事件，因此表格用起来很灵活。列对象的主要属性见表 6.22。

表 6.22　列对象的主要属性

属　　　性	说　　　明
ControlSource	指定要在列中显示的数据源，常见的是表中的一个字段
CurrentControl	指定列对象中的一个控件，该控件用以显示和接收列中活动单元格的数据。列中非活动单元格的数据将在省略的 TextBox 中显示。在默认情况下，表格中的一个具体列对象包含一个标头对象（名称为 Header1）和一个文本框对象（名称为 Text1），而 CurrentControl 属性的默认值就是文本框 Text1
Width	列宽
Sparse	用于确定 CurrentControl 属性是影响列中的所有单元格还是只影响活动单元格

3. 表格生成器

打开表格生成器→选"表格"→右击打开快捷菜单→选择"生成器"即可。

（1）"表格项"选项卡，用于指定在表格中显示的字段。

（2）"样式"选项卡，用于指定表格的显示样式。

（3）"布局"选项卡，主要用于指定列标题和表示字段值的控件。

（4）"关系"选项卡，用来指定两表之间的关系。

【例 6.17】 设计如图 6.46 所示的学生成绩查询表单。表单文件名为"按学号查询成绩.SCX"。

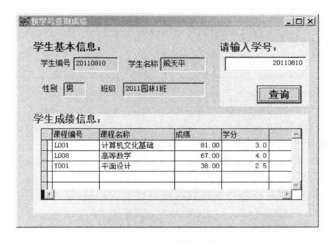

图 6.46　学生成绩查询界面

设计步骤如下：

（1）打开表单设计器，建立表单，在表单中添加 5 个标签和 4 个文本框设计学生基本信息，各文本框的 ControlSource 的属性值依次设置为 a1、a2、a3 和 a4。其他属性按图 6.46 所示的"学生基本信息"栏设置。

（2）在表单中添加一个标签、一个文本框和一个命令按钮来设置查询条件。设置文本框的 ControlSource 的属性值为 xh。

（3）在表单中添加一个标签和一个表格来显示查询成绩。表格的 RecordSourceType 设置为 4-SQL 说明。

（4）在表单的 Init 事件中添加如下查询初始化代码：

```
dime a(1,4)；a = 0；xh = 0；a1 = 0；a2 = 0；a3 = 0；a4 = 0
```

（5）在"查询"按钮上，设置其 Click 事件代码为：

```
select 学号,姓名,性别,班级 from student where 学号 = alltrim(str(xh)) into array a
a1 = a(1)
a2 = a(2)
a3 = a(3)
a4 = a(4)
thisform.grid1.recordsource = "select grade.课程号,课程名称,成绩,学分 from grade,；
```

表单设计与应用

```
course where grade.课程号 = course.课程号 and 学号 = alltrim(str(xh)) ;
into cursor temp"
thisform.refresh
```

（6）按照要求进行其他设置，执行"文件"→"保存"菜单命令，输入文件名"按学号查询成绩.SCX"并保存表单，最后执行表单，结果如图 6.46 所示。

6.3.12　页框控件

页框（PageFrame）是包含页面（Page）的容器对象，而页面本身也是一种容器，它可以包含其他控件。利用页框、页面和相应的控件可以构建选项卡对话框。

1. 常用属性

页框常用属性如表 6.23 所示。

表 6.23　页框常用属性

属　　性	用　　途	默认值
PageCount	指定页框中包含的数量，取值范围为 0~99	2
Pages	用于存取页对象的数组	0
Tabs	指定页框中是否显示页标签栏，.T. 为有页标题栏，.F. 为没有	.T.
Tabstredt1	当页标题（标签）文本很长时，确定是否为多行显示，0 为多行显示，1 为单行显示，多余的截去	1
ActivePage	用来返回或指定激活页号。如 Pageframe1.AvtivePage＝3，表示第 3 页激活，如 x＝PageFrame1.activePage，表示返回激活页号给 x	1
Tabstyle	页框中的页是否调整。0 为调整每个页宽度，容纳整个标题，1 为不调整每个页宽度来容纳页标题	0

2. 编辑页框

选择"页框"→右击，打开快捷菜单→选择"编辑"，在页框周边出现绿色边界，此时可对页框中的每个页面进行编辑。

【例 6.18】　设计如图 6.47 所示的成绩查询表单。表单文件名为"成绩查询.SCX"。

设计步骤如下：

（1）打开表单设计器，建立表单，通过"表单控件"工具栏在表单上放置页框，拖动页框边界的拖动柄调整页框大小。设置 PageCount 属性为 3，接着右击页框并在弹出的快捷菜单中选择"编辑"命令，把 3 个页面的 Caption 属性值分别设置为"按学号查询"、"按班级查询"和"按课程查询"。

（2）在 Page1 中按例 6.17 进行设计。

（3）在 Page2 中添加两个标签、一个组合框、一个命令按钮和一个表格来设计按班级查询，设置组合框的 RowSourceType 的属性值为 6，RowSource 的属性值为 student.班级，ControlSource 的属性值为 bg，表格的 RecordSourceType 设置为 4-SQL 说明，其他属性按图 6.47(b) 的要求进行设置。

（4）在 Page2 中"查询"按钮上设置其 Click 事件代码为：

```
thisform.pageframe1.page2.grid1.recordsource = ";
select student.学号,姓名,性别,课程名称,成绩 from student,grade,course ;
```

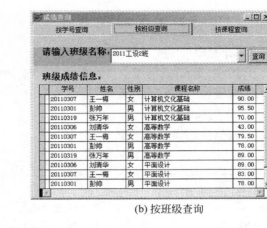

(a) 按学号查询

(b) 按班级查询

(c) 按课程查询

图 6.47　成绩查询界面

```
where student.学号 = grade.学号 and grade.课程号 = course.课程号 ;
and 班级 = alltrim(bg) into cursor temp"
thisform.refresh
```

（5）在 Page3 中添加两个标签、一个组合框、一个命令按钮和一个表格来设计按课程查询，设置组合框的 RowSourceType 的属性值为 6，RowSource 的属性值为 course.课程名称，ControlSource 的属性值为 kl，表格的 RecordSourceType 设置为 4-SQL 说明，其他属性按图 6.47(c)的要求进行设置。

（6）在 Page3 中"查询"按钮上，设置其 Click 事件代码为：

```
thisform.pageframe1.page3.grid1.recordsource = ";
select student.学号,姓名,性别,成绩,班级 from student,grade,course ;
where student.学号 = grade.学号 and grade.课程号 = course.课程号;
and 课程名称 = alltrim(kl) order by 班级   into cursor temp"
thisform.refresh
```

（7）按照要求进行其他设置，执行"文件"→"保存"菜单命令，输入文件名"成绩查询.SCX"并保存表单，最后执行表单，结果如图 6.47 所示。

6.3.13 计时器与微调器

1. 计时器

计时器(Timer)是用于在程序中按一定的时间间隔触发某一种或将执行的某一操作，它的时间是由系统时钟控制的，它在执行时是不可见的。

1) 常用属性

计时器常用属性如表 6.24 所示。

表 6.24 计时器常用属性

属　　性	用　　途	默 认 值
Interval	设置计时器 Timer 之间的时间间隔，以 ms 为单位	0
Enabled	计时器是否可用，.T. 为可用，.F. 为不可用	.T.

2) 计时器常用事件

Timer 事件为计时器常用事件，当经过由 Interval 属性指定的毫秒数时触发，一般是在此事件中编写周期性的动作执行程序。

【例 6.19】 设计如图 6.48 所示的欢迎界面，表单文件名为"欢迎界面.SCX"。要求使用 Timer 控件，Interval 设为 500，"欢迎使用学生成绩管理系统"在 500 ms 间左右滚动，并显示系统日期。

设计步骤如下：

(1) 打开表单设计器，建立表单，在表单中添加一个标签，其 Caption 属性分别设置为"欢迎您使用学生成绩管理系统"。适当设置其大小、颜色和字体。

(2) 在表单中添加一个计时器控件。设置 Interval 属性为 500，在其 Timer 事件中输入如下代码：

```
flag = 1
Thisform. label2. caption = "今天是" + str(year(date()),4,0) + "年";
 + str(month(date()),2,0) + "月" + str(day(date()),2,0) + "日"
if flag = 1
   if thisform. label1. left + thisform. label1. width > 0
     Thisform. label1. left = thisform. label1. left - 40
   else
   Thisform. label1. left = thisform. label1. width
endif
endif
```

(3) 按照要求进行其他设置，执行"文件"→"保存"菜单命令，输入文件名"欢迎界面.SCX"并保存表单，最后执行表单，结果如图 6.48 所示。

2. 微调

该控件用于实现用户在一定范围内输入数值。用户也可通过单击微调(Spinner)的上下箭头直接在微调框中输入数值。

1) 常用属性

微调的常用属性如表 6.25 所示。

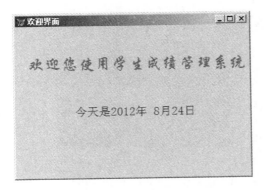

图 6.48 欢迎界面

表 6.25 微调的常用属性

属　　性	用　　途	默 认 值
Value	当前值	0
KeyBoardHighValue	允许由键盘输入的最大值	214 7483 647
KeyBoardLowValue	允许由键盘输入的最小值	−2 147 483 647
SpinnerlightValue	单击箭头按钮的最大值	2 147 483 647.0
SpinnerlowValue	单击箭头按钮的最小值	−2 147 483 647
Increment	指定微调的增减步长	1.00
ControlSource	指定绑定数据流[形式对象 ControlSource＝cname],cname 为变量	（无）

2）常用事件

InteractiveChange,Click,DowClick,UpClick 事件。

6.3.14　图像、形状、线条

1. 图像

图像(Image)用于显示图片。同其他控件一样有一整套的属性、事件方法。

常用属性如表 6.26 所示。

表 6.26 图像的常用属性

属　　性	用　　途	默认值
Picture	要显示的图片	（无）
Borderstyle	是否有边框,0 为无,1 为固定单线	0
Backstyle	图像的背景是否透明,0 为透明,1 为不透明	1
Stretch	0—剪裁。超出控件范围部分不显示	0
	1—等比填充。保证图像有比例,控件内尽可能大地显示图像	
	2—等比填充。将图像调整到控件的高度,宽度相匹配	

【例 6.20】　交替显示两张图片,表单如图 6.49 所示,要求:单击一次替换一次。

设计步骤如下:

(1) 在计算中查找两个图片复制到默认路径下,一个图像名为 001,另一个为 002。

(2) 按图 6.49 建立界面与属性。

图 6.49　图片交替显示表单

（3）Form1 的 Init 事件代码：

```
public f
f = 0
```

（4）Form1 的 Active 事件代码：

```
thisform.image1.picture = "f:\学生成绩管理\001.jpeg"
```

（5）Image1 的 Click 事件代码：

```
if f = 0
    this.picture = "f:\学生成绩管理\002.jpeg"
    f = 1
else
    this.picture = "f:\学生成绩管理\001.jpeg"
    f = 0
endif
```

（6）退出 Command1 的 Click 事件代码：

```
thisform.release
```

（7）按照要求进行其他设置，执行“文件”→“保存”菜单命令，输入文件名“图片显示.SCX”并保存表单，最后执行表单，结果如图 6.49 所示。

2. 形状（Shape）

该控件用来创建图、矩形、椭圆。

常用属性如表 6.27 所示。

表 6.27　形状常用属性

属　　性	用　　途	默 认 值
Curvature	指定曲率。0 为矩形，99 为圆（或椭圆），(0,99) 为圆角矩形	0
Width	指定矩形宽度	
Height	指定矩形高度	
FillStyle	指定填充方式。0：实线；1：透明，即无填充；2：水平线；3：垂直线；4：向上对角线；5：向下对角线；6：十字线；7：对角交叉线	1

属　　性	用　　途	默 认 值
Borderstyle	指定控件边框样式。0：透明；1：实线；2：虚线；3：点；4：点画线；5：双点画线；6：内实线	1

【例 6.21】 表单如图 6.50 所示。Spinner1 用于调形状，曲率取值 0～99，步长为 10；Spinner2 用于填充方式，取值 0～7；Spinner3 用于调红色，取值 0～255；Spinner4 用于调绿色，取值 0～255；Spinner5 用于调蓝色，取值 0～255。

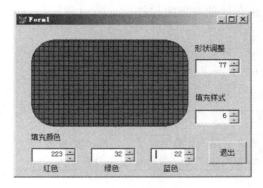

图 6.50　图形变形表单

（1）按图 6.50 设置界面和属性。

（2）5 个 Spinner 微调框，设置 Increment 的属性值为 1，按题目要求分别设置 Keyboardlowvalue 的属性值和 Keyboardhighvalue 的属性值。

（3）Spinner1 的 InteractiveChange 事件代码：

```
thisform.shape1.curvature = this.value
thisform.refresh
```

（4）Spinner2 的 InteractiveChange 事件代码：

```
thisform.shape1.fillstyle = this.value
thisform.refresh
```

（5）Spinner3、Spinner4、Spinner5 的 InteractiveChange 事件代码都为：

```
thisform.shape1.backcolor = rgb(thisform.spinner3.value,thisform.spinner4.value,;
thisform.spinner5.value)
thisform.refresh
```

（6）退出 Command1 的 Click 事件代码：

```
thisform.release
```

（7）按照要求进行其他设置，执行"文件"→"保存"菜单命令，输入文件名"Form1.SCX"并保存表单，最后执行表单，结果如图 6.50 所示。

3. 线条（Line）控件

该控件可画直线。它也有属性、事件和方法。常用属性如表 6.28 所示。

表 6.28　线条常用属性

属　　性	用　　途	默 认 值
Height	指定线条为对角线的高度。若为 0,表示水平线	
Width	指定线条为对角线的宽度。若为 0,表示垂直线	
Lineslant	指定线条的倾斜方向	

6.3.15　容器

容器控件就是可以包含其他对象的控件。它的封装性好,使用它可以将一些对象组合在一起,统一管理。

1. 常用属性

常用容器属性如表 6.29 所示。

表 6.29　常用容器属性

属 性 值	用　　途	默 认 值
BackStyle	设置容器是否透明,1 为不透明,0 为透明	1
SpecialEffect	设置容器样式,0 为凸起,1 为凹下,2 为平面	2

2. 往容器中装控件与编辑控件

如果往容器中装入控件必须选容器→右击,打开快捷菜单→选择"编辑",使容器周边出现绿色边界,这时才可以往容器中拖放所需控件。

当需要对容器中的控件进行编辑时,方法与装控件一样,先选容器→右击,打开快捷菜单→选择"编辑",使容器周边出现绿色边界,这时才可以对容器中的每个控件进行编辑。

3. 容器中对象的引用

在引用容器中的对象时,一定要指明引用哪个容器中的对象。

【例 6.22】　用容器控件计算两数之和,表单如图 6.51 所示。

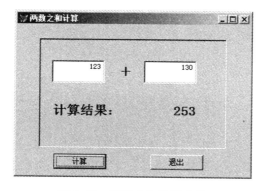

图 6.51　两数之和计算表单

(1) 按图 6.51 所示设计界面,将容器的 SpecialEffect 设为 1。

(2) 计算 Command1 的 Click 事件代码:

```
z = 0
```

```
x = thisform.container1.text1.value
y = thisform.container1.text2.value
z = x + y
thisform.container1.label2.caption = "计算结果: " + str(z)
```

（3）退出 Command2 的 Click 事件代码：

```
thisform.release
```

（4）按照要求进行其他设置，执行"文件"→"保存"菜单命令，输入文件名"两数之和计算.SCX"并保存表单，最后执行表单，结果如图 6.51 所示。

计算机等级考试考点：
在表单中加入和修改控件对象。

6.4 本 章 小 结

表单是 Visual FoxPro 创建程序及界面的重要途径之一。表单设计器中的各个控件都为用户创建界面提供了不同的功能，表单是面向对象程序设计思想与可视化操作的集中体现，它的事件驱动机制能使我们直观、快捷地完成应用程序的设计。

本章主要包括以下内容：
（1）面向对象程序设计的基本概念。
（2）表单的基本概念及其相关的属性、方法和事件。
（3）表单向导和表单设计器的应用以及多重表单的设计。
（4）各种控件的运用。

对于非计算机专业或刚刚接触编程的同学，界面设计很有趣并富有创意，只是实践后编写代码有一定难度，我相信大家努力，一定能设计出精彩的应用程序界面。

6.5 习 题

一、选择题

1. 下列关于基类的说法，不正确的一项是（ ）。
   A. 基类是系统本身内含的，每个 Visual FoxPro 基类都有自己的一套属性、事件和方法
   B. 基类被保存在类库中
   C. Visual FoxPro 中的基础类即为基类
   D. 可以基于基类生成所需要的对象，也可以扩展基类创建自己的类
2. Visual FoxPro 中的容器类生成（ ）。
   A. 容器　　　　B. 对象　　　　　C. 控件　　　　D. 方法
3. 下列关于容器的方法不正确的是（ ）。
   A. 可以认为容器是一种特殊的控件
   B. 容器可以包括其他的容器或控件

    C. 容器类生成控件

    D. 表单集可以算是一个容器

4. 下列运行表单的方法中不正确的一项是(　　)。

    A. 单击"程序"菜单中的"运行"命令

    B. 在表单设计器环境下,单击"表单"菜单下的"执行表单"命令

    C. 单击标准工具栏中的运行按钮

    D. 执行 OPEN FORM 命令

5. 如果要将已编辑过的方法或事件重新设置为默认值,可以(　　)。

    A. 在"属性"窗口的列表中用鼠标右键单击事件或方法,选择"重置为默认值"

    B. 在"属性"窗口的列表中用鼠标右键单击事件或方法,选择"默认值"

    C. 在"属性"窗口的列表中用鼠标单击事件或方法,选择"重置为默认值"

    D. 在"属性"窗口的列表中用鼠标单击事件或方法,选择"默认值"

6. 在表单中要选定多个控件,应按(　　)键。

    A. Ctrl   B. Shift   C. Alt   D. Tab

7. 下列关于数据环境的说法不正确的是(　　)。

    A. 数据环境中可以包含与表单有联系的表和视图及表之间的关系

    B. 数据环境是一个对象,有自己的属性、方法和事件

    C. 数据环境中的表或视图不可以与表单同时打开

    D. 在数据环境设计器中可以设置表单的数据环境

8. 在设计代码时,应该用(　　)属性值而不能用(　　)属性值来引用对象。

    A. Name, Caption   B. Alignment, Name

    C. Caption, Name   D. Alignment, Caption

9. 在 Visual FoxPro 中,Default 属性值为.T. 的命令按钮为(　　)按钮。

    A. 确定   B. 否定   C. 确认   D. 否认

10. (　　)属性用来指定表单或控件能否响应由用户引发的事件。

    A. Enabled   B. Visible   C. Cancel   D. Default

11. PasswordChar 属性仅适用于(　　)。

    A. 文本框   B. 组合框   C. 列表框   D. 复选框

12. InputMask 属性用于指定(　　)。

    A. 文本框控件内是显示用户输入的字符还是显示占位符

    B. 返回文本的当前内容

    C. 一个字段或内存变量

    D. 在一个文本框中如何输入和显示数据

13. 利用编辑框控件,可以(　　)。

    A. 选择正文   B. 剪切、粘贴正文 C. 复制正文   D. A,B,C

14. 用于指定编辑框控件中能否使用 Tab 键的是(　　)属性。

    A. AllowTabs   B. HideSelection   C. ReadOnly   D. ScrollBars

15. 在表单 MyForm 的一个控件的事件或方法代码中,改变该表单的背景色为绿色的正确命令是(　　)。

A. MyForm. Parent. BackColor＝RGB(0,255,0)

B. THISFORMS. BackColor＝RGB(0,255,0)

C. THIS. Parent. BackColor＝RGB(0,255,0)

D. THIS. BackColor＝RGB(0,255,0)

16. 如果想使一个选项组中包括 3 个按钮,可将(　　)属性值设置为 3。

A. Value　　　　B. ButtonCount　　　C. ControlSource　D. Buttons

17. 在表单设计器环境下,要选定表单中某选项组里的某个选项按钮,可以(　　)。

A. 单击选项按钮

B. 双击选项按钮

C. 先单击选项组,并选择"编辑"命令,然后再单击选项按钮

D. 以上 B 和 C 都可以

18. 下面关于数据环境和数据环境中两个表之间关系的陈述中,正确的是(　　)。

A. 数据环境是对象,关系不是对象

B. 数据环境不是对象,关系是对象

C. 数据环境是对象,关系是数据环境中的对象

D. 数据环境和关系都不是对象

19. 运行表单的命令是(　　)。

A. DO FORM　　　B. DO　　　　　C. RUN　　　　　　D. SHOW

20. 释放当前表单的命令是(　　)。

A. ThisForm. refresh　　　　　　B. ThisForm. Release

C. ThisForm. hide　　　　　　　D. ThisForm. show

二、填空题

1. 如果一个对象基于 Visual FoxPro 而产生,那么该对象在属性 Class 和属性_____上的取值相同,而在_____和属性_____上的取值为空串。如果一个对象基于 Visual FoxPro 基类的直接子类而产生,那么该对象在属性_____和属性_____上的取值相同。

2. 在程序中要隐藏已显示的 Myform1 表单对象,应使用_____命令。

3. 无论是否对事件编程,发生某个操作时,相应的事件都会被_____。

4. _____是用类创建对象的函数,括号内的自变量就是一个已有的类名,该函数返回一个_____。

5. 在使用 CREATE OBJECT 函数生成表单对象时,表单不会自动显示在屏幕上。要让表单显示出来,可以调用表单对象的_____方法。

6. 运行表单是指_____。

7. 要为表单设计下拉菜单,首先需要在菜单设计时,在"常规选项"对话框中选择"顶层表单"复选框;其次要将表单的 ShowWindows 属性值设置为_____,使其成为顶层表单;最后需要在表单的_____事件代码中添加调用菜单程序的命令。

8. 在 Visual FoxPro 中,控件是_____。

9. 数组属性在设计时是_____的,在"属性"窗口以_____显示。

10. Visual FoxPro 基类的最小属性集是_____、_____、_____、_____。

表单设计与应用

第 7 章　报表设计与应用

在对数据库进行操作时,数据和文档的输出通常有两种方式:屏幕显示和打印机打印。报表是最常用的打印文档,是用户使用打印机输出数据库数据及文档的一种实用的方式,它为显示并总结数据提供了灵活的途径。因此,报表设计是应用程序开发的一个重要组成部分。

本章将结合实例介绍使用报表来控制打印机输出信息的格式及操作。

7.1　报表的创建

Visual FoxPro 创建报表有三种方式:第一种是用向导创建报表;第二种是使用快速报表创建报表;第三种是用报表设计器创建报表。不管使用哪种方式创建报表,都要在创建报表之前先对报表进行总体规划和布局。

7.1.1　报表的总体规划和布局

1. 总体规划

(1) 决定要创建的报表类型;

(2) 需要的数据源是一个还是多个,它们之间的关系;

(3) 采用哪种常规布局方式。

2. 报表的常规布局

在创建报表前应确定所需报表的常规布局,根据不同的需要,图 7.1 列出了几种常规的布局方式,表 7.1 对几种报表常规布局进行了说明,在确定常规布局时要考虑纸张的要求。

列报表　　　行报表　　　一对多报表　　　多栏报表　　　标签

图 7.1　报表的常规布局

表 7.1　报表常规布局说明

布 局 类 型	说　　　　明	示　　例
列报表	每一行一条记录,每一条记录的字段在页面上按水平方向设置	分组/总汇报表,财政报表等
行报表	一列的记录,每条记录的字段在一侧垂直放置,即每个字段一行,字段名在数据左侧,字段与其数据在同行	列表
一对多报表	一条记录或一对多关系。其内容包括父表的记录及子表的记录	发票、会计报表
多栏报表	多列记录,每条记录的字段沿左边缘垂直放置	电话簿、名片
标签	多条记录,每条记录的字段沿左边缘垂直放置,打印在特殊纸上	邮政标签、名字标签

在确定所需的报表类型后,便可以创建报表布局文件了。建立报表需要定义报表的样式并将其存储在扩展名为.FRX 的报表文件中,每个报表文件还伴随着一个相关的.FRT文件。报表文件指定了数据源字段、必要的文本和信息在页面上的位置。

通常情况下,先利用"报表向导"或"快速报表"创建一个报表的雏形,然后再利用"报表设计器"对已创建的报表进行修改,而较少直接用"报表设计器"创建报表。

7.1.2　用"报表向导"创建报表

"报表向导"是创建报表的最简单途径,它提供很多"报表设计器"的定制功能。无论何时想创建报表,都可使用"报表向导",向导会提出一系列问题并根据回答创建报表布局。

单击"文件"菜单→"新建"或常用工具栏中的"新建"按钮,打开"新建"对话框→在"文件类型"中选"报表"→"向导",打开"向导选取"对话框如图 7.2 所示,此对话框中有两个选项供选择。当报表数据源为一个单一的表时选"报表向导",当数据源是由父表和子表组成时,选"一对多报表向导"。然后根据向导各步骤的提示完成报表的制作。

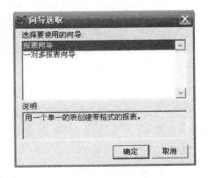

图 7.2　"向导选取"对话框

【例 7.1】　利用"报表向导"创建一个学生成绩报告单报表。

设计步骤如下:

(1) 打开项目管理器,在项目管理器中选择"文档"选项卡,选择"报表"项,然后单击"新建"按钮,即弹出"新建报表"对话框,单击"报表向导"按钮,即弹出如图 7.2 所示的"向导选取"对话框。

(2) 选取"报表向导",并单击"确定"按钮,进入单表报表向导的"步骤 1-字段选取",为创建的报表选择表和字段,如图 7.3 所示。这里选择的字段不仅决定了报表中将显示哪些字段,选取字段的顺序也很重要。

(3) 选择"成绩管理"数据库"学生成绩"视图中的"学号"、"姓名"、"性别"、"平均成绩"和"总成绩"字段,单击"下一步"按钮,进入单表报表向导的"步骤 2-分组记录",如图 7.4所示。

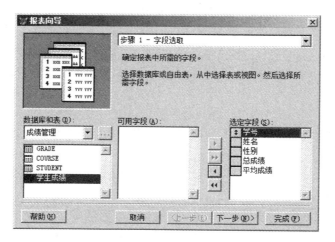

图 7.3　字段选取

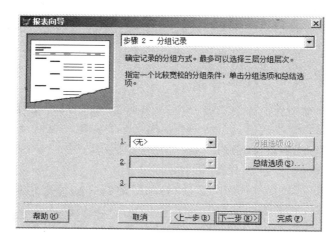

图 7.4　分组记录

（4）不设分组，单击"下一步"按钮，进入单表报表向导的"步骤 3-选择报表样式"，如图 7.5 所示。报表有经营式、账务式等 5 种样式，选择不同的样式，在对话框的左上角将显示其特征形式。

（5）选取"账务式"，单击"下一步"按钮，进入单表报表向导的"步骤 5-排序记录"，如图 7.6 所示。

（6）在"可用的字段或索引标识"列表框中，选定"学号"，单击"添加"按钮，即选定"学号"为排序依据。单击"下一步"按钮，进入单表报表向导的"步骤 6"。这是报表向导的最后一步，主要是为利用报表向导生成的报表确定标题以及在完成报表向导设置后是否修改报表、使用报表。如果需要预览报表，可单击"预览"按钮，查看利用报表生成器创建的报表，如图 7.7 所示。

（7）选取"保存报表以备将来使用"项，再单击"完成"按钮，将报表以名为"学生成绩报表"保存，完成报表向导。

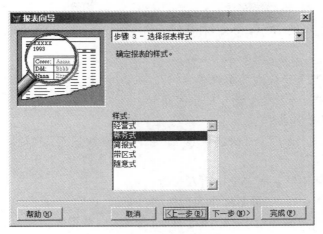

图 7.5　选择报表样式

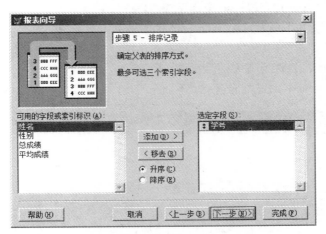

图 7.6　排序记录

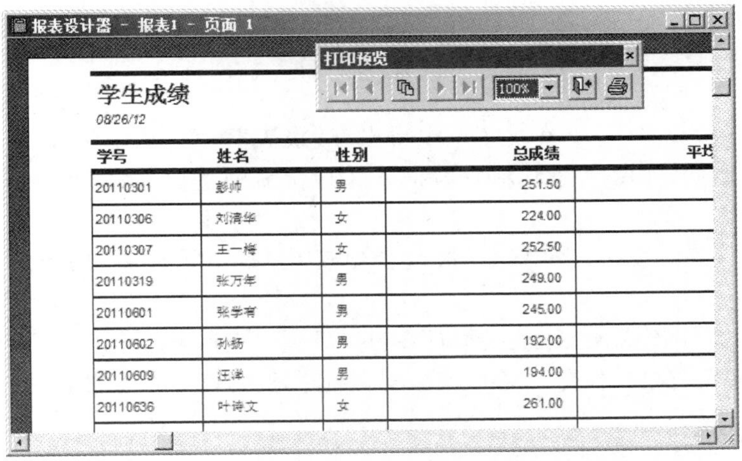

学号	姓名	性别	总成绩	平均
20110301	彭帅	男	251.50	
20110306	刘清华	女	224.00	
20110307	王一梅	女	252.50	
20110319	张万年	男	249.00	
20110601	张季宥	男	245.00	
20110602	孙扬	男	192.00	
20110609	汪洋	男	194.00	
20110636	叶诗文	女	261.00	

图 7.7　预览利用报表生成器创建的报表

7.1.3 利用"快速报表"设计报表

1. 快速报表

用"快速报表"功能来建立简单报表。只需在其中选择基本的报表组件，Visual FoxPro 就会根据选择的布局，自动建立简单的报表布局。

2. 快速报表的操作步骤

选择主菜单中的"报表"→"快速报表"命令，打开"快速报表"对话框。其中有如下选项栏：

（1）字段布局：用以选取字段排列方式。

（2）标题：选择此项，字段名将作为列标题出现。

（3）将表添加到数据环境中：选择此项，则把报表的数据源加到数据环境中。

（4）字段：单击该按钮，打开字段选择对话框，用户可以选择报表中将出现哪些字段，省略情况下，包括除"通用"字段外的全部字段。

【例 7.2】 利用快速报表对 student 表创建"学生信息表"报表。

设计步骤如下：

（1）打开 student 表作为报表的数据源。

（2）在"文件"菜单中选择"新建"，打开"报表设计器"窗口，如图 7.8 所示。

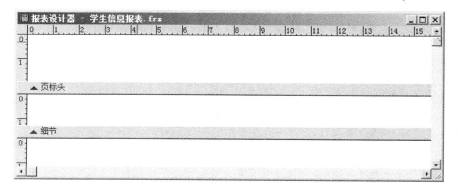

图 7.8 "报表设计器"窗口

（3）打开报表设计器后，在主菜单中将出现"报表"菜单，从中选择"快速报表"，弹出"快速报表"对话框，如图 7.9 所示。为报表选择所需的字段、字段布局以及标题和别名选项。

（4）单击"确定"按钮，选中的字段就会出现在"报表设计器"的布局中。如图 7.10 所示。

（5）单击"打印预览"按钮，在"预览"窗口可看到快速报表的输出结果，如图 7.11 所示。

（6）关闭预览，选择"保存"，在"保存"对话框中输入"学生信息报表"的报表文件名。

计算机等级考试考点：

生成快速报表。

图 7.9　"快速报表"对话框

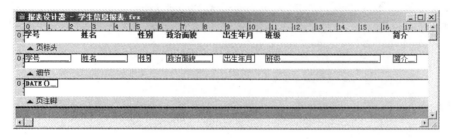

图 7.10　"报表设计器"的布局

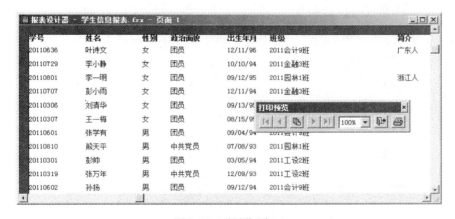

图 7.11　"预览"窗口

7.2　报表设计器

Visual FoxPro 提供的报表设计器允许用户通过直观的操作来直接设计报表或者修改报表。直接调用报表设计器所创建的报表是一个空白报表。

7.2.1　启动报表设计器

1. 菜单方法

（1）若是新建报表,在系统菜单中选择"文件"→"新建"命令,在"文件类型"对话框中选择"报表",单击"新建"按钮;若是修改报表,则选择"文件"→"打开"命令,在"打开"对话框中选择要修改的报表文件名,单击"打开"按钮。

（2）运用项目管理器:进入项目管理器,选择文档标签,然后选择报表,单击"新建"按钮。若需修改报表,选择要修改的报表,单击"修改"按钮。

2. 命令方法

在 COMMAND 窗口输入如下命令:

【格式 1】CREATE REPORT <文件名>　&& 创建新的报表

【格式 2】MODIFY REPORT <文件名>　&& 打开一个已有的报表

7.2.2　报表设计器的介绍

报表设计器如图 7.10 所示,默认包括 3 个带区:页标头(Page Header)、细节(Detail)和页注脚(Page Footer),每个带区的底部显示分隔栏。除了三个带区外,报表带区还包括标题带区、总结带区、列标头带区、组标头带区等,如图 7.12 所示。

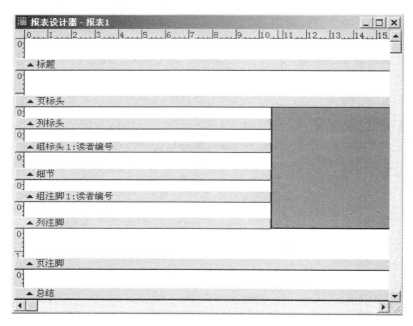

图 7.12　报表设计器

（1）标题(Title):标题区的信息在报表的开始处打印一次。

（2）页标题(Page Header):页标题的内容在报表的每一页开头打印一次。

（3）细节(Detail):内容区是报表的主体,用于输出数据库的记录,一般在该区放置数据库字段。打印报表时,细节区会包括数据库的所有记录。

（4）页注脚(Page Footer):页脚区的内容在每页的最底部打印,一般包含页码、每页的总结和说明信息等。

（5）总结(Summary):总结只在报表的末尾打印一次,一般利用本区打印总计或平均值等信息。

（6）组标头和组注脚带区,用于分组报表,组标头在每个分组开始时打印一次,组注脚带区的内容在每个分组结束时打印一次。

(7)列标头和列注脚带区，列标头和列注脚带区主要用于分栏报表，选择"文件"→"页面设置"命令，将打开"页面设置"对话框，将"列数"设置成大于1的值，"间隔"稍做调整，单击"确定"按钮，则列标头和列注脚会在报表设计器中出现。

带区的作用主要是控制数据在页面上的打印位置。在打印或预览报表时，系统会以不同的方式处理各个带区的数据。对于"页标头"带区，系统将在每一页上打印一次该带区所包含的内容；而对于"标题"带区，则只是在报表开始时打印一次该带区的内容。在每一个报表中都可以添加或删除若干个带区。添加了所需的带区以后，就可以在带区中添加需要的控件。

7.2.3 报表工具栏

与报表设计有关的工具栏主要包括"报表设计器"工具栏和"报表控件"工具栏。要想显示或隐藏工具栏，可以单击"显示"菜单，选择"工具栏"命令，从弹出的"工具栏"对话框中选择或清除相应的工具栏。

1. "报表设计器"工具栏

当打开"报表设计器"时，主窗口中会自动出现"报表设计器"工具栏，如图7.13所示。对此工具栏上从左至右各图标按钮的功能介绍如下。

(1)"数据分组"按钮：打开"数据分组"对话框，用于创建数据分组表达式及指定其他属性。

(2)"数据环境"按钮：显示报表的"数据环境设计器"窗口。

(3)"报表控件工具栏"按钮：显示或隐藏"报表控件"工具栏面板。

(4)"调色板工具栏"按钮：显示或隐藏"调色板"工具栏面板。

(5)"布局工具栏"按钮：显示或隐藏"布局"工具栏面板。

在设计报表时，利用"报表设计器"工具栏中的按钮可以方便地进行操作。

2. "报表控件"工具栏

Visual FoxPro在打开"报表设计器"窗口的同时也会打开"报表控件"工具栏，如图7.14所示。单击"报表设计器"工具栏上的"报表控件"工具栏按钮可以随时显示或关闭"报表控件"工具栏。该工具栏中从左至右各图标按钮的功能介绍如下：

1)"选定对象"工具

"选定对象"工具用于选定、移动或更改控件的大小。在创建某个控件后，系统将自动选定该按钮，除非选中"按钮锁定"按钮。

图7.13 "报表设计器"工具栏　　图7.14 "报表控件"工具栏

2)"标签"工具

"标签"工具用于在报表上创建一个标签，用于输入并显示与记录无关的、不变的数据。

（1）插入标签控件

插入标签控件的操作很简单，只要在"报表控件"工具栏中单击"标签"按钮，然后在报表的指定位置上单击鼠标，使出现一个插入点，即可在当前位置上输入文本。

（2）更改字体

更改字体可以更改每个域控件或标签控件中文本的字体和大小，也可以更改报表的默认字体。选定要更改的控件，从"格式"菜单中选定"字体"选项，此时显示"字体"对话框。选定适当的字体和磅值，然后单击"确定"按钮。

3）"域控件"工具

"域控件"工具用于在报表上创建一个字段控件，用于显示字段、内存变量或其他表达式的内容。

向报表中添加域控件有两种方法：一是从"数据环境设计器"中添加，把相应的字段拖曳到报表指定的带区中即可；二是直接使用"报表控件"工具栏中的"域控件"按钮。单击该按钮，然后在报表带区的指定位置上单击鼠标，系统将显示一个"报表表达式"对话框，如图 7.5 所示。可以在"表达式"文本框中输入字段名，或单击右侧对话框按钮，打开"表达式生成器"对话框，如图 3.26 所示。

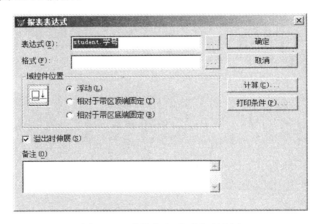

图 7.15　"报表表达式"对话框

（1）在"字段"列表框中双击所需的字段名。表名和字段名将出现在"报表字段的表达式"内。如果"表达式生成器"对话框的"字段"列表框为空，说明没有设置数据源，应该向数据环境添加表或视图。

（2）如果添加的是可计算字段，可以单击"计算"按钮，打开"计算字段"对话框，如图 7.16 所示，可以选择一个表达式，通过计算来创建一个域控件。"计算字段"对话框用于创建一个计算结果。

① 在"重置"列表框中有 3 个选项：报表尾、页尾和列尾。该值为表达式重置的初始值。若使用"数据分组"对话框在报表中创建分组，该列表框为报表中的每一组显示一个重置项。

② 在"计算字段"对话框的"计算"区域中，设置有 8 个单选项。这些单选项指定在报表表达式中执行的计算。

（3）格式，可以更改该控件的数据类型和打印格式。数据类型可以是字符型、数值型或日期型。每一种数据类型都有自己的格式选项。例如，可以把所有的字母输出转换成大写，在数值型输出中插入逗号或小数点，用货币格式显示数值型输出或者将一种日期类型转换成另一种。格式决定了打印报表时域控件如何显示，并不改变字段在表中的数据类型。

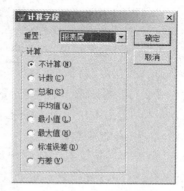

图 7.16 "计算字段"对话框

（4）域控件位置，该区域中有 3 个选项。"浮动"选项指定域控件相对于周围域控件的大小浮动；"相对于带区顶端固定"选项可使域控件在"报表设计器"中保持固定的位置，并维持其相对于带区顶端的位置；"相对于带区底固定"选项可使字段在"报表设计器"中保持固定的位置并维持其相对于带区底端的位置。有些域控件，例如字段的内容较长，此时可选择"溢出时伸展"复选框，使字段显示到报表的底部，这样就可以显示字段的全部内容。

（5）"备注"编辑框可以输入备注文本，文本内容添加至 .FRX 文件中，并不出现在当前报表中。

4）"线条"工具、"矩形"工具和"圆角矩形"工具

报表仅仅包含数据不够美观，可以使用"报表控件"工具栏中所提供的线条、矩形或圆角矩形按钮，在报表适当的位置上添加相应的图形线条控件使其效果更好。

5）"图片/ActiveX 绑定控件"工具

在开发应用程序时，常用到对象链接与嵌入（Object Linking and Embedding，OLE）技术。一个 OLE 对象可以是图片、声音、文档等，它本身并不存在于报表中。Visual FoxPro 的表可以包含这些 OLE 对象，这就意味着报表也能够处理 OLE 对象。报表中加入 OLE 对象后，只有在预览或打印时才将其链接到报表中。

6）"按钮锁定"工具

允许添加多个相同类型的控件而不需要多次选中该控件按钮。

7.2.4 报表的数据源和基本操作

数据源与布局是报表的两个基本要素。报表总是与一定的数据源相联系，因此在设计报表时，确定报表的数据源是首先要完成的任务。如果一个报表总是使用相同的数据源，就可以把数据源添加到报表的数据环境中。当数据源中的数据更新之后，使用同一报表文件打印的报表将反映新的数据内容，而不必重新再去设计新的报表。报表布局定义了报表的打印格式。设计报表就是根据报表的数据源和应用需要来设计报表的布局。

1. 设置报表数据源

"数据环境设计器"窗口中的数据源将在每一次运行报表时被打开，而不必以手工方式打开所使用的数据源。前面用报表向导和创建快速报表的方法建立报表文件时，已经选定了相关的表作为数据源。在报表设计器窗口，随时可以指定报表的数据源。把数据源添加到报表数据环境中的操作步骤如下：

（1）打开"报表设计器"生成一个空白报表，从"报表设计器"工具栏中单击"数据环境"

按钮,或者从"显示"菜单下选择"数据环境"命令,也可以在"报表设计器"窗口的任何位置右击,从弹出的快捷菜单中选择"数据环境"命令,系统打开"数据环境设计器"窗口。

(2)打开"数据环境设计器"窗口之后,主菜单栏中将出现"数据环境"菜单,从中选择"添加";或者在"数据环境设计器"窗口中右击,从快捷菜单中选择"添加"命令,系统将弹出"添加表或视图"对话框。

(3)在"添加表或视图"对话框中选择作为数据源的表或视图。

(4)最后单击"关闭"按钮。

2. 报表的基本操作

报表布局就是报表的输出格式。创建报表,就是设计报表的输出格式,实际上就是设计报表布局,即设置报表的页面大小,报表的报表标题、页标题、列标题、组标题以及数据的显示位置、尺寸及大小等。

1)设置"标题"或"总结"带区

从"报表"菜单中选择"标题/总结"命令,系统将显示如图 7.17 所示的"标题/总结"对话框。

在该对话框中选择"标题带区"复选框,则在报表中添加一个"标题"带区。系统会自动把"标题"带区放在报表的顶部,若希望把标题内容单独打印一页,应选择"新页"复选框。

选择"总结带区"复选框,则在报表中添加一个"总结"带区。系统将自动把"总结"带区放在报表的尾部。若想把总结内容单独打印一页,应选择"新页"复选框。

2)设置"组标头"或"组注脚"带区

当要进行分组输出时,就要设置"组标头"或"组注脚"带区。从"报表"菜单中选择"数据分组"命令,或者单击"报表设计器"工具栏中的"数据分组"按钮。弹出"数据分组"对话框,如图 7.18 所示。单击对话框中的省略号按钮,弹出"表达式生成器",从中选择分组表达式。

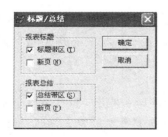

图 7.17 "标题/总结"对话框

图 7.18 "数据分组"对话框

3）设置"列标头"和"列注脚"带区

设置"列标头"和"列注脚"带区可用于创建多栏报表。在"页面设置"对话框中,把"列数"微调器的值调整为大于1,报表将添加一个"列标头"带区和一个"列注脚"带区。

4）调整报表带区高度

如果新添加的带区高度不够,将鼠标指针指向某带区分隔条,出现上下双箭头时,按住左键上下拖动分隔条即可改变报表带区高度。另一种方法是双击需要调整高度的带区的标识栏,系统将显示一个对话框,如双击"细节"带区的标识栏,系统将显示相应的对话框,如图7.19所示。

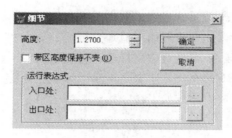

图 7.19　细节带区调整

在该对话框中,直接输入所需高度的数值,或者调整"高度"微调器中的数值均可。微调器下面有"带区高度保持不变"复选框,选中该复选框可以防止报表带区因为容纳过长的数据或从其中移去数据而移动。在各个带区对话框中还可以设置两个表达式:入口处运行表达式和出口处运行表达式。若设置入口处表达式,系统将在打印该带区内容之前计算表达式;若设置出口处表达式,系统将在打印该带区内容之后计算表达式。利用"布局工具栏"对齐对象。

5）设置细节

将数据环境中的字段拖放到细节带区,若某个字段放置位置不令人满意,可在细节带区单击该字段使它的周边出现8个黑色方框,此时可用光标键(或鼠标)移动它的位置。

6）设置报表输出顺序

在数据环境中右击,打开快捷菜单→选择"属性",打开"属性"窗口→在对象下拉列表框中选 cursor1→在属性列表框中找到 order 属性并选中→在"属性"设置框中选"学号"→关闭"属性"窗口。

7）设置页注脚

为报表填日期和页码。

（1）日期,单击报表控件工具栏中的域控件→在"细节"带区适当位置单击,打开"报表表达式"对话框→单击表达式文本框右侧的对话框按钮,打开"表达式生成器"对话框→在"日期"下拉列表框中选 DATE() 函数双击→单击"确定"按钮,返回到"报表表达式"对话框→单击"确定"按钮。

（2）页码,单击报表控件工具栏中的域控件→在"细节"带区适当位置单击,打开"报表表达式"对话框→单击表达式文本框右侧的对话框按钮,打开"表达式生成器"→在"变量"列表框下选 pageno 双击→单击"确定"按钮,返回到"报表表达式"对话框→单击"确定"按钮。

报表设计与应用

8）保存报表

"文件"菜单→选择"保存"，打开"另存为"对话框→在"保存报表为"文本框中输入"学生4报表"→单击"保存"按钮。

9）预览报表

单击常用工具栏中的"预览"按钮，预览结果→关闭"预览"。

7.2.5 数据分组和多栏报表

1. 数据分组

在实际应用当中，有时所需要的报表的数据是成组出现的，常需要把同类信息的数据打印在一起，使报表更易于阅读。分组可以明显地分隔每组记录并为组添加介绍和总结性数据。要对记录进行分组处理，必须先对数据源进行适当的索引或排序。

例如，要对 student.DBF 表的"性别"进行分组，可以在表设计器中以"性别"字段为关键字建立索引，并在命令窗口中输入如下命令指定控制索引：

```
USE XSQK
SET ORDER TO 性别
```

指定控制索引后，分组的其他操作步骤如下：

（1）从"报表"菜单中选择"数据分组"命令，或者单击"报表设计器"工具栏上的"数据分组"按钮，也可以右击报表设计器，从弹出的快捷菜单中选择"数据分组"选项，系统将显示"数据分组"对话框，如图 7.18 所示。

（2）在第一个"分组表达式"文本框内输入分组表达式，如"student.性别"，或者选择对话按钮，在"表达式生成器"对话框中创建表达式。

（3）在"组属性"选项组选定想要的属性。组属性主要用于指定如何分页。在"组属性"选项组中有 4 个复选框，根据不同的报表类型，有的复选框不可用。

- "每组从新的一列上开始"复选框：表示当组的内容改变时，是否打印到下一列上。
- "每组从新的一页上开始"复选框：表示当组的内容改变时，是否打印到下一页上。
- "每组的页号重新从 1 开始"复选框：表示当组的内容改变时，是否在新的一页上开始打印，并把页号重置为 1。
- "每页都打印组标头"复选框：表示当组的内容分布在多页上时，是否每一页都打印组标头。

设置组标头距页面底部的最小距离可以避免孤立的组标头出现。有时因页面剩余的行数较少而在页面上只打印了组标头而未打印组内容，这样就会在页面上出现孤立的组标头，在报表设计时应当避免出现这样的情况。

（4）最后单击"确定"按钮。

分组之后，报表布局就有了组标头和组注脚带区，可以向其中放置任意需要的控件。通常，把分组所用的域控件从"细节"带区复制或移动到"组标头"带区。也可以添加线条、矩形、圆角矩形等希望出现在组内第一条记录之前的任何标签。组注脚通常包含组总计和其他组总结性信息。

2. 多栏报表

当报表中列出的内容较少时,横向占用的页面也较小,如果打印,页面可能只占用一半或更少,这样既不美观,也很浪费。这时可以把报表分成多个栏目,即采用列报表输出。这里,"列"是指页面横向打印的记录的条数,不是单条记录的字段数。向多列报表添加控件时,注意不能超出报表设计器中带区的宽度,否则打印的内容将会重叠。

设置多列报表的方法:选择系统菜单"文件"→"页面设置",弹出"页面设置"对话框,如图 7.20 所示。在这里可以对页面布局、打印区域、多列打印及打印选项进行设置。

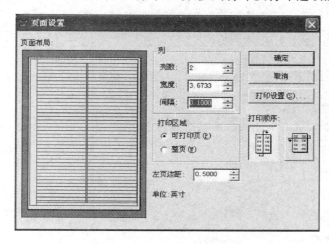

图 7.20 "页面设置"对话框

- "页面布局"框显示了输出页面的示意图,当"页面设置"对话框中的其他参数改变时,都会在此示意图中有所反映。
- "列数"微调控件用于设置打印页的列数,如果打印页的列数超过一列时为多列打印,报表设计器中的"列标头"和"列注脚"带区就会打开,否则就会关闭。
- "宽度"微调控件用于设置列的宽度。当改变了"列数"后,Visual FoxPro 就会自动按照页面打印区域除以列数给出默认的宽度值,用户只能在一定的范围内调节该值,如果将列宽设得太大,Visual FoxPro 会自动减少列数。
- 如果设置的列数大于 1,"间隔"微调控件便会成为可用。改变此值便可调节各列之间的距离,同时 Visual FoxPro 将自动调整各列的"宽度"值。
- "打印顺序"用于选择在输出记录时是按列(单列从页首输出至页尾后返回页首,再输出另一列)输出,还是按行(先输出第一行的每一列,再输出下一行的每一列)输出。

【例 7.3】 利用报表设计器设计班级成绩报表,要求输出每一个班每一门课程的学生学号、姓名、成绩并保存为"班级成绩报表"。

设计步骤如下:

(1) 在"项目管理器"对话框中打开"数据"选项卡,选择其中的"本地视图"图标。建立一个"班级成绩"视图,视图中包含学号、姓名、性别、班级、课程名称和成绩等字段,并依次按班级、课程名称和学号排序。

（2）在"项目管理器"对话框中打开"文档"选项卡，选择其中的"报表"图标。单击"新建"按钮，系统弹出"新建报表"对话框。

（3）单击"新建报表"按钮，打开报表设计器，在数据环境中添加"班级成绩"视图，将相关字段拖到相关带区，并设置字体大小和布局，效果如图 7.21 所示。

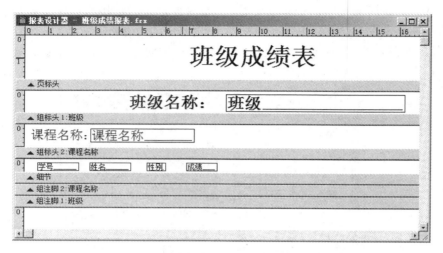

图 7.21　例 7.3 设计效果图

（4）从"报表"菜单中选择"数据分组"命令，先添加按班级分组，再添加按课程名称分组，如图 7.22 所示。

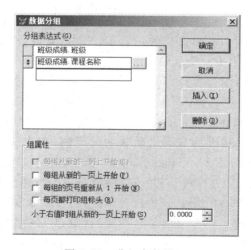

图 7.22　分组条件设置

（5）按要求进行其他设置，以"班级成绩报表.FRX"为文件名保存文件并打印预览，结果如图 7.23 所示。

7.2.6　用命令打印或预览报表

【格式】REPORT FORM ＜报表文件名＞〔ENVIRONMENT〕〔PREVIEW〕〔TO PRINT〕〔PROMPT〕

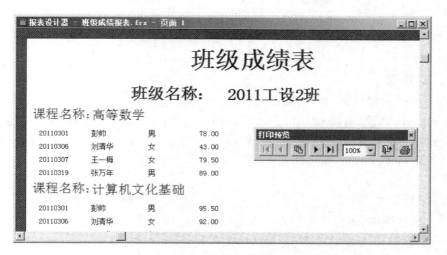

图 7.23 例 7.3 预览效果图

【功能】预览或打印由报表文件名指定的报表。

【说明】

- [ENVIRONMENT]用于恢复存储在报表文件中的环境信息。
- [PREVIEW]预览报表。
- [TO PRINT] 打印报表,若选[PROMPT],在打印前打开设置打印机的对话框,用户可以进行相应的设置。

计算机等级考试考点:

(1) 使用报表设计器。

(2) 修改报表布局。

(3) 设计分组报表。

(4) 设计多栏报表。

7.3 本 章 小 结

报表是一种常用的数据输出的方式,在各行各业的数据计算中经常出现。Visual FoxPro 提供了一种非常方便的设计和输出报表的工具。熟练掌握报表的设计是一项非常实用的技巧。

本章主要包括以下内容:

(1) 报表的总体规划和布局。

(2) 利用"报表向导"创建报表。

(3) 利用快速报表设计报表。

(4) 报表设计器的运用。

对于打印输出要求比较复杂,在用 Visual FoxPro 提供的报表解决不了时,只能用编程方法制作报表。对于一个模式相对简单的报表,可选用 Visual FoxPro 报表中的报表向导、快速报表、报表设计器等工具来制作。本章重点是用可视化工具制作报表。

7.4 习　　题

一、选择题

1. 打开报表设计器的命令是(　　　)。
   A. MODIFY REPORT<报表文件名>　　　　B. OPEN REPORT<报表文件名>
   C. CREAETE REPORT<报表文件名>　　　　D. DO REPORT<报表文件名>

2. 在 Visual FoxPro 中,报表由(　　　)和(　　　)组成。
   A. 元组,属性　　　　　　　　　　　　B. 表单,对象
   C. 数据源,布局　　　　　　　　　　　D. 数据源,数据表

3. 下列选项中,不能作为报表数据源的是(　　　)。
   A. 数据库表　　　　B. 表单　　　　C. 视图　　　　D. 自由表

4. 报表的基本带区中包括(　　　)。
   A. 标题,页注脚,总结带区　　　　　　B. 页标头,组标头,细节带区
   C. 列标头,细节,总结带区　　　　　　D. 页标头,细节,页注脚带区

5. 报表文件的扩展名是(　　　)。
   A. FRX　　　　B. RPT　　　　C. RPX　　　　D. REP

6. 在报表设计器中可以使用的控件是(　　　)。
   A. 标签,列表框,文本框　　　　　　　B. 标签,域,组合框
   C. 标签,域,线条　　　　　　　　　　D. 线条,数据源,组合框

7. 打印或打印预览报表的命令是(　　　)。
   A. DO REPORT　　　　　　　　　　　　B. REPORT FORM
   C. TO PRZNT　　　　　　　　　　　　D. RUN REPORT

8. 在用报表向导创建报表时,选定分组记录最多可选的分组层次是(　　　)。
   A. 1　　　　B. 3　　　　C. 4　　　　D. 2

9. 如果要创建一个数据 3 级分组报表,第一个分组表达式是"部门",第二个分组表达式是"性别",第三个分组表达式是"基本工资",当前索引的索引表达式应当是(　　　)。
   A. 部门＋性别＋基本工资
   B. 部门＋性别＋STR(基本工资)
   C. STR(基本工资)＋性别＋部门
   D. 性别＋部门＋STR(基本工资)

二、填空题

1. 报表负责输出数据库中的信息,但报表文件并不存储_____,而是只存储_____。

2. 报表的常规格式主要有_____、_____、_____、_____和_____等 5 种。

3. 当报表需要输出的内容是内存变量、数组、字段变量、函数以及由它们组成的表达式时,需要利用_____来实现。

4. Visual FoxPro 还提供了用于装饰的_____、_____和_____ 控件。

5. _____的目的是为了查看设计的报表格式等是否符合要求,以便在输出结果不满意时做进一步修改。

6. "图片/ActiveX 绑定控件"按钮用于显示_____或_____的内容。

7. 如果已对报表进行了数据分组,报表会自动包含_____和_____带区。

8. 多栏报表的栏目数可以通过_____来设置。

第8章　菜单和工具栏设计

菜单和工具栏在应用程序中相当常见。如果把菜单和工具栏设计得很好，那么只要根据菜单的组织形式和内容，用户就可以很好地理解应用程序。恰当地计划并设计菜单和工具栏，将使应用程序的主要功能得以体现，让用户在使用应用程序时不致受挫。

Visual FoxPro 支持两种类型的菜单：条形菜单和弹出式菜单。每一个条形菜单都有其相应的一个内部名字和一组菜单选项，而每个菜单选项都有一个名称（标题）和内部名字。弹出式菜单也有一个内部名字和一组菜单选项，菜单选项则有一个名称和选项序号。工具栏常常通过易读的图标来快速实现某一功能，它能够快捷地访问程序，为用户节省操作时间。

本章要讲述的就是设计菜单和工具栏方面的知识，主要包括创建下拉式菜单、快捷菜单和设计自定义工具栏。

8.1　Visual FoxPro 系统菜单

利用系统菜单是用户调用 Visual FoxPro 系统功能最简单的一种方式或者途径，而了解 Visual FoxPro 系统菜单的结构、特点和行为，则是用户开发时设计自己的菜单系统的基础。

典型的菜单系统一般是一个如图 8.1 所示的下拉式菜单，由一个条形菜单和一组弹出式菜单组成。其中条形菜单作为主菜单，弹出式菜单作为子菜单。当选择一个条形菜单选项时，激活相应的弹出式菜单。

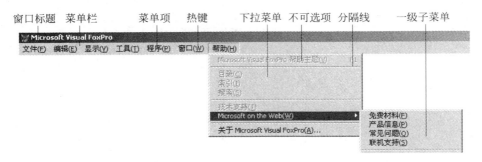

图 8.1　菜单结构

Visual FoxPro 系统菜单是一个典型的 Windows 菜单系统，其主菜单是一个条形菜单。其菜单中常见选项的名称及内部名字如表 8.1 所示。

表 8.1　系统主菜单常见选项及其内部名字

选 项 名 称	内 部 名 字
文件	_MSM_FILE
编辑	_MSM_EDIT
显示	_MSM_VIEW
工具	_MSM_TOOLS
程序	_MSM_PROG
窗口	_MSM_Window
帮助	_MSM_SYSTEM

条形菜单本身的内部名字为_MSYSMENU，_MSYSMENU 也是整个菜单系统的名字。选择条形菜单中的每一个菜单项都会激活一个弹出式菜单,各弹出式菜单的内部名字如表 8.2 所示。

表 8.2　系统菜单的弹出式菜单及其内部名字

弹出式菜单	内 部 名 字
"文件"菜单	_MFILE
"编辑"菜单	_MEDIT
"显示"菜单	_MVIEW
"工具"菜单	_MTOOLS
"程序"菜单	_MPROG
"窗口"菜单	_MWINDOW
"帮助"菜单	_MSYSTEM

通过 SET SYSMENU 命令可以允许或者禁止在程序执行时访问系统菜单,也可以重新设置系统菜单。

【格式】SET SYSMENU ON|OFF| AUTOMATIC [TO [<弹出式菜单名表>]]
　　　　[TO [<条形菜单项名表>]] [TO [DEFAULT] SAVE| NOSAVE]

【说明】

- ON：允许程序执行时访问系统菜单。
- OFF：禁止程序执行时访问系统菜单。
- AUTOMATIC：使系统菜单显示出来,可以访问系统菜单。
- TO <弹出式菜单名表>：重新配置系统菜单,以内部名字列出可用的弹出式菜单。例如,命令 SET SYSMENU TO _MFILE,_MWINDOW 将使传统菜单只保留"文件"和"窗口"两个子菜单。
- TO <条形菜单项名表>：重新配置系统菜单,以条形菜单项内部名表列出可用的子菜单。例如,上面的系统菜单配置命令也可以写成 SET　SYSMENU TO_MSM_FILE,_MSM_WINDO。
- TO DEFAULT：将系统菜单恢复为默认配置。
- SAVE：将当前的系统菜单配置指定为默认配置。如果在执行了 SET SYSMENU SAVE 命令后,修改了系统菜单,那么执行 SET SYSMENU TO DEFAULT 命令,

菜单和工具栏设计

就可以恢复 SET SYSMENU SAVE 命令执行之前的菜单配置。

- NOSAVE：将默认配置恢复成 Visual FoxPro 系统菜单的标准配置。要将系统菜单恢复成标准配置，可执行 SET SYSMENU NOSAVE 命令，然后执行 SET SYSMENU TODEFAULT 命令。
- 不带参数的 SET SYSMENU TO 命令将屏蔽系统菜单，使系统菜单不可用。

8.2　菜单的设计

在应用程序中一般采用两种菜单，一种为下拉式菜单，另一种为快捷菜单。无论创建哪种菜单，首先都要根据需要对应用程序的菜单进行规划与设计，然后才是创建。

8.2.1　设计菜单的步骤

（1）规划与设计菜单系统。需要规划的内容包括：根据用户的要求确定需要哪些菜单，有多少个菜单及子菜单；菜单应放在界面的哪个位置；确定每个菜单的标题和完成的任务；确定哪些菜单项经常被使用，需要设置热键和快捷键等。

（2）创建菜单和子菜单。使用菜单设计器可以定义菜单标题、菜单项和子菜单；按实际要求为菜单系统指定任务。

（3）生成菜单程序。

（4）运行生成的程序，以测试菜单系统。

8.2.2　下拉式菜单的设计

用 Visual FoxPro 提供的菜单设计器可以方便地设计下拉式菜单。菜单设计器的功能有两个：一是为顶层表单设计下拉式菜单；二是通过定制 Visual FoxPro 系统菜单建立应用程序的下拉式菜单。

用菜单设计器设计下拉式菜单的基本过程包括：调用菜单设计器、定义菜单（生成菜单文件，扩展名为 .MNX）、生成菜单程序文件（扩展名为 .MPR）和运行菜单程序。

1. 调用菜单设计器

设计菜单需要先调用菜单设计器，可以使用下面三种方法之一调用菜单设计器。

（1）在项目管理器环境下调用。在"项目管理器"窗口中选择"其他"选项卡，选中"菜单"选项，然后单击"新建"按钮，在弹出的"新建菜单"对话框（如图 8.2 所示）中，单击"菜单"按钮。

（2）菜单方式调用。从"文件"菜单中选择"新建"命令，或者单击工具栏中的"新建"按钮，打开"新建"对话框。选择菜单文件类型，然后单击"新建文件"按钮，在"新建菜单"对话框（见图 8.2）中单击"菜单"按钮。

图 8.2　"新建菜单"对话框

（3）使用如下任何一个命令：

【格式 1】CREATE MENU

【格式 2】MODIFY MENU <文件名>

【说明】MODIFY 命令中的<文件名>指菜单定义文件，默认扩展名 .MNX 允许省略。

若<文件名>为新文件,则为建立菜单,否则为打开已经存在的菜单。

不管使用上面哪种方法,都会打开如图 8.3 所示的"菜单设计器"对话框。

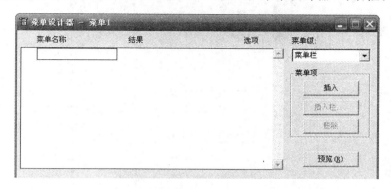

图 8.3 "菜单设计器"对话框

2. 菜单设计器窗口

在菜单设计器中有菜单名称列、结果列、选项列、菜单级组合框及 4 个菜单项按钮,下面分别进行说明。

1）菜单名称列

菜单名称列用来指定菜单项的名称。若菜单项需要设置热键,则在名称后加"\<字符",如文件"\< F"。当名称输入后,其左侧出现带上下箭头的按钮,它是用来调整菜单项顺序的。系统提供的分组手段是在两组之间插入一条水平的分组线,方法是在相应行的"菜单名称"列上输入"\-"两个字符。

2）结果列

结果列是一个下拉列表框,内有命令、填充名称、子菜单、过程 4 个选项,默认值为子菜单。

（1）命令。若选此项,右侧会出现一个文本框,可直接输入一个命令,当执行菜单选此菜单项时,就执行该命令。

（2）填充名称。若选此项,右侧出现一个文本框,可输入菜单项的内部名或序号,在子菜单中填充名称用菜单项代替。

（3）子菜单。若选此项,右侧出现创建按钮,单击该按钮可建立子菜单,一旦建立了子菜单,创建按钮就变为编辑按钮,用来修改子菜单。

（4）过程。若选此项,右侧出现创建按钮,单击此按钮打开过程编辑窗口供用户编辑该菜单项被选中时要执行的过程代码。

注意：结果列中的命令选项只能输入一条命令,而过程中可以输入多条命令。

3）选项列

每个菜单行的选项列都有一个无符号按钮,单击该按钮出现如图 8.4 所示的"提示选项"对话框。供用户定义该菜单项的附加属性,一旦定义了这些属性,按钮上便会出现"√"这个符号。

下面说明"提示选项"对话框的功能：

（1）快捷方式。用于定义快捷键。在"键标签"文本框中按一下组合键,如按 Ctrl＋X

菜单和工具栏设计

图 8.4 "提示选项"对话框

组合键,此时在"键标签"文本框、"键说明"文本框中自动填入 Ctrl＋X 字符串,若要取消已定义的快捷键,只需在"键标签"文本框中按空格键即可。

(2) 位置。用于显示菜单位置。

(3) 跳过。定义菜单项跳过的条件。指定一个表达式,若表达式值为真时,此菜单项为灰色不可用。

(4) 信息。定义菜单项的说明信息,此信息必须用字符定界符括起来,它显示在系统的状态栏中。

(5) 主菜单名。用于指定菜单项的内容名或序号。如果不指定,系统会自动填入。

(6) 备注。用于输入用户自己的备注,不影响程序代码的生成。

4) 菜单级组合框

用于显示当前设计的菜单级。它是一个下拉列表框,内含该菜单中的所有菜单级名,通过选择菜单级名可直接进入所选菜单级。如在设计子菜单时想返回最上层菜单级时,可选名为菜单栏的第一层菜单级。

5) 菜单项按钮

(1) 插入按钮。单击此按钮,是在当前菜单行之前插入一个新的菜单项行。

(2) 插入栏按钮。单击此按钮,打开"插入系统菜单栏"对话框,如图 8.5 所示,在"插入系统菜单栏"对话框中选择需要的项目,然后单击"插入"按钮即可。

(3) 删除按钮。单击此按钮,删除当前菜单项行。

(4) 预览按钮。单击此按钮,可预览菜单效果。

3. 显示菜单

在菜单设计器打开的基础上,"显示"菜单增加了常规选项和菜单选项两个命令。

1) 常规选项

选定显示菜单的常规选项命令,将打开"常规选项"对话框,如图 8.6 所示。利用它可以对菜单的总体属性进行定义。

(1) "过程"编辑框,用于对条形菜单指定一个过程。当条形菜单中的某一个菜单项没

图 8.5　"插入系统菜单栏"对话框

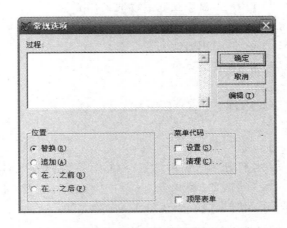

图 8.6　"常规选项"对话框

有规定具体的动作,选择这个菜单项时,将执行此过程。

（2）"替换"选项,是默认选项按钮,选定它表示用户菜单替换系统菜单。

（3）"追加"选项,选定它将用户菜单添加到系统菜单的右侧。

（4）"在…之前"选项,选定它将用户菜单插在系统菜单某菜单项（即条形菜单中菜单项）之前。

（5）"在…之后"选项,选定它将用户菜单插在系统菜单某菜单项之后。

（6）"设置"复选框,选定它可打开一个设置编辑器,单击"确定"按钮可在编辑窗中输入初始化代码,此代码在菜单产生之前执行。

（7）"清理"复选框,选定它打开清理编辑窗口,单击"确定"按钮可在编辑器中输入清理代码,此代码在菜单显示出来后执行。

（8）"顶层表单"复选框,选定它用于此次菜单出现在顶层表单中。

2）菜单选项

选定显示菜单的菜单选项命令,打开"菜单选项"对话框,如图 8.7 所示。它用于定义弹出式菜单公共过程代码,当弹出式菜单某个菜单项没有设置具体动作时,将执行这段代码。

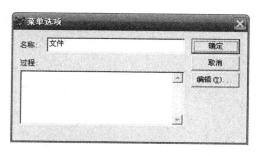

图 8.7 "菜单选项"对话框

4. 正确退出菜单的常用命令

1）恢复 Visual FoxPro 主窗口命令

【格式】MODIFY WINDOW SCREEN

【功能】恢复 Visual FoxPro 主窗口在它启动时的配置。

2）恢复 Visual FoxPro 系统菜单命令

【格式】SET SYSMENU TO DEFAULT

【功能】恢复 Visual FoxPro 系统菜单。

3）激活命令窗口命令

【格式】ACTIVATE WINDOW COMMAND

【功能】激活命令窗口。

5. 生成菜单程序

选定"菜单"的生成命令，打开"确认"对话框→单击"是"，打开"另存为"对话框→在"保存菜单为"文本框中输入菜单名，如"菜单 1"→单击"保存"，打开"生成菜单"对话框，如图 8.8 所示→单击"生成"。此时生成一个菜单 1. MPR 文件。

图 8.8 "生成菜单"对话框

6. 运行菜单

运行菜单程序可使用下面的方法：

（1）在命令窗口输入"DO <文件名>"运行菜单程序，但文件名的扩展名. MPR 不能省略。

（2）选择"程序"→"运行"菜单，在弹出的对话窗口中选择要打开的菜单程序文件执行。

（3）在项目管理器中选择要运行的菜单名，单击"运行"按钮。

【例 8.1】 设计一个下拉菜单，要求条形菜单中的菜单项有数据输入（I），成绩查询（C），数据维护（W），数据统计（D），数据输出（O），退出（R），内部名分别为 a1、a2、a3、a4、a5、a6。数据输入的弹出式菜单有学生信息输入，课程信息输入，成绩输入，它们的快捷键分别为 Ctrl＋S，Ctrl＋C，Ctrl＋G；成绩查询无弹出式菜单；数据统计的弹出式菜单有班级人数统计,班级成绩统计;数据维护的弹出式菜单有学生信息维护,成绩信息维护,课程信息维护;输出报表的弹出式菜单有学生成绩表,班级成绩表;退出无弹出式菜单。

设计步骤如下:

① 打开菜单设计器。在"项目管理器"对话框中,选择"其他"选项卡,选择其中的"菜单"图标,单击"新建"按钮,系统弹出"新建菜单"对话框,如图8.2所示,单击"菜单"按钮,打开菜单设计器,如图8.3所示。

② 定义条形菜单如图8.9所示。

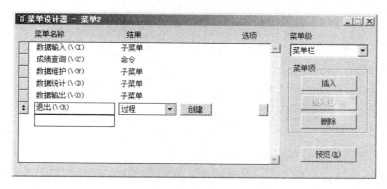

图 8.9　条形菜单

③ 为退出菜单项定义过程,单击结果列上的创建,打开过程编辑器输入如下代码:

```
MODI WINDOW SCREEN
SET SYSMENU TO DEFAULT
ACTIVATE WINDOW COMMAND
```

然后关闭代码窗口。

④ 建立数据输入弹出式菜单。单击"数据查询"菜单项"结果"列上的创建按钮,菜单设计器进入子菜单页,然后在第一行"菜单名称"列中输入"学生信息输入",在"结果"列中选"命令",在右侧框输入命令为"do form 学生信息输入";在第二行"菜单名称"列输入"课程信息输入",在"结果"列中选"命令",在右侧框输入命令为"do form 课程信息输入",在第三行"菜单名称"列输入"成绩输入",在"结果"列中选"命令",在右侧框输入命令为"do form 成绩输入",如图8.10所示。

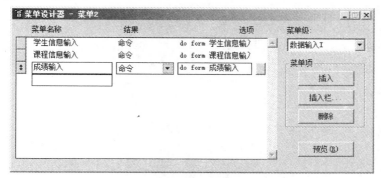

图 8.10　数据输入子菜单

菜单和工具栏设计

⑤ 为学生信息输入设置快捷键,单击按学生信息输入的选项列,打开提示选项对话框,在"键标签"文本框中按 Ctrl+S 组合键→单击"确定"按钮。用同样的方法可为其他菜单项设置快捷键。

⑥ 为数据查询弹出菜单设内部名。在此子菜单页状态下选"显示菜单"→"菜单"选项,打开"菜单选项"对话框→在"名称"文本框中输入"a1",如图 8.11 所示→单击"确定"按钮。用同样的方法为其他子菜单设内部名。

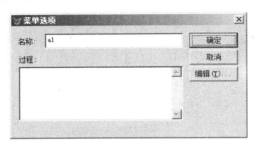

图 8.11 "菜单选项"对话框

⑦ 在菜单级下拉列表框中选菜单栏返回到主菜单页,在成绩查询的命令后输入:do form 成绩查询。

⑧ 接下来依次建立数据维护子菜单,如图 8.12 所示;建立数据统计子菜单,如图 8.13 所示;建立数据输出子菜单,如图 8.14 所示。

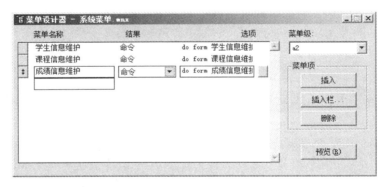

图 8.12 数据维护子菜单

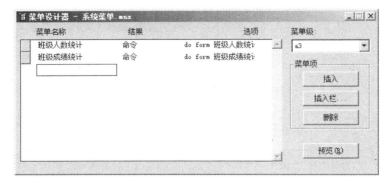

图 8.13 数据统计子菜单

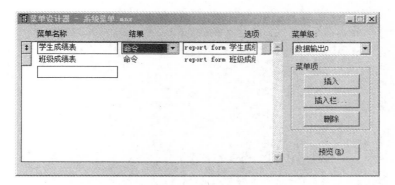

图 8.14　数据输出子菜单

⑨ 预览菜单效果。在菜单设计器中单击"预览"按钮即可,菜单预览结果如图 8.15 所示,单击"预览"对话框中的"确定"按钮结束预览。

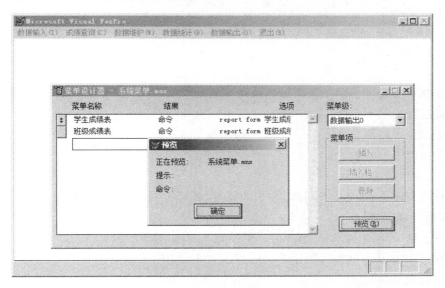

图 8.15　菜单预览结果

⑩ 生成菜单程序。选"菜单"→"生成"命令,打开"生成确认"对话框→单击"是"按钮,打开"另存为"对话框→在"保存菜单为"文本框中输入"系统菜单"→单击"保存"按钮,打开"生成菜单"对话框→单击"生成"按钮。

⑪ 执行菜单。选择"程序"菜单→"运行"命令,打开"运行"对话框→在"运行"对话框的文件列表中选择"系统菜单.MPR 文件"→单击"运行"按钮。

【例 8.2】　设计一个顶层菜单。表单中有"欢迎使用学生成绩管理系统",再设计一个学生信息管理的菜单,将例 8.1 中设计的"系统菜单"放入顶层表单中,界面如图 8.16 所示。

设计步骤如下:

(1) 对系统菜单进行修改。在菜单设计器中打开"系统菜单":

① 选"显示"→"常规"选项,打开"常规选项"对话框→选中顶层表单→单击"确定"按钮。

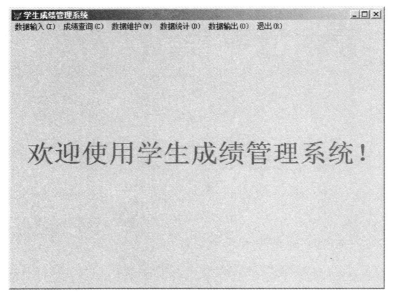

图 8.16 例 8.2 运行界面

② 在菜单中设计主菜单页的退出菜单项行，单击"结果"列的编辑按钮，打开过程编辑器 → 在最后添加如下命令：clear all，然后关闭过程编辑器。

③ 生成菜单程序。

④ 关闭菜单设计器。

（2）建立顶层菜单

① 打开表单设计器，在 Form1 中添加标签，将标签 label11 的 caption 属性设为"欢迎使用学生成绩管理系统"。

② 将表单 Form1 的 ShowWindow 属性设为 2，作为顶层表单。

③ Form1 的 Init 事件代码如下：do 系统菜单. MPR with this，. T. 。

④ 执行表单。

（3）选"表单"菜单 →"执行表单"命令，打开"确认"对话框 → 单击"是"按钮 → 打开"另存为"对话框 → 在"另存表单为"文本框中输入表单名"系统主界面" → 单击"保存"按钮。运行结果如图 8.16 所示。

8.2.3 快捷菜单的设计

快捷菜单是由一个或一组上下级的弹出式菜单组成的。它主要是对某一个界面对象选中后单击鼠标右键而出现的，它是针对用户对某一具体对象操作时快速出现的菜单，在这一方面与下拉式菜单不同。由于快捷菜单简单方便，用户非常容易掌握它的操作和使用，因此应用极为普遍。

1. 快捷菜单的建立

1）打开快捷菜单设计器

执行"文件"菜单 →"新建"命令或单击常用工具栏中的"新建"按钮，打开"新建"对话框→在文件类型中选菜单→单击"新建"按钮,打开"新建菜单"对话框,如图 8.2 所示→单击"快捷菜单",打开快捷菜单设计器如图 8.17 所示。

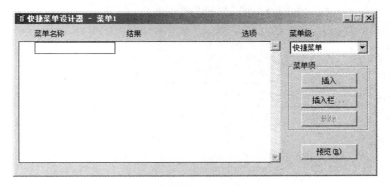

图 8.17 "快捷菜单设计器"对话框

从快捷菜单设计器中发现它与菜单设计器中的项目是一样的,此外它的整个对快捷菜单的定义与下拉菜单也相似。

2) 释放快捷菜单命令

【格式】RELEASE POPUS <快捷菜单名> [< EXTENDED >]

【功能】从内存删除由快捷菜单名指定的菜单。

【说明】当选[< EXTENDED >]时删除菜单、菜单项和所有与 ON SELECTION POPUP 及 ON SELECTION BAR 有关的命令。一般此命令可放在快捷菜单的清理代码中。

2. 生成快捷菜单

快捷菜单与下拉菜单的生成方法相同。

3. 快捷菜单的执行

在选定对象的 RightClick 事件代码中添加如下命令: DO <快捷菜单名>.MPR。

【例 8.3】 设计一个快捷菜单名为"退出",它是学生人数统计表单的快捷菜单,它含有一个菜单选项:退出系统。结果如图 8.18 所示。

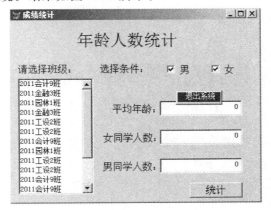

图 8.18 例 8.3 运行结果界面

菜单和工具栏设计

设计步骤如下：

（1）打开快捷菜单设计器，选择"文件"菜单→"新建"命令，打开"新建"对话框→在"文件类型"中选"菜单"→单击"新建文件"，打开"新建菜单"对话框→单击"快捷菜单"，打开快捷菜单设计器→定义快捷菜单各菜单项如图 8.19 所示。

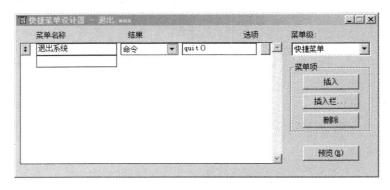

图 8.19　快捷菜单的菜单项

（2）生成菜单程序，选择"菜单"→"生成"命令，打开"确认"对话框→单击"是"，打开"另存为"对话框→在"保存菜单为"文本框中输入快捷菜单名，单击"退出"→"保存"，打开"生成菜单"对话框→单击"生成"按钮。关闭快捷菜单设计器。

（3）用表单设计器打开"学生人数统计"表单，表单的 RightClick 事件代码如下：

```
DO 退出.MPR
```

（4）将表单保存并执行表单，其结果如图 8.18 所示。

计算机等级考试考点：

（1）使用菜单设计器。

（2）建立主选项。

（3）设计子菜单。

（4）设定菜单选项程序代码。

8.3　工具栏的设计

工具栏是将那些使用频繁的多种功能，转化成直观、形象、快捷、高速、简单方便的图形工具的集合。它已成为应用程序中不可缺少的组成部分。如果应用程序中包含一些用户经常重复执行的任务，那么可以添加相应的自定义工具栏，用一个有意义的图标来简化操作，以加速任务的执行。在这里介绍两种定义自定义工具栏的方法。

1. 运用容器定义自定义工具栏

这种方法是在表单中放置一个容器控件。在容器中可以放图形化的按钮或复选框，让这些按钮或复选框完成不同的功能。

2. 设计自定义工具栏类

如果用户想向自己开发的应用程序添加工具栏，就必须先设计这个工具栏类，但这个类必须派生于 Visual FoxPro 6.0 的基类 Toolbar。设计自定义工具栏的步骤如下：

（1）在"新建"对话框中选择"类"，以新建一个可视类。

（2）在出现的"新建类"对话框中，给"类名"框输入自定义类的类名，下拉"派生于"组合框，选择 Toolbar，并在"存储于"中输入或选择可视类库的文件名，如图 8.20 所示。

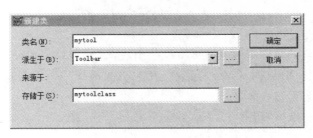

图 8.20　新建一个工具栏类

（3）在类设计器中，向工具栏类添加对象，一般只给工具栏类添加命令按钮，但也能够给自定义工具栏类添加诸如标签、文本框等任何表单控件，也可以添加另一个用户自定义类。在图 8.21 中，给一个自定义工具栏类添加了 5 个命令按钮。

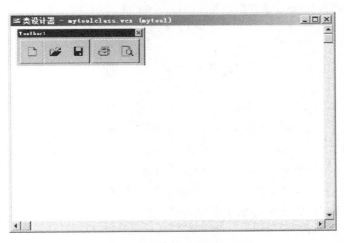

图 8.21　设计自定义工具栏类

有时还需要给工具栏分组，这就要在工具栏的控件间加入分隔符控件，即"表单控件"工具栏中的 ▊ 按钮。

（4）设置工具栏类中对象的属性。先调整好各个对象的大小，一般让它们大小相同；不需要调整它们的相对位置，它可以根据情况自动变化，其实这正是工具栏的优点所在。通常要指定工具栏中对象的 Picture 属性，让它生动形象。

（5）给各个对象添加代码。通常工具栏中对象的 Click 事件代码是不可少的，并且一般只使用 Click 事件代码。添加代码的方法与给表单中对象添加代码一样，这里不再赘述。

3. 向表单集中添加自定义工具栏

先注册自定义的工具栏类，然后在"表单控件"工具栏中单击"查看类"，并选取自定义工具栏类所在的类库，把自定义工具栏类显示在"表单控件"工具栏中。

菜单和工具栏设计

在表单设计器中,系统把工具栏作为一个表单来处理,当用户试图向一个表单中添加工具栏对象时,系统会提示建立表单集。把工具栏添加到表单集后,就能够改变工具栏及其中对象的属性,或者给这些对象添加事件代码。

8.4 本 章 小 结

菜单和工具栏已成为应用程序必不可少的组成部分,菜单可以使用户一目了然地知道应用程序的总体功能和结构;工具栏可以使用户更为简捷地使用常用工具,因此菜单和工具栏是直接与用户交互的界面。

本章主要讲述了以下内容:

(1) Visual FoxPro 系统菜单的简介。

(2) 菜单设计器的使用。

(3) 下拉式菜单的设计与建立。

(4) 快捷菜单的设计与建立。

(5) 创建工具栏。

菜单设计的内容比较简单,理论性不强,对照教材,多上机操作,应该可以熟练掌握操作方法。

8.5 习   题

一、选择题

1. 有连续两个菜单项追加和删除,要用分隔线将这两个菜单项分组,实现这一功能的方法是(   )。

    A. 在两个菜单项中添加一个菜单项 ,且在名称栏中输入"\-"

    B. 在追加菜单项名称前面加上"\-追加",名称栏中输入"\-追加"

    C. 在删除菜单项名称前加上"\-删除"

    D. 以上都不对

2. 在使用菜单设计器设计菜单时 ,如果要使所设计的统计菜单项的热键为 S,可在菜单名称栏中输入(   )。

    A. 统计(Alt+F)   B. 统计(\< S)   C. 统计(S)   D. 统计(Ctrl+S)

3. 菜单或菜单项所要执行的任务结果是(   )。

    A. 事件   B. 方法   C. 过程或命令 D. ABC 都对

4. 用于自定义工具栏类的基类是(   )。

    A. command Button B. Form   C. Tool bar   D. Label

5. 生成菜单的程序文件扩展名是(   )。

    A. .PRG   B. .FRT   C. .MPR   D. .PIX

6. 在 Visual FoxPro 中,菜单文件的扩展名为(   )。

    A. .MNX   B. .MNT   C. .IDX   D. .PJT

7. 假设已经生成了名为 mymenu 的菜单文件,执行该菜单文件的命令是(   )。

A. DO mymenu   B. DO mymenu. MPR

C. DO mymenu. PJX   D. DO mymenu. MNX

8. 为一个表单创建了快捷菜单,要打开这个菜单,应当使用(　　)。

   A. 热键   B. 快捷键   C. 事件   D. 菜单

9. 要设置菜单项"打印(P)",即给打印菜单设置一个热键,应该输入(　　)。

   A. 打印(P)   B. 打印(/P)   C. 打印(/＜P)   D. 打印(\＜P)

二、填空题

1. 要为顶层表单设计下拉式菜单,首先需要在打开菜单设计器的状态下,在_____对话框中选择"顶层表单"复选框;其次要将表单的_____属性值设置为2,使其成为顶层表单;最后需要在表单的_____事件代码中设置调用菜单程序的命令。

2. 在 Visual FoxPro 中,使用_____可以创建下拉式菜单;使用_____可以创建快捷菜单。

3. 在"菜单设计器"窗口的"菜单名称"列的第 1 行中输入"编辑(\＜E)",表示_____。

4. 典型的菜单系统一般都是一个下拉式菜单,下拉式菜单通常由一个_____和_____,一组_____组成。

5. 如果要将某个弹出式菜单作为一个对象的快捷菜单,通常在选定对象的_____事件代码中设置调用菜单程序的命令。

6. 若"提示选项"对话框中的"跳过"文本框中指定的表达式值为_____,则菜单项以灰色显示,表示不可用。

7. 如果要用菜单设计器修改一个已有菜单,可以从_____菜单中选择_____命令,打开一个菜单定义文件,打开_____窗口。

第 8 章

菜单和工具栏设计

第9章 数据库应用系统的开发

建立数据库应用系统是学习 Visual FoxPro 的最终目的。通过前面各个章节的系统介绍,读者对应用系统开发过程的前面几个步骤所需要的知识与技能已经基本掌握,并能够自己动手设计系统的各种功能部件,所以本章先对数据库应用系统开发的一般步骤做个简单的总结,然后着重介绍如何把各个功能部件集成起来,并生成一个应用程序。

本章讲述的内容主要包括数据库应用系统开发的基本流程、应用程序的连编和生成以及应用程序生成器的使用。

9.1 数据库应用系统开发流程

一个良好的数据库应用系统的开发,肯定遵从软件开发的流程,具体开发过程可以划分为系统规划、需求分析、概念模型设计、数据库设计、应用程序设计、系统调试与测试、应用系统的发布和系统运行与维护等流程。

1. 系统规划

系统规划的主要任务就是做必要性及可行性分析。内容应包括:系统的定位及功能、数据资源及数据处理能力、人力资源调配、设备配置方案、开发成本估算、开发进度计划等。

2. 需求分析

系统需求分析包括对数据的需求和对应用程序功能的需求两方面。数据分析的结果是归纳出系统应用包括的数据,以便进行数据设计;功能分析的目的是为了适应程序设计提供依据。需求分析大致可分成三步来完成。

(1)需求信息的收集,需求信息的收集一般以机构设置和业务活动为主干线,从高层中层到低层逐步展开。

(2)需求信息的分析整理,对收集到的信息要做分析整理工作。

(3)需求信息的评审。开发过程中的每一个阶段都要经过评审,确认任务是否全部完成,避免或纠正工作中出现的错误和疏漏。

3. 概念模型设计

概念模型不依赖于具体的计算机系统,它是纯粹反映信息需求的概念结构。建模是在需求分析结果的基础上展开,常常要对数据进行抽象处理。常用的数据抽象方法是"聚集"和"概括"。

E-R 方法是设计概念模型时常用的方法。用设计好的 E-R 图再附以相应的说明书可作为阶段成果。

4. 数据库设计

在设计应用程序之前,应先组织数据。Visual FoxPro 通过设置数据库来统一管理数据,既能增强数据的可靠性,也便于进行系统开发。数据库设计包括数据库的逻辑设计与物理设计。逻辑设计阶段的主要目标是把概念模型转换为具体计算机上 DBMS 所支持的结构数据模型。数据库的物理设计就是用指定的软件来创建数据库,定义数据库表以及表之间的关联。

5. 应用程序设计

应用程序设计和数据库设计两方面的需求是相互制约的。具体地说,应用程序设计时将受到数据库当前结构的约束;而在设计数据库的时候,也必须考虑实现应用程序数据处理功能的需要。一般而言,数据库应用系统的应用程序应该包括以下部分:用户界面设计与编码、数据处理模块、输出形式与界面设计和主程序等。

6. 系统的调试与测试

在应用程序设计的过程中,常常需要对菜单、表单、报表等程序模块进行测试和调试。通过测试来找出错误,再通过调试来纠正错误,最终使程序模块达到预期的功能。

7. 应用程序发布

为了使应用程序能更好地工作,在完成应用程序的开发和测试后,还需要对系统进行连编和发布工作。

8. 系统运行和维护

试运行的结束标志着系统开发的基本完成,但只要系统还在使用,就可能需要调整和修改,也就是还需要做好系统的"维护"工作,这包括纠正错误和系统改进等。

9.2　学生成绩管理系统

本书将以学生成绩管理系统开发为例,介绍 Visual FoxPro 进行数据处理的基本操作,在这对学生成绩管理系统的开发流程做个总结。

9.2.1　系统的规划分析

通过初步的调查和分析得知一个简单学生成绩管理系统的基本目标为:

(1) 能够对系统中所有涉及的表进行输入和修改。

(2) 能够查询学生成绩和班级成绩。

(3) 能分类统计班级学生的人数和成绩。

(4) 能修改相关信息。

(5) 可以预览和打印学生成绩单和班级成绩。

由此得出整个系统功能模块的层次结构如图 9.1 所示。

9.2.2　概念模型设计

在这个简单的学生成绩管理系统中,一个学生可以选修多门课程,一门课程由多个学生选修,学生和课程间存在多对多的联系,学生和课程两个实体型及其联系可以用 E-R 模型描述,如图 9.2 所示。

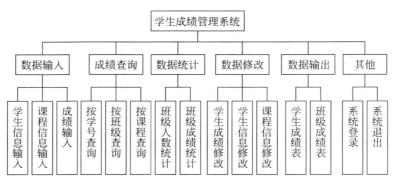

图 9.1 学生成绩管理系统层次结构图

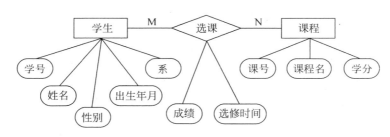

图 9.2 E-R 模型示例

9.2.3 数据库设计

在关系数据库中,E-R 模型中的实体及其联系将用关系模型来表示,即用二维表来表示。图 9.2 所示的学生成绩管理 E-R 模型在关系数据库中将转化为下列三种关系(二维表):

学生表 student.DBF:(学号,姓名,性别,出生年月,班级,简介,相片)

成绩表 grade.DBF:(学号,课程号,成绩,选修时间)

课程表 course.DBF:(课程号,课程名称,学分,开课系别)

关系模型中的各种关系不是孤立的,不是随意堆砌在一起的一些二维表,关系模型正确地反映事物及事物之间的联系。表的建立和关系的编写请参考前面相关章节。

9.2.4 应用程序设计

通常设计好系统的功能模块以后,就要为图 9.1 中的每个模块设计对应的表单或报表。各个表单和报表的具体设计请参考前面相关章节。可以对前面章节设计好的表单、报表等进行整理,并将它们组织到项目管理器中。

9.2.5 系统主菜单设计

学生管理系统的功能结构主要体现在对该系统主菜单的功能设计上,主菜单为系统各模块操作提供了入口。为了实现设计目标,本系统主菜单结构说明如表 9.1 所示,其设计过程在第 8 章相关章节有讲述,在此不再做说明。

表 9.1　主菜单结构说明

菜单名	子菜单	菜单对应的命令
数据输入(\\< I)	学生信息输入	do form 学生信息输入
	课程信息输入	do form 课程信息输入
	成绩输入	do form 成绩输入
成绩查询(\\< C)	命令	do form 成绩查询
数据维护(\\< W)	学生信息维护	do form 学生信息维护
	课程信息维护	do form 课程信息维护
	成绩信息维护	do form 成绩信息维护
数据统计(\\< D)	班级人数统计	do form 班级人数统计
	班级成绩统计	do form 班级成绩统计
数据输出(\\< O)	学生成绩表	report form 学生成绩表
	班级成绩表	report form 班级成绩表
退出(R)	过程	具体命令见第 8 章

9.2.6　主程序设计

主程序就是主控程序,一般是. PRG 文件。主程序是应用系统的总控部分,是系统的入口点,在系统开发设计中占有重要的地位。主程序的主要作用有:

（1）对应用程序环境进行初始化。

（2）作为应用程序执行的起始点,由此启动程序的逐级调用;在项目管理器中,主文件也可以作为应用程序连编的起始点。

（3）控制事件循环。

（4）当退出应用程序时,恢复原始的开发环境。

下面详细介绍主程序的各个作用。

1. 初始化环境

主文件或者主应用程序必须能对应用程序的环境进行初始化。如为学生成绩管理系统建立 beginset. PRG 文件:

```
clear                        && 清屏
clear all                    && 清除内存
close all                    && 关闭所有数据库、表和索引文件
set date to ymd              && 按年月日顺序显示日期
set talk off                 && 关闭人机对话功能
set safe off                 && 当表内容更改时不必提示
set century on               && 年份取 4 位格式
set sysmenu to               && 关闭系统菜单
set exac on                  && 设置串精确相等判断
set default to F:\学生成绩管理   && 设置默认路径,可以根据实际需要修改
```

2. 显示初始的用户界面

初始的用户界面可以是个菜单,也可以是一个表单或其他的用户组件。通常,在显示已打开的菜单或表单之前,应用程序会出现一个启动屏幕或注册对话框。例如在主程序的初始化命令后面可以输入下面命令:

数据库应用系统的开发

```
do form 欢迎界面                    && 显示欢迎界面
```

3. 控制事件循环

应用程序的环境建立之后,将显示初始的用户界面,这时,需要建立一个事件循环来等待用户的交互动作。控制事件循环的方法是执行 READ EVENTS 命令,该命令使 Visual FoxPro 开始处理鼠标单击、键盘输入等用户事件。如果在主程序中没有 READ EVENTS 命令,应用程序运行后将返回到操作系统中。

注意:仅仅是.EXE 应用程序需要建立事件循环,在 Visual FoxPro 环境中运行应用程序则不需要使用该命令;运行 WindowType 属性为 0(无模式)的表单时也会出现程序刚启动就会终止的情况,除非把该属性设置为 1(模式)。挂起 Visual FoxPro 的事件处理过程的命令是 CLEAR EVENTS,CLEAR EVENTS 可以用来作为某菜单选项的单条命令代码,或设置在表单的"退出"按钮中。例如从"退出系统"菜单中执行 CLEAR EVENTS 命令,或者单击主界面表单上的"退出"按钮时执行 CLEAR EVENTS 命令。

4. 恢复原始的开发环境

一般在退出系统时要恢复原始的开发环境。可以把恢复环境的命令保存在某个文件中,然后在主程序中调用该文件。例如建立恢复环境的文件 endset.PRG,其内容如下:

```
set safe on                    && 打开人机对话功能
set talk on                    && 打开表的安全开关
set sysm to defa               && 打开系统菜单
set exact off                  && 关闭串精确相等判断功能
clear                          && 清屏
clear all                      && 清除内存
close all                      && 关闭所有数据库、表和索引文件
clear events                   && 结束事件循环
```

根据上面的分析,可以建立"学生管理系统"的主程序文件 main.PRG,其内容如下:

```
do beginset.PRG                 && 执行初始化程序文件
_screen.windowstate = 2         && 全屏幕窗口
_screen.caption = '学生成绩管理系统'  && 更改主窗口标题
_screen.closable = .f.          && 窗口关闭按钮无效
do form 欢迎界面.SCX            && 显示封面
read events                     && 控制事件循环
```

5. 设置主程序为主文件

建立主程序后,需要把主程序设置为主文件,使它成为整个应用程序的入口点。设置主程序为主文件有两种方法:

(1) 在项目管理器中选中要设置的主程序文件,从"项目"菜单或快捷菜单中选择"设置主文件"选项,如图 9.3 所示。

(2) 在"项目信息"的"文件"选项卡中选中要设置的主程序文件后右击鼠标,在弹出的快捷菜单中选择"设置主文件"选项。在这种情况下,只有把文件设置为"包含"之后才能激活"设置主文件"选项。

9.2.7 连编应用程序

编译项目的最后一步是进行连编,此过程的最终结果是将所有在项目中引用的文件(除

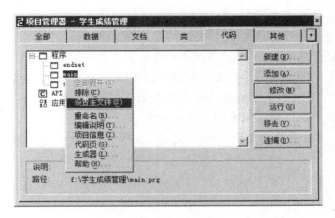

图 9.3   在"项目管理器"对话框中定义主文件

了那些标记为排除的文件)合成为一个应用程序文件。可以将应用程序文件和数据文件(以及其他被排除的项目文件)一起发布给用户,用户可在 Windows 等操作系统中直接运行该应用程序。

1. 设置文件的"排除"与"包含"

数据库文件左侧有一个排除符号"￠",表示此项已从项目中排除。Visual FoxPro 假设表在应用程序中可以被修改,所以默认表为"排除",如图 9.4 所示。

在项目连编之后,那些在项目中标记为"包含"的文件将变为只读文件。如果应用程序中包含需要用户修改的文件,必须将该文件标为"排除"。排除文件仍然是应用程序的一部分,但是这些文件没有在应用程序的文件中编译,所以用户可以更新它们。

将标记为"排除"的文件设置成"包含"的操作方法有以下两种:

(1) 在项目管理器中设置。要将标记为"排除"的文件设置成"包含",只要在选定文件之后,右击,从快捷菜单中选择"包含"命令即可。

(2) 在主菜单中的"项目"下拉菜单中选择"包含"命令即可。

将标记为"包含"的文件设置成"排除"的操作也有两种类似上面的方法。

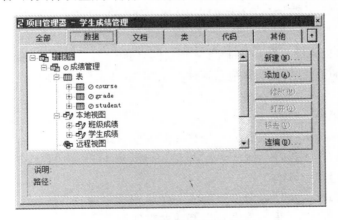

图 9.4   "排除"与"包含"

数据库应用系统的开发

2. 连编项目

对项目进行连编的目的是为了对程序中的引用进行校验,同时检查所有的程序组件是否可用。通过重新连编项目,Visual FoxPro 将分析文件的引用,然后重新编译所有文件。连编项目首先是让 Visual FoxPro 系统对项目的整体性进行测试,此过程的最终结果是将所有在项目中引用的文件,除了那些标记为排除的文件以外,合成为一个应用程序文件。

在项目管理器中进行项目连编的具体步骤如下。

(1) 选中设置为主程序的文件,单击"连编"按钮,弹出如图 9.5 所示的"连编选项"对话框。

(2) 在"连编选项"对话框中选择"重新连编项目"单选按钮。

(3) 如果选择了"显示错误"复选框,可以立刻查看错误文件,这些错误集中收集在当前目录的一个 <项目名称>. ERR 文件中。编译错误的内容显示在状态栏中。

图 9.5 "连编选项"对话框

(4) 如果没有在"连编选项"对话框中选择"重新编译全部文件"复选框,只会重新编译上次连编后修改过的文件。当向项目中添加组件后,应该重复项目的连编。

(5) 选择了所需的选项后,单击"确定"按钮。

该操作等同于通过命令窗口执行如下命令:BUILD PROJECT <项目名>。

如果在项目连编过程中发生错误,必须纠正或排除错误,并且反复进行"重新连编项目"直至连编成功。

此外,连编项目有以下作用和注意事项:

(1) 当连编项目时,Visual FoxPro 将分析对所有文件的引用。如果通过用户自定义的代码引用任何一个其他文件,项目连编也会分析所有包含及引用的文件。在下一次查看该项目时,引用的文件会出现在"项目管理器"中。

(2) "项目管理器"解决不了对图(.BMP 或.MSK)文件的引用,需要将这些文件手工添加到项目中。

(3) 连编项目也不能自动包含那些用"宏替换"进行引用的文件,因为在应用程序运行之前,不知道该文件的名字。如果应用程序要引用"宏替换"的文件,应手工添加并包含这些引用文件。

3. 连编应用程序

连编项目获得成功之后,在建立应用程序之前应该试着运行该项目。可以在"项目管理器"中选中主程序,然后选择"运行"。或者在"命令"窗口中,执行带有主程序名字的一个 DO 命令。如 DO main. PRG。

如果程序运行正确,就可以最终连编成一个应用程序文件了。应用程序文件包括项目中所有的"包含"文件,应用程序连编结果有两种文件形式:

(1) 应用程序文件(. APP)。需要在 Visual FoxPro 中运行。

(2) 可执行文件(. EXE)。可以在 Windows 下运行。

可执行文件需要和两个 Visual FoxPro 动态链接库(Vfp6r. DLL 和 Vfp6enu. DLL)链接,这两个库和应用程序一起构成了 Visual FoxPro 所需的完整运行环境,只有在 Visual FoxPro 的专业版才可用。还可以使用"安装向导"为可执行文件创建安装盘,使得该盘中带有所有应用程序所需的文件。

连编应用程序的操作步骤如下:

(1) 在"项目管理器"对话框中单击"连编"按钮。

(2) 如果在"连编选项"对话框中选择"连编应用程序"复选框,则生成一个. APP 文件;若选择"连编可执行文件"复选框,则生成一个. EXE 文件。

(3) 选择所需的其他选项并单击"确定"按钮。

连编应用程序的命令是 BUILD APP 或 BUILD EXE。

4. 连编其他选项

连编 COM DLL:在"连编选项"对话框中,"连编 COM DLL"是使用项目文件中的类信息创建一个具有. DLL 文件扩展名的动态链接库。"版本"按钮:当选择"连编可执行文件"或"连编 COM DLL"时,激活"版本"按钮。单击"版本"按钮显示的"EXE 版本"对话框,允许指定版本号以及版本类型,如图 9.6 所示。

5. 发布应用程序

在完成应用程序的开发和测试工作后,就可使用"安装向导"为应用程序创建安装程序和发布磁盘。如果要以多种磁盘格式发布应用程序,"安装向导"会按指定的格式创建安装程序和磁盘。方法为:选择系统菜单"工具"→"向导"→"安装",开始利用安装向导生成安装发布程序。

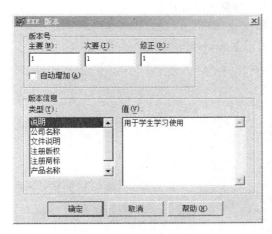

图 9.6 "EXE 版本"对话框

9.2.8 运行应用程序

当为项目建立了一个应用程序文件之后,就可以运行它了。

1. 运行. APP 应用程序

运行. APP 文件需要首先启动 Visual FoxPro,然后从"程序"菜单中选择"运行"命令,选择要执行的应用程序;或者在"命令"窗口中输入 DO 和应用程序文件名。例如,要运行

"学生成绩管理系统.APP"，可以在"命令"窗口输入如下命令：

DO 学生管理系统.APP

2. 运行可执行.EXE 文件

生成的.EXE 应用程序文件既可以使用类似在 Visual FoxPro 中运行.APP 应用程序的方法，也可以在 Windows 中双击该.EXE 文件的图标运行。例如要运行"学生管理系统.EXE"，可以在"命令"窗口输入如下命令：

DO 学生管理系统.EXE

9.3　应用程序生成器

Visual FoxPro 6.0 改进了应用程序生成器，提供了生成应用程序的一般需求。开发者利用应用程序向导能够生成一个项目和一个 Visual FoxPro 应用程序框架，然后打开应用程序生成器添加已生成的数据库、表、表单和报表等组件。

"项目管理器"和"应用程序生成器"是系统开发的强大工具，借助它们，无须编写代码便可创建简单的应用程序。

9.3.1　使用应用程序向导

利用应用程序向导创建一个新项目有两种途径：一是仅创建一个项目文件，用来分类管理其他文件；二是使用应用程序向导生成一个项目和一个 Visual FoxPro 应用程序框架。

1. 使用应用程序向导创建项目和应用程序框架

使用"应用程序向导"的具体操作如下：

（1）从"文件"菜单中选择"新建"命令，或单击"常用"工具栏中的"新建"图标按钮，选中"项目"单选按钮，单击"向导"图标按钮。或选择菜单"工具"→"向导"→"应用程序"命令也可启动向导，如图 9.7 所示。

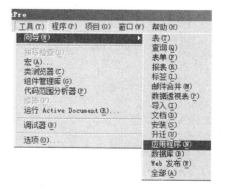

图 9.7　"应用程序向导"的启动

（2）在弹出的如图9.8所示的"应用程序向导"对话框中，选中"创建项目目录结构"复选框。在对话框的"项目名称"文本框中直接输入新项目的名称，最好给出一个独立的子目录。如果指定的文件夹不存在，系统将自动创建。

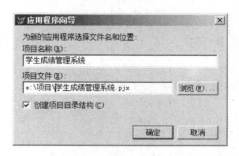

图9.8 "应用程序向导"对话框

（3）单击"应用程序向导"对话框中的"确定"按钮，"应用程序向导"将自动调用所需要的各种应用程序生成器，并且为应用程序生成一个目录和项目结构。生成的目录和项目结构如图9.9所示。

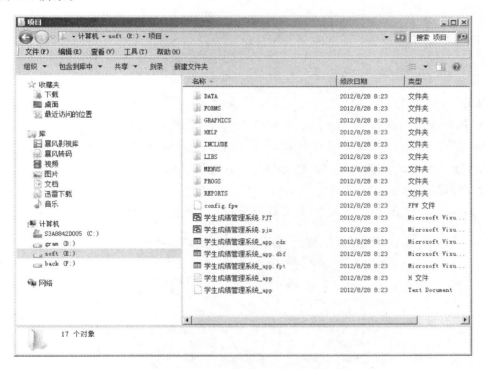

图9.9 文件目录和项目结构

生成的目录和项目结构为应用程序的开发提供了极大的便利。以后可以使用"应用程序生成器"向框架中添加已创建的数据库、表、表单和报表等各类组件，或者直接建立新组件。

2. 应用程序框架

应用程序框架具有极好的灵活性和创建最佳应用程序的能力。在运行了"应用程序向导"后，得到一个含有一些文件的已打开项目，这些文件组成了应用程序框架。应用程序框架可以自动完成以下任务：

（1）提供启动和清理程序，其中包括负责保存和恢复环境状态的程序。

（2）显示菜单和工具栏。

（3）帮助开发者确定应用程序的功能、用户输入数据的方式、应用程序的外观以及其他强大功能。

3. 应用程序生成器的功能

通过"应用程序向导"创建并在"项目管理器"中打开一个项目的同时打开应用程序生成器。生成器与应用程序框架结合在一起提供以下功能：

（1）添加、编辑或删除与应用程序相关的组件，如表、表单和报表。

（2）设定表单和报表的外观样式。

（3）加入常用的应用程序元素，包括启动画面、"关于"对话框、"收藏夹"菜单、"用户登录"对话框和"标准"工具栏。

（4）提供应用程序的作者和版本等信息。

9.3.2 应用程序生成器的使用

单击"应用程序向导"对话框中的"确定"按钮后，除了为应用程序生成一个目录和项目结构外，同时弹出如图 9.10 所示的应用程序生成器对话框，对话框包括"常规"、"信息"、"数据"、"表单"'、"报表"和"高级"6 个选项卡，通过熟悉这些选项卡界面可以了解到它的强大功能。下面具体介绍这些选项卡的功能与使用方法。

1. "常规"选项卡

"常规"选项卡如图 9.10 所示，其选项的名称与功能说明见表 9.2。

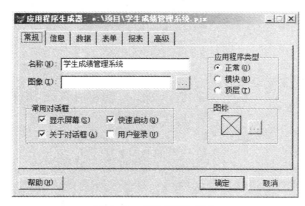

图 9.10　"常规"选项卡

表 9.2 "常规"选项卡选项名称和功能说明

选 项 名 称	功 能 说 明
名称	指定应用程序的名称,将显示在标题栏和"关于"对话框中,并在整个应用程序中使用
图像	指定显示在启动画面和"关于"对话框中的图像文件的文件名
正常	生成将在 Visual FoxPro 主窗口中运行的.APP 应用程序
模块	应用程序将被添加到已有的项目中,或将被其他程序调用。该应用程序将在当前的菜单系统中添加一个主菜单选项,并作为另一个应用程序的组件运行
顶层	生成可以在 Windows 桌面上运行的.EXE 可执行程序,不必启动 Visual FoxPro
显示屏幕	显示启动画面
快速启动	提供对应用程序文档和其他磁盘文件的访问
关于对话框	是否需要"关于"对话框
用户登录	是否提示用户进行口令登录,并管理各个用户的参数选择信息
图标按钮	用于指定显示在正常应用程序的主桌面上,顶层应用程序的顶层表单框架上以及没有指定特定图标的表单标题栏上的图标

2. "信息"选项卡

"信息"选项卡如图 9.11 所示,使用此选项卡可指定应用程序的生产信息。因为这些输入项都是用文本保存的,所以可输入任何所需的信息,而不必限于选项标签所提示的内容。"信息"选项卡的选项名称与功能说明见表 9.3。

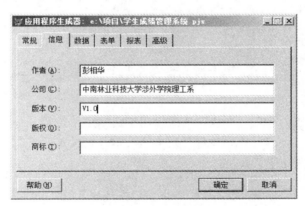

图 9.11 "信息"选项卡

表 9.3 "信息"选项卡选项名称和功能说明

选 项 名 称	功 能 说 明
作者	指定应用程序作者的名字
公司	指定编写或使用应用程序的公司名称
版本	指定应用程序的版本
版权	给出版权信息
商标	指定商业或服务标志

3. "数据"选项卡

"数据"选项卡如图 9.12 所示,该选项卡用于指定应用程序的数据源以及表单和报表样式。表格中显示了在应用程序中使用的表、表单和报表。"数据"选项卡的选项名称与功能

数据库应用系统的开发

说明见表 9.4。

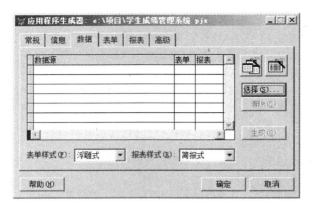

图 9.12　"数据"选项卡

表 9.4　"数据"选项卡选项名称和功能说明

选 项 名 称	功 能 说 明
数据库向导	帮助创建应用程序所需的数据库。关闭向导后,表格中将列出新数据库中的表
表向导	帮助创建应用程序所需的表
选择	用于选择要在应用程序中使用的已有数据库或表
清除	用于删除表格中列出的表
生成	用于根据所选的表按照指定的样式生成表单或报表
表单样式	可以从下拉列表中为表格中列出的表选择表单样式
报表样式	可以从下拉列表中为表格中列出的表选择报表样式

4. "表单"选项卡

　　"表单"选项卡如图 9.13 所示,该选项卡用于指定菜单类型、启动表单的菜单、工具栏以及表单是否可有多个实例。需要为每个列出的表单分别设置所需的选项。"表单"选项卡的选项名称与功能说明见表 9.5。

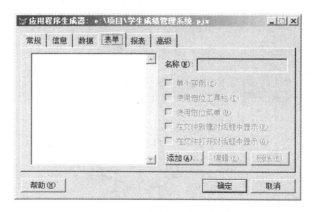

图 9.13　"表单"选项卡

表 9.5　"表单"选项卡选项名称和功能说明

选项名称	功能说明
名称	指定选定表单的名称
单个实例	指定在应用程序中是否只允许打开表单的一个实例。例如,打开学生表的显示界面表单时,自动显示第一条记录的内容
使用定位工具栏	指定生成器是否为选中的表单附加定位工具栏
使用定位菜单	指定生成器是否为选中的表单附加定位菜单
在文件新建对话框中显示	指定表单名称是否出现在所生成应用程序的"新建"对话框中。为了避免用户新建的表单覆盖原表单可以撤选该复选框
在文件打开对话框中显示	指定表单名称是否出现在所生成应用程序的"打开"对话框中
添加	用于将已有的表单添加到应用程序中
编辑	用于在"表单设计器"中修改选定的表单
删除	从应用程序中删除表单

5. "报表"选项卡

"报表"选项卡如图 9.14 所示,此选项卡用于指定在应用程序中使用的报表名称。"报表"选项卡的选项名称与功能说明见表 9.6。

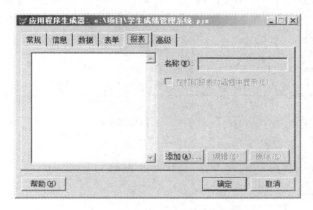

图 9.14　"报表"选项卡

表 9.6　"报表"选项卡选项名称和功能说明

选项名称	功能说明
名称	指定选定报表的名称
在打印报表对话框中显示	指定选定报表名称是否出现在应用程序的"打印报表"对话框中
添加	用于将已有的报表添加到应用程序中
编辑	用于在"报表设计器"中修改选定的报表
删除	用于从应用程序中删除选定报表

6. "高级"选项卡

"高级"选项卡如图 9.15 所示,该选项卡指定帮助文件名和应用程序的默认目录。还可以指定应用程序是否包含常用工具栏和"收藏夹"菜单。"高级"选项卡的选项名称与功能说明见表 9.7。

第 9 章

数据库应用系统的开发

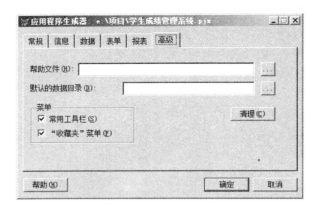

图 9.15 "高级"选项卡

表 9.7 "高级"选项卡选项名称和功能说明

选 项 名 称	功 能 说 明
帮助文件	可以指定应用程序帮助文件的名称和路径
默认的数据目录	指定应用程序数据文件的默认目录。单击右侧的"定位"按钮,在弹出的"选择目录"对话框中指定文件夹。如果指定的目录不正确,在连编时将出现"找不到文件"之类的错误信息
常用工具栏	指定应用程序是否具有常用工具栏
"收藏夹"菜单	指定应用程序是否具有"收藏夹"菜单
清理	使"应用程序生成器"中所做的修改与当前活动项目保持一致

通过各个选项卡提出对应用程序的明确要求之后,单击"确定"按钮,将关闭生成器,对各选项卡上所做的设置自动生效。

7. 重新启动应用程序生成器

与其他的 Visual FoxPro 生成器一样,应用程序生成器是可以重新载入的。打开项目管理器之后,重新载入应用程序生成器的方法如下:

(1)在项目上单击右键,选择快捷菜单上的"生成器"选项。

(2)通过"工具"菜单启动"应用程序生成器"。单击"向导",然后单击"全部"命令,在弹出的"向导选取"对话框中单击"应用程序生成器"。

如果项目不是用"应用程序向导"创建的,由于没有事先建立完整的应用程序框,启动应用程序生成器后只有"数据"、"表单"和"报表"3 个选项卡可用。

计算机等级考试考点:

(1)使用应用程序向导。

(2)应用程序生成器与连编应用程序。

9.4 本章小结

应用程序生成是学习者完成数据库应用开发的最后关键步骤,也是开发者即将享受自己成果的喜悦时刻。Visual FoxPro 是一种极其有力的应用程序开发工具。它的以数据为中心的、面向对象的语言为开发者提供了一个非常强大的工具集。

本章主要讲述了以下内容:

(1) 数据库应用系统的一般开发流程。

(2) 应用程序的连编和生成。

(3) 应用程序生成器的应用。

面向对象编程为应用程序提供了高度的可重用性和坚固性。Visual FoxPro 6.0 缩短了对面向对象编程的学习曲线并简化了开发过程。应用程序向导使用这些类为"建立数据库解决方案"建立了一个完全面向对象的框架。应用程序生成器是用来向"使用这个框架的应用程序"添加表单和报表的。

9.5 习　　题

一、选择题

1. 连编后可以脱离 Visual FoxPro 独立运行的程序是(　　)。
   A. APP 程序　　　　B. EXE 程序　　　　C. FXP 程序　　　　D. PRG 程序

2. 连编应用程序不能生成的文件是(　　)。
   A. .APP 文件　　　B. .EXE 文件　　　C. .COM 和.DLL 文件　　D. .PRG 文件

3. 把一个项目编译成一个应用程序时,下面的叙述正确的是(　　)。
   A. 所有的项目文件将组合为一个单一的应用程序文件
   B. 所有项目的包含文件将组合为一个单一的应用程序文件
   C. 所有项目排除的文件将组合为一个单一的应用程序文件
   D. 由用户选定的项目文件将组合为一个单一的应用程序文件

4. 作为整个应用程序入口点的主程序至少应具有(　　)功能。
   A. 初始化环境
   B. 初始化环境、显示初始用户界面
   C. 初始化环境、显示初始用户界面、控制事件循环
   D. 初始化环境、显示初始用户界面、控制事件循环、退出时恢复环境

5. 在应用程序生成器的"数据"选项卡中可以(　　)。
   A. 为表生成一个表单和报表,并可以选择样式
   B. 为多个表生成的表单必须有相同的样式
   C. 为多个表生成的报表必须有相同的样式
   D. 只能选择数据,不能创建它

二、填空题

1. 使用"应用程序向导"创建的项目,除项目外还自动生成一个_____。

2. 在应用程序生成器的"常规"选项卡中,选择程序类型时选中"顶层",将生成一个_____;在应用程序生成器的"常规"选项卡中,选择程序类型时选中"正常",将生成一个_____;在打开项目管理器之后再打开"应用程序生成器",可以通过按 Alt+F2 组合键、快捷菜单和"工具"菜单中的_____,并选择_____。

3. 如果项目不是用"应用程序向导"创建的,应用程序生成器只有_____、"表单"、和"报表"3 个选项卡可用。

? 　在下一行显示表达式串。

?? 　在当前行显示表达式串。

@... 　将数据按用户设定的格式显示在屏幕上或在打印机上打印。

ACCEPT 　把一个字符串赋给内存变量。

APPEND 　给数据库文件追加记录。

APPEND FROM 　从其他库文件将记录添加到数据库文件中。

AVERAGE 　计算数值表达式的算术平均值。

BROWSE 　全屏幕显示和编辑数据库记录。

CALL 　运行内存中的二进制文件。

CANCEL 　终止程序执行,返回圆点提示符。

CASE 　在多重选择语句中,指定一个条件。

CHANGE 　对数据库中的指定字段和记录进行编辑。

CLEAR 　清洁屏幕,将光标移动到屏幕左上角。

CLEAR ALL 　关闭所有打开的文件,释放所有内存变量,选择 1 号工作区。

CLEAR FIELDS 　清除用 SET FIELDS TO 命令建立的字段名表。

CLEAR GETS 　从全屏幕 READ 中释放任何当前 GET 语句的变量。

CLEAR MEMORY 　清除当前所有内存变量。

CLEAR PROGRAM 　清除程序缓冲区。

CLEAR TYPEAHEAD 　清除键盘缓冲区。

CLOSE 　关闭指定类型文件。

CONTINUE 　把记录指针指到下一个满足 LOCATE 命令给定条件的记录,在 LOCATE 命令后出现,无 LOCATE 则出错。

COPY TO 　将使用的数据库文件复制到另一个库文件或文本文件。

COPY FILE 　复制任何类型的文件。

COPY STRUCTURE EXTENED TO 　当前库文件的结构作为记录,建立一个新的库文件。

COPY STRUCTURE TO 　将正在使用的库文件的结构复制到目的库文件中。

COUNT 　计算给定范围内指定记录的个数。

CREATE 　定义一个新数据库文件结构并将其登记到目录中。

CREATE FROM 　根据库结构文件建立一个新的库文件。

CREATE LABEL 　建立并编辑一个标签格式文件。

CREATE REPORT　建立并编辑一个报表格式文件。

DELETE　给指定的记录加上删除标记。

DELETE FILE　删除一个未打开的文件。

DIMENSION　定义内存变量数组。

DIR 或 DIRECTORY　列出指定磁盘上的文件目录。

DISPLAY　显示一个打开的库文件的记录和字段。

DISPLAY FILES　查阅磁盘上的文件。

DISPLAY HISTORY　查阅执行过的命令。

DISPLAY MEMORY　分页显示当前的内存变量。

DISPLAY STATUS　显示系统状态和系统参数。

DISPLAY STRUCTURE　显示当前库文件的结构。

DO　执行 FoxBase 程序。

DO CASE　程序中多重判断开始的标志。

DO WHILE　程序中一个循环开始的标志。

EDIT　编辑数据库字段的内容。

EJECT　使打印机换页的命令,将 PROW()函数和 PCOL()函数值置为 0。

ELSE　在结构中提供另一个条件选择路线。

ENDCASE　终止多重判断。

ENDDO　程序中一个循环体结束的标志。

ENDIF　判断结构体结束标志。

ERASE　从目录中删除指定文件。

EXIT　在循环体内执行退出循环的命令。

FIND　将记录指针移动到第一个含有与给定字符串一致的索引关键字的记录上。

FLUSH　清除所有的磁盘存取缓冲区。

GATHER FROM　将数组元素的值赋予数据库的当前记录中。

GO/GOTO　将记录指针移动到指定的记录号。

HELP　激活帮助菜单,解释 FoxBASE+的命令。

IF　在结构中指定判断条件。

INDEX　根据指定的关键词生成索引文件。

INPUT　接收键盘输入的一个表达式并赋予指定的内存变量。

INSERT　在指定的位置插入一个记录。

JOIN　从两个数据库文件中把指定的记录和字段组合成另一个库文件。

KEYBOARD　将字符串填入键盘缓冲区。

LABEL FROM　用指定的标签格式文件打印标签。

LIST　列出数据库文件的记录和字段。

LIST FILES　列出磁盘当前目录下的文件。

LIST HISTORY　列出执行过的命令。

LIST MEMORY　列出当前内存变量及其值。

LIST STATUS　列出当前系统状态和系统参数。

LIST STRUCTURE　列出当前使用的数据库的库结构。

LOAD　将汇编语言程序从磁盘上调入内存。

LOCATE　将记录指针移动到给定条件为真的记录上。

LOOP　跳过循环体内 LOOP 与 ENDDO 之间的所有语句,返回到循环体首行。

MENU TO　激活一组@命令定义的菜单。

MODIFY COMMAND　进入 FoxBASE+系统的字处理状态,并编辑一个 ASCII 码文本文件(如果指定文件名以. PRG 为后缀,则编辑一个 FoxBASE+命令文件)。

MODIFY FILE　编辑一个一般的 ASCII 码文本文件。

MODIFY LABEL　建立并编辑一个标签(. LBL)文件。

MODIFY REPORT　建立并编辑一个报表格式(. FRM)文件。

MODIFY STRUCTURE　修改当前使用的库文件结构。

NOTE/ ＊　在命令文件(程序)中插入以行注释(本行不被执行)。

ON　根据指定条件转移程序执行。

OTHERWISE　在多重判断(DO CASE)中指定除给定条件外的其他情况。

PACK　彻底删除加有删除标记的记录。

PARAMETERS　指定子过程接收主过程传递来的参数所存放的内存变量。

PRIVATE　定义内存变量的属性为局部性质。

PROCEDURE　一个子过程开始的标志。

PUBLIC　定义内存变量为全局性质。

QUIT　关闭所有文件并退出 FoxBASE+。

READ　激活 GET 语句,并正式接收在 GET 语句中输入的数据。

RECALL　恢复用 DELETE 加上删除标记的记录。

REINDEX　重新建立正在使用的原有索引文件。

RELEASE　清除当前内存变量和汇编语言子程序。

RENAME　修改文件名。

REPLACE　用指定的数据替换数据库字段中原有的内容。

REPORT FORM　显示数据报表。

RESTORE FROM　从内存变量文件(. MEM)中恢复内存变量。

RESTORE SCREEN　装载原来存储过的屏幕映像。

RESUME　使暂停的程序从暂停的断点继续执行。

RETRY　从当前执行的子程序返回调用程序,并从原调用行重新执行。

RETURN　结束子程序,返回调用程序。

RUN/!　在 FoxBASE+中执行一个操作系统程序。

SAVE TO　把当前内存变量及其值存入指定的磁盘文件(. MEM)。

SAVE SCREEN　将当前屏幕显示内容存储在指定的内存变量中。

SCATTER　将当前数据库文件中的数据移到指定的数组中。

SEEK　将记录指针移到第一个含有与指定表达式相符的索引关键字的记录。

SELECT　选择一个工作区。

SET　设置 FoxBASE+控制参数。

SET ALTERNATE ON/OFF　设置传送/不传送输出到一个文件中。

SET　ALTERNATE　TO　建立一个存放输出的文件。

SET　BELL ON/OFF　设置输入数据时响铃/不响铃。

SET　CARRY ON/OFF　设置最后一个记录复制/不复制到添加的记录中。

SET CENTURY ON/OFF　设置日期型变量要/不要世纪前缀。

SET CLEAR ON/OFF　设置屏幕信息能/不能被清除。

SET COLOR ON/OFF　设置彩色/单色显示。

SET COLOR TO　设置屏幕显示色彩。

SET CONFIRM ON/OFF　设置在全屏幕编辑方式中,要求/不要求自动跳到下一个字段。

SET CONSOLE ON/OFF　设置将输出传送/不传送到屏幕。

SET DATE　设置日期表达式的格式。

SET DEBUG ON/OFF　设置传送/不传送 ECHO 的输出到打印机上。

SET DECIMALS TO　设置计算结果需要显示的小数位数。

SET DEFAULT TO　设置默认的驱动器。

SET DELETED ON/OFF　设置隐藏/显示有删除标记的记录。

SET DELIMITER TO　为全屏幕显示字段和变量设置定界符。

SET DELIMITER ON/OFF　选择可选的定界符。

SET DEVICE TO SCREEN/PRINT　将@命令的结果传送到屏幕/打印机。

SET DOHISTORY ON/OFF　设置存/不存命令文件中的命令到历史记录中。

SET ECHO ON/OFF　命令行回送到屏幕或打印机。

SET ESCAPE ON/OFF　允许 ESCAPE 退出/继续命令文件的执行。

SET EXACT ON/OFF　在字符串的比较中,要求/不要求准确一致。

SET EXACLUSIVE ON/OFF　设置数据库文件的共享。

SET FIELDS ON/OFF　设置当前打开的数据库中部分/全部字段为可用。

SET FIELDS TO　指定打开的数据库中可被访问的字段。

SET FILTER TO　在操作中将数据库中所有不满足给定条件的记录排除。

SET FIXED ON/OFF　固定/不固定显示的小数位数。

SET FORMAT TO　打开指定的格式文件。

SET FUNCTION　设置 F1～F9 功能键值。

SET HEADING ON/OFF　设置 LIST 或 DISPLAY 时,显示/不显示字段名。

SET HELP ON/OFF　确定在出现错误时,是否给用户提示。

SET HISTORY ON/OFF　决定是/否把命令存储起来以便重新调用。

SET HISTORY TO　决定显示历史命令的数目。

SET INDEX TO　打开指定的索引文件。

SET INTENSITY ON/OFF　对全屏幕操作实行/不实行反转显示。

SET MENU ON/OFF　确定在全屏幕操作中是否显示菜单。

SET MARGIN TO　设置打印机左页边。

SET MEMOWIDTH TO　定义备注型字段输出宽度和 REPORT 命令隐含宽度。

SET MESSAGE TO 定义菜单中屏幕底行显示的字符串。

SET ODOMETER TO 改变 TALK 命令响应间隔时间。

SET ORDER TO 指定索引文件列表中的索引文件。

SET PATH TO 为文件检索指定路径。

SET PRINT ON/OFF 传送/不传送输出数据到打印机。

SET PRINTER TO 把打印的数据输送到另一种设备或一个文件中。

SET PROCEDURE TO 打开指定的过程文件。

SET RELATION TO 根据一个关键字表达式连接两个数据库文件。

SET SAFETY ON/OFF 设置保护,在重写文件时提示用户确认。

SET SCOREBORAD ON/OFF 设置是/否在屏幕的第 0 行上显示 FoxBASE+的状态信息。

SET STATUS ON/OFF 控制是/否显示状态行。

SET STEP ON/OFF 每当执行完一条命令后,暂停/不暂停程序的执行。

SET TALK ON/OFF 是否将命令执行的结果传送到屏幕上。

SET TYPEAHEAD TO 设置键盘缓冲区的大小。

SET UNIQUE ON/OFF 在索引文件中出现相同关键字的第一个/所有记录。

SKIP 以当前记录指针为准,前后移动指针。

SORT TO 根据数据库文件的一个字段或多个字段产生一个排序的库文件。

STORE 赋值语句。

SUM 计算并显示数据库记录的一个表达式在某范围内的和。

SUSPEND 暂停(挂起)程序的执行。

TOTAL TO 对预先已排序的文件产生一个具有总计的摘要文件。

TYPE 显示 ASCII 码文件的内容。

UNLOCK 解除当前库文件对记录和文件的加锁操作。

UPDATE 允许对一个数据库进行成批修改。

USE 带文件名的 USE 命令打开这个数据库文件。无文件名时,关闭当前的数据库文件。

WAIT 暂停程序执行,按任意键继续执行。

ZAP 删除当前数据库文件的所有记录(不可恢复)。

附录 B Visual FoxPro 数据库常用函数

1. Visual FoxPro 系统函数

ADATABASES() 将所有打开数据库的名称和路径放到内存变量数组中。

ADBOBJECTS() 把当前数据库中的命名连接名、关系名、表名或 SQL 视图名放到一个内存变量数组中。

AFIELDS() 把当前表的结构信息存放在一个数组中,并且返回表的字段数。

ALIAS() 返回当前表或指定工作区的别名。

ASESSIONS() 创建一个已存在的数据工作期 ID 数组。

ATAGINFO() 创建一个包含索引和键表达式的名字、数量和类型信息的数组。

AUSED() 将一个数据工作期中的表别名和工作区存入内存变量数组。

BOF() 确定当前记录指针是否在表头。

CANDIDATE() 判断索引是否为候选索引。

CDX() 根据指定的索引位置编号,返回打开的复合索引(.CDX)文件名称。

CPDBP() 返回一个打开表所使用的代码页。

CREATEOFFLINE() 由已存在的视图创建一个游离视图。

CURSORGETPROP() 返回 Visual FoxPro 表或临时表的当前属性设置。

CURSORSETPROP() 指定 Visual FoxPro 表或临时表的属性设置。

CURSORTOXML() 转换 Visual FoxPro 临时表为 XML 文本。

CURVAL() 从磁盘上的表或远程数据源中直接返回字段值。

DBC() 返回当前数据库的名称和路径。

DBF() 返回指定工作区中打开的表名,或根据表别名返回表名。

DBSETPROP() 给当前数据库或当前数据库中的字段、命名连接、表或视图设置一个属性。

DELETED() 返回一个表明当前记录是否标有删除标记的逻辑值。

DESCENDING() 是否用 DESCENDING 关键字创建了一个索引标识。

DROPOFFLINE() 放弃对游离视图的所有修改,并把游离视图放回到数据库中。

EOF() 确定记录指针位置是否超出当前表或指定表中的最后一个记录。

FCOUNT() 返回表中的字段数目。

FIELD() 根据编号返回表中的字段名。

FILTER() 返回 SETFILTER 命令中指定的表筛选表达式。

FLDLIST() 对于 SETmELDS 命令指定的字段列表,返回其中的字段和计算结果字段表达式。

FLOCK()　尝试锁定当前表或指定表。

FOR()　返回一个已打开的单项索引文件或索引标识的索引筛选表达式。

FOUND()　如果 CONTINUE、FIND、LOCATE 或 SEEK 命令执行成功,函数的返回值为"真"。

FSIZE()　以字节为单位,返回指定字段或文件的大小。

GETFLDSTATE()　返回一个数值,标明表或临时表中的字段是否已被编辑,或是否有追加的记录,或者记录的删除状态是否已更改。

GETNEXTMODIFIED()　返回一个记录号,对应于缓冲表或临时表中下一个被修改的记录。

HEADER()　返回当前或指定表文件的表头所占的字节数。

IDXCOLLATE()　返回索引或索引标识的排序序列。

INDBC()　如果指定的数据库对象在当前数据库中,则返回"真"(.T.)。

INDEXSEEK()　在一个索引表中搜索第一次出现的某个记录。

ISEXCLUSIVE()　判断一个表或数据库是否是以独占方式打开的。

ISFLOCKED()　返回表的锁定状态。

ISREADONLY()　判断是否以只读方式打开表。

ISRLOCKED()　返回记录的锁定状态。

KEY()　返回索引标识或索引文件的索引关键字表达式。

KEYMATCH()　在索引标识或索引文件中搜索一个索引关键字。

LOOKUP()　在表中搜索字段值与指定表达式匹配的第一个记录。

LUPDATE()　返回一个表最近一次更新的日期。

MDX()　根据指定的索引编号返回打开的.CDX复合索引文件名。

MEMLINES()　返回备注字段中的行数。

MLINE()　以字符串形式返回备注字段中的指定行。

NDX()　返回为当前表或指定表打开的某一索引(.JDX)文件的名称。

ORDER()　返回当前表或指定表的主控索引文件或标识。

PRIMARY()　检查索引标识,如果为主索引标识,就返回"真"(.T.)。

RECCOUNT()　返回当前或指定表中的记录数目。

RECNO()　返回当前表或指定表中的当前记录号。

RECSIZE()　返回表中记录的大小(宽度)。

REFRESH()　在可更新的 SQL 视图中刷新数据。

RELATION()　返回为给定工作区中打开的表所指定的关系表达式。

SEEK()　在一个已建立索引的表中搜索一个记录第一次出现的位置。

SELECT()　返回当前工作区编号或未使用工作区的最大编号。

SETFLDSTATE()　为表或临时表中的字段或记录指定字段状态值或删除状态值。

SQLCANCEL()　请求取消一条正在执行的 SQL 语句。

SQLCOLUMNS()　把指定数据源表的列名和关于每列的信息存储到一个 Visual FoxPro 临时表中。

SQLCOMMIT()　提交一个事务。

SQLCONNECT()　建立一个指向数据源的连接。

SQLDISCONNECT()　终止与数据源的连接。

SQLEXEC()　将一条 SQL 语句送入数据源中处理。

SQLGETPROP()　返回一个活动连接的当前设置或默认设置。

SQLMORERESULTS()　如果存在多个结果集合,则将另一个结果集合复制到 Visual FoxPro 临时表中。

SQLPREPARE()　在使用 SQLEXEC() 执行远程数据操作前,可使用本函数使远程数据为将要执行的命令做好准备。

SQLROLLBACK()　取消当前事务处理期间所做的任何更改。

SQLSETPROP()　指定一个活动连接的设置。

SQLSTRINGCONNECT()　使用一个连接字符串建立和数据源的连接。

SQLTABLES()　把数据源中的表名存储到 Visual FoxPro 临时表中。

SYS(14)　索引表达式。

SYS(21)　控制索引编号。

SYS(22)　控制标识名或索引名。

SYS(2011)　返回当前工作区中记录锁定或表锁定的状态。

SYS(2012)　返回表的备注字段块大小。

SYS(2021)　筛选索引表达式。

SYS(2029)　返回与表类型对应的值。

SYS(3054)　Rushmore 优化等级。

TAG()　返回打开的.CDX 多项复合索引文件的标识名,或者返回打开的.IDX 单项索引文件的文件名。

TAGCOUNT()　返回复合索引文件(.CDX)标识以及打开的单项索引文件(.IDX)的数目。

TAGNO()　返回复合索引文件(.CDX)标识以及打开的单项索引(.IDX)文件的索引位置。

TARGET()　返回一个表的别名,该表是 SETRELATION 命令的 INTO 子句所指定关系的目标。

UNIQUE()　用于测试索引是否以唯一性方式建立。

UPDATED()　用于测试在最近的 READ 命令中,数据是否已被修改。

USED()　确定是否在指定工作区中打开了一个表。

XMLTOCURSOR()　转换 XML 文本到 Visual FoxPro 游标或表。

2. Visual FoxPro 日期和时间函数

CTOD()　把字符表达式转换成日期表达式。

CDOW()　从给定日期或日期时间表达式中返回星期值。

CMONTH()　返回给定日期或日期时间表达式的月份名称。

CTOD()　把字符表达式转换成日期表达式。

CTOT()　从字符表达式返回一个日期时间值。

DATE()　返回由操作系统控制的当前系统日期,或创建一个与 2000 年兼容的日期值。

DATETIME()　以日期时间值返回当前的日期和时间，或创建一个与 2000 年兼容的日期时间值。

DAY()　以数值型返回给定日期表达式或日期时间表达式是某月中的第几天。

DMY()　从一个日期型或日期时间型表达式返回一个"日-月-年"格式的字符表达式（例如,31 May 1995）。月名不缩写。

DTOC()　由日期或日期时间表达式返回字符型日期。

DTOS()　从指定日期或日期时间表达式中返回 yyyymmdd 格式的字符串日期。

DTOT()　从日期型表达式返回日期时间型值。

GOMONTH()　对于给定的日期表达式或日期时间表达式,返回指定月份数目以前或以后的日期。

HOUR()　返回日期时间表达式的小时部分。

MDY()　以"月-日-年"格式返回指定日期或日期时间表达式,其中月份名不缩写。

MINUTE()　返回日期时间型表达式中的分钟部分。

MONTH()　返回给定日期或日期时间表达式的月份值。

QUARTER()　返回一个日期或日期时间表达式中的季度值。

SEC()　返回日期时间型表达式中的秒钟部分。

SECONDS()　以秒为单位返回自午夜以来经过的时间。

SYS(1)　以日期数字字符串的形式返回当前系统日期。

SYS(2)　返回自午夜零点开始以来的时间,按秒计算。

SYS(10)　将(Julian)日期转换成一个字符串。

SYS(11)　将日期格式表示的日期表达式或字符串转换成(Julian)日期。

TIME()　以 24 小时制、8 位字符串(时:分:秒)格式返回当前系统时间。

TTOC()　从日期时间表达式中返回一个字符值。

TTOD()　从日期时间表达式中返回一个日期值。

WEEK()　从日期表达式或日期时间表达式中返回代表一年中第几周的数值。

YEAR()　从指定的日期表达式中返回年份。

3. Visual FoxPro 字符函数

ALLTRIM()　删除指定字符表达式的前后空格符。

ASC()　返回字符表达式中最左边字符的 ANSI 值。

AT()　返回一个字符表达式或备注字段在另一个字符表达式或备注字段中首次出现的位置。

AT_C()　返回一个字符表达式或备注字段在另一个字符表达式或备注字段中首次出现的位置。

ATC()　返回一个字符表达式或备注字段在另一个字符表达式或备注字段中首次出现的位置。

ATCC()　返回一个字符表达式或备注字段在另一个字符表达式或备注字段中首次出现的位置。

ADDBS()　如果必要,向一个路径表达式添加一个反斜杠。

ATCLINE() 返回一个字符表达式或备注字段在另一个字符表达式或备注字段中第一次出现的行号。

ATLINE() 返回一个字符表达式或备注字段在另一个字符表达式或备注字段中首次出现的行号。

BETWEEN() 判断一个表达式的值是否在另外两个相同数据类型的表达式的值之间。

CHR() 根据指定的 ANSI 数值代码返回其对应的字符。

CHRTRAN() 将第一个字符表达式中与第二个表达式的字符相匹配的字符替换为第三个表达式中相应的字符。

CHRTRANC() 将第一个字符表达式中与第二个表达式的字符相匹配的字符替换为第三个表达式中相应的字符。

CPCONVERT() 把字符、备注字段或字符表达式转换到其他代码页。

CHRSAW() 确定一个字符是否出现在键盘缓冲区中。

CHRTRAN() 在一个字符表达式中,把与第二个表达式字符相匹配的字符替换为第三个表达式中的相应字符。

CHRTRANC() 将第一个字符表达式中与第二个表达式的字符相匹配的字符替换为第三个表达式中相应的字符。

DIFFERENCE() 返回 0 到 4 间的一个整数,表示两个字符表达式间的相对差别。

EMPTY() 确定表达式是否为空值。

GErWORDCOUNr() 计数一个串中的单词数。

GETWORDNUM() 从一个串中返回一个指定的词。

INLIST() 判断一个表达式是否与一组表达式中的某一个相匹配。

ISALPHA() 判断字符表达式的最左边一个字符是否为字母。

ISBLANK() 判断表达式是否为空值。

ISDIGIT() 判断字符表达式的最左边一个字符是否为数字(0～9)。

ISLEADBYTE() 如果字符表达式第一个字符的第一个字节是前导字节,则返回"真"(.T.)。

ISLOWER() 判断字符表达式最左边的字符是否为小写字母。

ISMOUSE() 判断计算机是否具有鼠标。

ISNULL() 判断计算结果是否为 NULL 值。

ISUPPER() 判断字符表达式的第一个字符是否为大写字母(A～Z)。

LEFT() 从字符表达式最左边一个字符开始返回指定数目的字符。

LEPTC() 从字符表达式最左边一个字符开始返回指定数目的字符。

LEN() 返回字符表达式中字符的数目。

LENC() 返回字符表达式中字符的数目。

LIKE() 确定一个字符表达式是否与另一个字符表达式相匹配。

LIKEC() 确定一个字符表达式是否与另一个字符表达式相匹配。

LOWER() 以小写字母形式返回指定的字符表达式。

LTRIM() 删除指定的字符表达式的前导空格,然后返回得到的表达式。

OCCURS() 返回一个字符表达式在另一个字符表达式中出现的次数。

OEMTOANSI() 用于将字符串表达式中的字符转换成与其相对应的 ANSI 字符集中的字符。

PADL()、PADR()、PADC() 由一个表达式返回一个字符中,并从左边、右边或同时从两边用空格或字符把该字符串填充到指定长度。

PROPER() 从字符表达式中返回一个字符串,字符串中的每个首字母大写。

RAT() 返回一个字符表达式或备注字段在另一个字符表达式或备注字段内第一次出现的位置,从最右边的字符算起。

RATC() 返回一个字符表达式在另一个字符表达式或备注字段最后一次出现所在的行号,从最后一行算起。

RATLINE() 返回一个字符表达式或备注字段在另一个字符表达式或备注字段中最后出现的行号,从最后一行开始计数。

REPUCATE() 返回一个字符串,这个字符串是将指定字符表达式重复指定次数后得到的。

RIGHT() 从一个字符串的最右边开始返回指定数目的字符。

RIGHTC() 从一个字符串中返回最右边指定数目的字符。

RTRIM() 删除了字符表达式后续空格后,返回结果字符串。

SOUNDEX() 返回指定的字符表达式的语音表示。

SPACE() 返回由指定数目的空格构成的字符串。

STR() 返回与指定数值表达式对应的字符。

STRCONV() 将字符表达式转换成另一种形式。

STREXTRACT() 返回两个分隔符间的串。

STRTRAN() 在第一个字符表达式或备注字段中,搜索第二个字符表达式或备注字段,并用第三个字符表达式或备注字段替换每次出现的第二个字符表达式或备注字段。

STUFF() 返回一个字符串,此字符串是通过用另一个字符表达式替换现有字符表达式中指定数目的字符得到的。

STUFFC() 返回一个字符串,此字符串是通过用另一个字符表达式替换现有字符表达式中指定数目的字符得到的。

SUBSTR() 从给定的字符表达式或备注字段中返回字符串。

SUBSTRC() 从给定的字符表达式或者备注字段返回字符串。

SYS(15) 替换字符串中的字符。

SYS(20) 转换德文文本。

TEXTMERGE() 提供串表达式的求值。

TRIM() 返回删除全部后缀空格后的指定字符表达式。

TXTWIDTH() 按照字体平均字符宽度返回字符表达式的长度。

TYPE() 计算字符表达式,并返回其内容的数据类型。

UPPER() 用大写字母返回指定的字符表达式。

4. Visual FoxPro 数值函数

ABS() 返回指定数值表达式的绝对值。

ACOS()　返回指定数值表达式的反余弦值。

ASIN()　返回数值表达式的反正弦弧度值。

ATAN()　返回数值表达式的反正切弧度值。

ATN2()　返回指定值的反正切值,返回值无象限限制。

BINTOC()　将整型用二进制字符型表示。

BITAND()　返回两个数值型数值在按位进行 AND 运算后的结果。

BITCLEAR()　清除一个数值型数值的指定位(将此位设置成 0),并返回结果值。

BITLSHIFr()　返回一个数值型数值向左移动给定位后的结果。

BrrNOT()　返回一个数值型数值按位进行 NOT 运算的结果。

BITOR()　返回两个数值型数值按位进行 OR 运算的结果。

BITRSHIFF()　返回一个数值型数值向右移动指定位后的结果。

BITSET()　将一个数值型数值的某一位设置为 1 并返回结果。

BITTEST()　确定一个数值型数值的指定位是否为 1。

BITXOR()　返回两个数值型数值按位进行异或运算的结果。

CEILING()　返回大于或等于指定数值表达式的最小整数。

COS()　返回数值表达式的余弦值。

CTOmN()　将二进制字符型表示转换为整数。

DTOR()　将度转换为弧度。

EVALUATE()　计算字符表达式的值并返回结果。

EVL()　从两个表达式中返回一个非空值。

EXP()　返回 e^{Ax} 的值,其中 x 是某个给定的数值型表达式。

FLOOR()　对于给定的数值型表达式值,返回小于或等于它的最大整数。

FV()　返回一笔金融投资的未来值。

INT()　计算一个数值表达式的值,并返回其整数部分。

LOG()　返回给定数值表达式的自然对数(底数为 e)。

LOGl0()　返回给定数值表达式的常用对数(以 10 为底)。

MAX()　对几个表达式求值,并返回具有最大值的表达式。

MIN()　计算一组表达式,并返回具有最小值的表达式。

MOD()　用一个数值表达式去除另一个数值表达式,返回余数。

MTON()　由一个货币型表达式返回一个数值型值。

NORMALIZE()　把用户提供的字符表达式转换为可以与 Visual FoxPro 函数返回值相比较的格式。

NTOM()　由一个数值表达式返回含有四位小数的货币值。

NVL()　从两个表达式返回一个非 null 值。

PAYMENT()　返回固定利息贷款按期兑付的每一笔支出数量。

PI()　返回数值常数 n。

PV()　返回某次投资的现值。

RAND()　返回一个 0 到 1 之间的随机数。

ROUND()　返回某个数字按指定小数位数的数值表达式。

RTOD()　将弧度转化为度。

SIGN()　当指定数值表达式的值为正、负或 0 时,分别返回 1、-1 或 0。

SIN()　返回一个角度的正弦值。

SQRT()　返回指定数值表达式的平方根。

SYS(2007)　返回一个字符表达式的检查求和值。

TAN()　返回角度的正切值。

VAL()　由数字组成的字符表达式返回数字值。

附录 C | 全国计算机等级考试基础知识

附录 C.1 数据结构与算法基础

大纲要求

(1) 算法的基本概念,算法复杂度的概念和意义(时间复杂度和空间复杂度)。

(2) 数据结构的定义,数据的逻辑结构和存储结构,数据结构的图形表示,线性结构与非线性结构的概念。

(3) 线性表的定义,线性表的顺序存储结构及其插入与删除运算。

(4) 栈和队列的定义,栈和队列的顺序存储结构及其运算。

(5) 线性单链表、双向链表与循环链表的结构与基本运算。

(6) 树的基本概念,二叉树的定义及其存储结构,二叉树的前序中序和后序遍历。

(7) 顺序查找与二分法查找算法,基本排序算法(交换类排序、选择类排序、插入类排序)。

1. 算法

(1) 算法是指解题方案的准确而完整的描述。换句话说,算法是对特定问题求解步骤的一种描述。

算法不等于程序,也不等于计算方法。程序的编制不可能优于算法的设计。

(2) 算法的基本特征

① 可行性。针对实际问题而设计的算法,执行后能够得到满意的结果。

② 确定性。每一条指令的含义明确,无二义性。并且在任何条件下,算法只有唯一的一条执行路径,即相同的输入只能得出相同的输出。

③ 有穷性。算法必须在有限的时间内完成。有两重含义,一是算法中的操作步骤为有限个,二是每个步骤都能在有限时间内完成。

④ 拥有足够的情报。算法中各种运算总是要施加到各个运算对象上,而这些运算对象又可能具有某种初始状态,这就是算法执行的起点或依据。因此,一个算法执行的结果总是与输入的初始数据有关,不同的输入将会有不同的结果输出。当输入不够或输入错误时,算法将无法执行或执行有错。一般来说,当算法拥有足够的情报时,此算法才是有效的;而当提供的情报不够时,算法可能无效。

综上所述,所谓算法,是一组严谨地定义运算顺序的规则,并且每一个规则都是有效的,且是明确的,此顺序将在有限的次数下终止。

(3) 算法复杂度主要包括时间复杂度和空间复杂度。

① 算法时间复杂度是指执行算法所需要的计算工作量,可以用执行算法的过程中所需基本运算的执行次数来度量。

② 算法空间复杂度是指执行这个算法所需要的内存空间。

【例题】

(1) 算法的时间复杂度是指(C)。

    A. 执行算法程序所需要的时间

    B. 算法程序的长度

    C. 算法执行过程中所需要的基本运算次数

    D. 算法程序中的指令条数

(2) 算法的有穷性是指(A)。

    A. 算法程序的运行时间是有限的   B. 算法程序所处理的数据量是有限的

    C. 算法程序的长度是有限的   D. 算法只能被有限的用户使用

(3) 算法的空间复杂度是指(D)。

    A. 算法程序的长度   B. 算法程序中的指令条数

    C. 算法程序所占的存储空间   D. 执行过程中所需要的存储空间

(4) 在计算机中,算法是指(B)。

    A. 加工方法   B. 解题方案的准确而完整的描述

    C. 排序方法   D. 查询方法

(5) 算法分析的目的是(D)。

    A. 找出数据结构的合理性   B. 找出算法中输入和输出之间的关系

    C. 分析算法的易懂性和可靠性   D. 分析算法的效率以求改进

2. 数据结构的基本概念

(1) 数据结构是指相互有关联的数据元素的集合。

(2) 数据结构主要研究和讨论以下三个方面的问题:

① 数据集合中各数据元素之间所固有的逻辑关系,即数据的逻辑结构。数据的逻辑结构包含:

a. 表示数据元素的信息;

b. 表示各数据元素之间的前后件关系。

② 在对数据进行处理时,各数据元素在计算机中的存储关系,即数据的存储结构。数据的存储结构有顺序、链接、索引等。

a. 顺序存储。它是把逻辑上相邻的结点存储在物理位置相邻的存储单元里,结点间的逻辑关系由存储单元的邻接关系来体现。由此得到的存储表示称为顺序存储结构。

b. 链接存储。它不要求逻辑上相邻的结点在物理位置上亦相邻,结点间的逻辑关系是由附加的指针字段表示的。由此得到的存储表示称为链式存储结构。

c. 索引存储:除建立存储结点信息外,还建立附加的索引表来标识结点的地址。

数据的逻辑结构反映数据元素之间的逻辑关系,数据的存储结构(也称数据的物理结构)是数据的逻辑结构在计算机存储空间中的存放形式。同一种逻辑结构的数据可以采用不同的存储结构,但影响数据处理效率。

③ 对各种数据结构进行的运算。

(3) 数据结构的图形表示

一个数据结构除了用二元关系表示外,还可以直观地用图形表示。在数据结构的图形表示中,对于数据集合 D 中的每一个数据元素用中间标有元素值的方框表示,一般称之为数据结点,并简称为结点;为了进一步表示各数据元素之间的前后件关系,对于关系 R 中的每一个二元组,用一条有向线段从前件结点指向后件结点。

(4) 数据结构分为两大类型:线性结构和非线性结构。

① 线性结构(非空的数据结构)条件:

a. 有且只有一个根结点;

b. 每一个结点最多有一个前件,也最多有一个后件。

常见的线性结构有线性表、栈、队列和线性链表等。

② 非线性结构:不满足线性结构条件的数据结构。

常见的非线性结构有树、二叉树和图等。

【例题】

(1) 数据处理的最小单位是(　C　)。

    A. 数据　　　　　　B. 数据元素　　　　　C.数据项　　　　　　D. 数据结构

(2) 数据结构作为计算机的一门学科,主要研究数据的逻辑结构、对各种数据结构进行的运算,以及(　A　)

    A.数据的存储结构　　B. 计算方法　　　　C.数据映像　　　　　D. 逻辑存储

(3) 下列数据结构中,属于非线性结构的是(　C　)。

    A. 循环队列　　　　　B. 带链队列　　　　C.二叉树　　　　　　D. 带链栈

【解析】　树是简单的非线性结构,所以二叉树作为树的一种也是一种非线性结构。

(4) 下列叙述中正确的是(　B　)。

    A. 线性表的链式存储结构与顺序存储结构所需要的存储空间是相同的

    B. 线性表的链式存储结构所需要的存储空间一般要多于顺序存储结构

    C. 线性表的链式存储结构所需要的存储空间一般要少于顺序存储结构

    D. 线性表的链式存储结构与顺序存储结构在存储空间的需求上没有可比性

【解析】　线性链式存储结构中每个结点都由数据域与指针域两部分组成,增加了存储空间,所以一般要多于顺序存储结构。

3. 线性表及其顺序存储结构

(1) 线性表由一组数据元素构成,数据元素的位置只取决于自己的序号,元素之间的相对位置是线性的。线性表是由 n(n≥0)个数据元素组成的一个有限序列,表中的每一个数据元素,除了第一个外,有且只有一个前件,除了最后一个外,有且只有一个后件。线性表中数据元素的个数称为线性表的长度。线性表可以为空表。

线性表是一种存储结构,它的存储方式有顺序和链式。

(2) 线性表的顺序存储结构具有以下两个基本特点:

① 线性表中所有元素所占的存储空间是连续的;

② 线性表中各数据元素在存储空间中是按逻辑顺序依次存放的。

由此可以看出,在线性表的顺序存储结构中,其前后件两个元素在存储空间中是紧邻的,且前件元素一定存储在后件元素的前面,可以通过计算机直接确定第 i 个结点的存储地址。

(3) 顺序表的插入、删除运算:

① 顺序表的插入运算:在一般情况下,要在第 $i(1 \leqslant i \leqslant n)$ 个元素之前插入一个新元素时,首先要从最后一个(即第 n 个)元素开始,直到第 i 个元素之间共 $n-i+1$ 个元素依次向后移动一个位置,移动结束后,第 i 个位置就被空出,然后将新元素插入到第 i 项。插入结束后,线性表的长度就增加了 1。

顺序表的插入运算时需要移动元素,在等概率情况下,平均需要移动 n/2 个元素。

② 顺序表的删除运算:在一般情况下,要删除第 $i(1 \leqslant i \leqslant n)$ 个元素时,则要从第 i+1 个元素开始,直到第 n 个元素之间共 $n-i$ 个元素依次向前移动一个位置。删除结束后,线性表的长度就减小了 1。

进行顺序表的删除运算时也需要移动元素,在等概率情况下,平均需要移动 $(n-1)/2$ 个元素。插入、删除运算不方便。

【例题】

(1) 线性表 $L = (a1, a2, a3, \cdots ai, \cdots an)$,下列说法正确的是(D)。

    A. 每个元素都有一个直接前件和直接后件

    B. 线性表中至少要有一个元素

    C. 表中诸元素的排列顺序必须是由小到大或由大到小

    D. 除第一个元素和最后一个元素外,其余每个元素都有一个且只有一个直接前件和直接后件

(2) 数据结构中,与所使用的计算机无关的是数据的(C)。

    A. 存储结构   B. 物理结构

    C. 逻辑结构   D. 物理和存储结构

(3) 下列叙述中,错误的是(B)。

    A. 数据的存储结构与数据处理的效率密切相关

    B. 数据的存储结构与数据处理的效率无关

    C. 数据的存储结构在计算机中所占的空间不一定是连续的

    D. 一种数据的逻辑结构可以有多种存储结构

(4) 数据的存储结构是指(B)。

    A. 数据所占的存储空间   B. 数据的逻辑结构在计算机中的表示

    C. 数据在计算机中的顺序存储方式   D. 存储在外存中的数据

(5) 根据数据结构中各数据元素之间前后件关系的复杂程度,一般将数据结构分成(C)。

    A. 动态结构和静态结构   B. 紧凑结构和非紧凑结构

    C. 线性结构和非线性结构   D. 内部结构和外部结构

4. 栈和队列

（1）栈及其基本运算

栈是限定在一端进行插入与删除运算的线性表。在栈中,允许插入与删除的一端称为栈顶,不允许插入与删除的另一端称为栈底。栈顶元素总是最后被插入的元素,栈底元素总是最先被插入的元素。即栈是按照"先进后出"或"后进先出"的原则组织数据的。栈具有记忆作用。

栈的基本运算:①插入元素称为入栈运算;②删除元素称为退栈运算;③读栈顶元素是将栈顶元素赋给一个指定的变量,此时指针无变化。

栈的存储方式和线性表类似,也有两种,即顺序栈和链式栈。

（2）队列及其基本运算

队列是指允许在一端（队尾）进行插入,而在另一端（队头）进行删除的线性表。尾指针（Rear）指向队尾元素,头指针（front）指向排头元素的前一个位置（队头）。队列是"先进先出"或"后进后出"的线性表。

队列运算包括:①入队运算:从队尾插入一个元素;②退队运算:从队头删除一个元素。

循环队列及其运算:所谓循环队列,就是将队列存储空间的最后一个位置绕到第一个位置,形成逻辑上的环状空间,供队列循环使用。在循环队列中,用队尾指针 rear 指向队列中的队尾元素,用排头指针 front 指向排头元素的前一个位置,因此,从头指针 front 指向的后一个位置直到队尾指针 rear 指向的位置之间,所有的元素均为队列中的元素。

循环队列中元素的个数＝rear－front。

【例题】

（1）栈和队列的共同特点是（ C ）。

    A. 都是先进先出   B. 都是先进后出

    C. 只允许在端点处插入和删除元素   D. 没有共同点

（2）如果进栈序列为 e1,e2,e3,e4,则可能的出栈序列是（ B ）。

    A. e3,e1,e4,e2   B. e4,e3,e2,e1

    C. e3,e4,e1,e2   D. 任意顺序

（3）一些重要的程序语言（如 C 语言和 Pascal 语言）允许过程的递归调用。而实现递归调用中的存储分配通常用（ A ）。

    A. 栈   B. 堆   C. 数组   D. 链表

5. 线性链表

（1）线性表顺序存储的缺点:①插入或删除的运算效率很低。在顺序存储的线性表中,插入或删除数据元素时需要移动大量的数据元素;②线性表的顺序存储结构下,线性表的存储空间不便于扩充;③线性表的顺序存储结构不便于对存储空间的动态分配。

（2）线性链表:线性表的链式存储结构称为线性链表,是一种物理存储单元上非连续、非顺序的存储结构,数据元素的逻辑顺序是通过链表中的指针链接来实现的。因此,在链式存储方式中,每个结点由两部分组成:一部分用于存放数据元素的值,称为数据域;另一部

分用于存放指针,称为指针域,用于指向该结点的前一个或后一个结点(即前件或后件),如附图 C-1 所示。

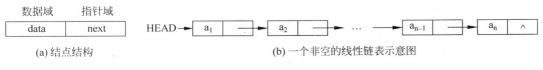

数据域	指针域
data	next

(a) 结点结构   (b) 一个非空的线性链表示意图

附图 C-1　线性链表

线性链表分为单链表、双向链表和循环链表三种类型。在单链表中,每一个结点只有一个指针域,由这个指针只能找到其后件结点,而不能找到其前件结点。因此,在某些应用中,对于线性链表中的每个结点设置两个指针,一个称为左指针,指向其前件结点;另一个称为右指针,指向其后件结点,这种链表称为双向链表,如附图 C-2 所示。

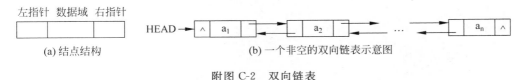

左指针	数据域	右指针

(a) 结点结构   (b) 一个非空的双向链表示意图

附图 C-2　双向链表

(3) 线性链表的基本运算

① 在线性链表中包含指定元素的结点之前插入一个新元素。

在线性链表中插入元素时,不需要移动数据元素,只需要修改相关结点指针即可,也不会出现"上溢"现象。

② 在线性链表中删除包含指定元素的结点。

在线性链表中删除元素时,也不需要移动数据元素,只需要修改相关结点指针即可。

③ 将两个线性链表按要求合并成一个线性链表。

④ 将一个线性链表按要求进行分解。

⑤ 逆转线性链表。

⑥ 复制线性链表。

⑦ 线性链表的排序。

⑧ 线性链表的查找。

线性链表不能随机存取。

(4) 循环链表及其基本运算

在线性链表中,其插入与删除的运算虽然比较方便,但还存在一个问题,在运算过程中对于空表和对第一个结点的处理必须单独考虑,使空表与非空表的运算不统一。为了克服线性链表的这个缺点,可以采用另一种链接方式,即循环链表。

与前面所讨论的线性链表相比,循环链表具有以下两个特点:

① 在链表中增加了一个表头结点,其数据域为任意或者根据需要来设置,指针域指向线性表的第一个元素的结点,而循环链表的头指针指向表头结点。

② 循环链表中最后一个结点的指针域不是空,而是指向表头结点。即在循环链表中,所有结点的指针构成了一个环状链。

附图 C-3(a)是一个非空的循环链表,附图 C-3(b)是一个空的循环链表。

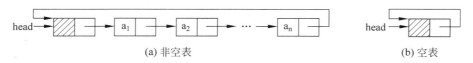

(a) 非空表   (b) 空表

附图 C-3 循环链表

循环链表的优点主要体现在两个方面:一是在循环链表中,只要指出表中任何一个结点的位置,就可以从它出发访问到表中其他所有的结点,而线性单链表做不到这一点;二是由于在循环链表中设置了一个表头结点,在任何情况下,循环链表中至少有一个结点存在,从而使空表与非空表的运算统一。

循环链表是在单链表的基础上增加了一个表头结点,其插入和删除运算与单链表相同。但它可以从任一结点出发来访问表中其他所有结点,并实现空表与非空表的运算的统一。

【例题】

(1) 链表不具有的特点是(B)。

    A. 不必事先估计存储空间

    B. 可随机访问任一元素

    C. 插入删除不需要移动元素

    D. 所需空间与线性表长度成正比

(2) 线性表的顺序存储结构和线性表的链式存储结构分别是(B)。

    A. 顺序存取的存储结构、顺序存取的存储结构

    B. 随机存取的存储结构、顺序存取的存储结构

    C. 随机存取的存储结构、随机存取的存储结构

    D. 任意存取的存储结构、任意存取的存储结构

(3) 下列叙述中正确的是(A)。

    A. 顺序存储结构的存储一定是连续的,链式存储结构的存储空间不一定是连续的

    B. 顺序存储结构只针对线性结构,链式存储结构只针对非线性结构

    C. 顺序存储结构能存储有序表,链式存储结构不能存储有序表

    D. 链式存储结构比顺序存储结构节省存储空间

【解析】 链式存储结构既可以针对线性结构也可以针对非线性结构,所以 B 与 C 错误。链式存储结构中每个结点都由数据域与指针域两部分组成,增加了存储空间,所以 D 错误。

(4) 下列叙述中正确的是(B)。

    A. 循环队列是队列的一种链式存储结构

    B. 循环队列是队列的一种顺序存储结构

    C. 循环队列是非线性结构

    D. 循环队列是一种逻辑结构

【解析】 在实际应用中,队列的顺序存储结构一般采用循环队列的形式。

(5) 下列关于线性链表的叙述中,正确的是(C)。

A. 各数据结点的存储空间可以不连续,但它们的存储顺序与逻辑顺序必须一致

B. 各数据结点的存储顺序与逻辑顺序可以不一致,但它们的存储空间必须连续

C. 进行插入与删除时,不需要移动表中的元素

D. 以上说法均不正确

【解析】 一般来说,在线性表的链式存储结构中,各数据结点的存储序号是不连续的,并且各结点在存储空间中的位置关系与逻辑关系也不一致。线性链表中数据的插入和删除都不需要移动表中的元素,只需改变结点的指针域即可。

6. 树与二叉树

(1) 树的基本概念

树是一种简单的非线性结构。在树这种数据结构中,所有数据元素之间的关系具有明显的层次特性。在树结构中,每一个结点只有一个前件,称为父结点。没有前件的结点只有一个,称为树的根结点,简称树的根。每一个结点可以有多个后件,称为该结点的子结点。没有后件的结点称为叶子结点。

在树结构中,一个结点所拥有的后件的个数称为该结点的度,所有结点中最大的度称为树的度。树的最大层次称为树的深度。

(2) 二叉树及其基本性质

① 什么是二叉树

二叉树是一种很有用的非线性结构,它具有以下两个特点:

a. 非空二叉树只有一个根结点;

b. 每一个结点最多有两棵子树,且分别称为该结点的左子树与右子树。

根据二叉树的概念可知,二叉树的度可以为 0(叶结点)、1(只有一棵子树)或 2(有两棵子树)。

② 二叉树的基本性质

性质 1 在二叉树的第 k 层上,最多有 $2^{k-1}(k \geqslant 1)$ 个结点。

性质 2 深度为 m 的二叉树最多有个 2^m-1 个结点。

性质 3 在任意一棵二叉树中,度数为 0 的结点(即叶子结点)总比度为 2 的结点多一个。

性质 4 具有 n 个结点的二叉树,其深度至少为 $[\log_2 n]+1$,其中 $[\log_2 n]$ 表示取 $\log_2 n$ 的整数部分。

(3) 满二叉树与完全二叉树

满二叉树:除最后一层外,每一层上的所有结点都有两个子结点。

完全二叉树:除最后一层外,每一层上的结点数均达到最大值;在最后一层上只缺少右边的若干结点。

根据完全二叉树的定义可得出:度为 1 的结点的个数为 0 或 1。

附图 C-4(a)表示的是满二叉树,附图 C-4(b)表示的是完全二叉树:

完全二叉树还具有如下两个特性:

性质 5 具有 n 个结点的完全二叉树的深度为 $[\log_2 n]+1$。

性质 6 设完全二叉树共有 n 个结点,如果从根结点开始,按层序(每一层从左到右)用

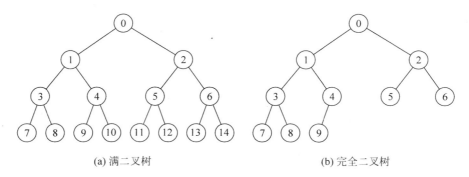

(a) 满二叉树   (b) 完全二叉树

附图 C-4 满二叉树与完全二叉树

自然数 $1,2,\cdots,n$ 给结点进行编号,则对于编号为 $k(k=1,2,\cdots,n)$ 的结点有以下结论:

① 若 $k=1$,则该结点为根结点,它没有父结点;若 $k>1$,则该结点的父结点的编号为 $\text{INT}(k/2)$。

② 若 $2k\leqslant n$,则编号为 k 的左子结点编号为 $2k$;否则该结点无左子结点(显然也没有右子结点)。

③ 若 $2k+1\leqslant n$,则编号为 k 的右子结点编号为 $2k+1$;否则该结点无右子结点。

(4) 二叉树的存储结构

在计算机中,二叉树通常采用链式存储结构。与线性链表类似,用于存储二叉树中各元素的存储结点也由两部分组成:数据域和指针域。但在二叉树中,由于每一个元素可以有两个后件(即两个子结点),因此,用于存储二叉树的存储结点的指针域有两个:一个用于指向该结点的左子结点的存储地址,称为左指针域;另一个用于指向该结点的右子结点的存储地址,称为右指针域。

一般二叉树通常采用链式存储结构,对于满二叉树与完全二叉树来说,可以按层序进行顺序存储。

(5) 二叉树的遍历

二叉树的遍历是指不重复地访问二叉树中的所有结点。二叉树的遍历可以分为以下三种。

① 前序遍历(DLR):若二叉树为空,则结束返回。否则:首先访问根结点,然后遍历左子树,最后遍历右子树;并且,在遍历左右子树时,仍然先访问根结点,然后遍历左子树,最后遍历右子树。

② 中序遍历(LDR):若二叉树为空,则结束返回。否则:首先遍历左子树,然后访问根结点,最后遍历右子树;并且,在遍历左、右子树时,仍然先遍历左子树,然后访问根结点,最后遍历右子树。

③ 后序遍历(LRD):若二叉树为空,则结束返回。否则:首先遍历左子树,然后遍历右子树,最后访问根结点,并且,在遍历左、右子树时,仍然先遍历左子树,然后遍历右子树,最后访问根结点。

【例题】

(1) 在深度为 5 的满二叉树中,叶子结点的个数为(C)。

A. 32   B. 31   C. 16   D. 15

（2）支持子程序调用的数据结构是（　A　）。

  A. 栈   B. 树   C. 队列   D. 二叉树

【解析】　栈支持子程序调用。栈是一种只能在一端进行插入或删除的线性表,在主程序调用子函数时要首先保存主程序当前的状态,然后转去执行子程序,最终把子程序的执行结果返回到主程序中调用子程序的位置,继续向下执行,这种调用符合栈的特点。

（3）某二叉树有 5 个度为 2 的结点,则该二叉树中的叶子结点数是（　C　）。

  A. 10   B. 8   C. 6   D. 4

【解析】　根据二叉树的基本性质 3:在任意一棵二叉树中,度为 0 的叶子结点总是比度为 2 的结点多一个,所以本题中是 $5+1=6$ 个。

（4）下列叙述中正确的是（　C　）。

  A. 在栈中,栈中元素随栈底指针与栈顶指针的变化而动态变化

  B. 在栈中,栈顶指针不变,栈中元素随栈底指针的变化而动态变化

  C. 在栈中,栈底指针不变,栈中元素随栈顶指针的变化而动态变化

  D. 以上说法都不正确

【解析】　栈是先进后出的数据结构,在整个过程中,栈底指针不变,入栈与出栈操作均由栈顶指针的变化来操作。

（5）某二叉树共有 7 个结点,其中叶子结点只有 1 个,则该二叉树的深度为(假设根结点在第 1 层)（　D　）。

  A. 3   B. 4   C. 6   D. 7

【解析】　根据二叉树的基本性质 3:在任意一棵二叉树中,度为 0 的叶子结点总比度为 2 的结点多一个,所以本题中度为 2 的结点为 $1-1=0$ 个,所以可以知道本题目中的二叉树的每一个结点都有一个分支,所以共 7 个结点共 7 层,即深度为 7。

（6）一棵二叉树共有 25 个结点,其中 5 个是叶子结点,则度为 1 的结点数为（　A　）。

  A. 16   B. 10   C. 6   D. 4

【解析】　根据二叉树的性质 3:在任意一棵二叉树中,度为 0 的叶子结点总是比度为 2 的结点多一个,所以本题中度为 2 的结点是 $5-1=4$ 个,所以度为 1 的结点的个数是 $25-5-4=16$ 个。

7. 查找技术

查找:根据给定的某个值,在查找表中确定一个其关键字等于给定值的数据元素。

查找结果:(查找成功:找到。查找不成功:没找到。)

平均查找长度:查找过程中关键字和给定值比较的平均次数。

（1）顺序查找

基本思想:从表中的第一个元素开始,将给定的值与表中逐个元素的关键字进行比较,直到两者相符,查到所要找的元素为止。否则就是表中没有要找的元素,查找不成功。

在平均情况下,利用顺序查找法在线性表中查找一个元素,大约要与线性表中一半的元素进行比较,最坏情况下需要比较 n 次。

顺序查找一个具有 n 个元素的线性表,其平均复杂度为 $O(n)$。

下列两种情况下只能采用顺序查找：

① 如果线性表是无序表（即表中的元素是无序的），则不管是顺序存储结构还是链式存储结构，都只能用顺序查找。

② 即使是有序线性表，如果采用链式存储结构，也只能用顺序查找。

（2）二分法查找

思想：先确定待查找记录所在的范围，然后逐步缩小范围，直到找到或确认找不到该记录为止。

前提：必须在具有顺序存储结构的有序表中进行。

查找过程：

① 若中间项（中间项 mid＝（n－1）/2，mid 的值四舍五入取整）的值等于 x，则说明已查到；

② 若 x 小于中间项的值，则在线性表的前半部分查找；

③ 若 x 大于中间项的值，则在线性表的后半部分查找。

特点：比顺序查找方法效率高。最坏的情况下，需要比较 $\log_2 n$ 次。

二分法查找只适用于顺序存储的线性表，且表中元素必须按关键字有序（升序）排列。对于无序线性表和线性表的链式存储结构只能用顺序查找。在长度为 n 的有序线性表中进行二分法查找，其时间复杂度为 $O(\log_2 n)$。

8. 排序技术

当进行数据处理时，经常需要进行查找操作，而为了查得快找得准，通常希望待处理的数据按关键字大小有序排列，因为这样就可以采用查找效率较高的折半查找法。排序是指将一个无序序列整理成按值非递减顺序排列的有序序列，即是将无序的记录序列调整为有序记录序列的一种操作。

（1）交换类排序法（方法：冒泡排序、快速排序）。

（2）插入类排序法（方法：简单插入排序、希尔排序）。

（3）选择类排序法（方法：简单选择排序、堆排序）。

各种排序法比较如附表 C-1 所示。

附表 C-1　各种排序法比较

类别	排序方法	基本思想	时间复杂度
交换类	冒泡排序	相邻元素比较，不满足条件时交换	$n(n-1)/2$
	快速排序	选择基准元素，通过交换，划分成两个子序列	$O(n\log_2 n)$
插入类	简单插入排序	待排序的元素看成为一个有序表和一个无序表，将无序表中元素插入到有序表中	$n(n-1)/2$
	希尔排序	分隔成若干个子序列分别进行直接插入排序	$O(n^{1.5})$
选择类	简单选择排序	扫描整个线性表，从中选出最小的元素，将它交换到表的最前面	$n(n-1)/2$
	堆排序	选建堆，然后将堆顶元素与堆中最后一个元素交换，再调整为堆	$O(n\log_2 n)$

【例题】

（1）对长度为 n 的线性表排序，在最坏情况下，比较次数不是 n(n－1)/2 的排序方法是
（ D ）.

    A. 快速排序   B. 冒泡排序

    C. 直接插入排序   D. 堆排序

【解析】 除了堆排序算法的比较次数是 $O(n\log_2 n)$，其他的都是 n(n－1)/2。

9. 练习题

（1）算法的时间复杂度是指（   ）。

    A. 执行算法程序所需要的时间

    B. 算法程序的长度

    C. 算法执行过程中所需要的基本运算次数

    D. 算法程序中的指令条数

（2）算法的空间复杂度是指（   ）。

    A. 算法程序的长度

    B. 算法程序中的指令条数

    C. 算法程序所占的存储空间

    D. 算法执行过程中所需要的存储空间

（3）下列叙述中正确的是（   ）。

    A. 线性表是线性结构   B. 栈与队列是非线性结构

    C. 线性链表是非线性结构   D. 二叉树是线性结构

（4）数据的存储结构是指（   ）。

    A. 数据所占的存储空间量

    B. 数据的逻辑结构在计算机中的表示

    C. 数据在计算机中的顺序存储方式

    D. 存储在外存中的数据

（5）下列关于队列的叙述中正确的是（   ）。

    A. 在队列中只能插入数据   B. 在队列中只能删除数据

    C. 队列是先进先出的线性表   D. 队列是先进后出的线性表

（6）下列关于栈的叙述中正确的是（   ）。

    A. 在栈中只能插入数据   B. 在栈中只能删除数据

    C. 栈是先进先出的线性表   D. 栈是先进后出的线性表

（7）在深度为 5 的满二叉树中，叶子结点的个数为（   ）。

    A. 32   B. 31   C. 16   D. 15

（8）对长度为 N 的线性表进行顺序查找，在最坏情况下所需要的比较次数为（   ）。

    A. N＋1   B. N   C. (N＋1)/2   D. N/2

（9）设树 T 的度为 4，其中度为 1,2,3,4 的结点个数分别为 4,2,1,1。则 T 的叶子结点
数为（   ）。

    A. 8   B. 7   C. 6   D. 5

C.2　程序设计基础

大纲要求

（1）程序设计方法与风格。

（2）结构化程序设计。

（3）面向对象的程序设计方法、对象、属性及继承与多态性。

1. 程序设计风格

程序设计的风格主要强调："清晰第一,效率第二"。主要应注重和考虑下述一些因素：

（1）源程序文档化。

① 符号名的命名。符号名能反映它所代表的实际东西,应有一定的实际含义。

② 程序的注释。分为序言性注释和功能性注释。

序言性注释：位于程序开头部分,包括程序标题、程序功能说明、主要算法、接口说明、程序位置、开发简历、程序设计者、复审者、复审日期及修改日期等。功能性注释：嵌在源程序体之中,用于描述其后的语句或程序的主要功能。

③ 视觉组织。利用空格、空行、缩进等技巧使程序层次清晰。

（2）数据说明。

① 数据说明的次序规范化。

② 说明语句中变量安排有序化。

③ 使用注释来说明复杂数据的结构。

（3）语句的结构。

① 在一行内只写一条语句。

② 程序编写应优先考虑清晰性。

③ 程序编写要做到清晰第一,效率第二。

④ 在保证程序正确的基础上再要求提高效率。

⑤ 避免使用临时变量而使程序的可读性下降。

⑥ 避免不必要的转移。

⑦ 尽量使用库函数。

⑧ 避免采用复杂的条件语句。

⑨ 尽量减少使用"否定"条件语句。

⑩ 数据结构要有利于程序的简化。

⑪ 要模块化,使模块功能尽可能单一化。

⑫ 利用信息隐蔽,确保每一个模块的独立性。

⑬ 从数据出发去构造程序。

⑭ 不要修补不好的程序,要重新编写。

（4）输入和输出。

① 对输入数据检验数据的合法性。

② 检查输入项的各种重要组合的合法性。

③ 输入格式要简单,使得输入的步骤和操作尽可能简单。

④ 输入数据时,应允许使用自由格式。

⑤ 应允许缺省值。

⑥ 输入一批数据时,最好使用输入结束标志。

⑦ 在以交互式输入输出方式进行输入时,要在屏幕上使用提示符明确提示输入的请求,同时在数据输入过程中和输入结束时,应在屏幕上给出状态信息。

⑧ 当程序设计语言对输入格式有严格要求时,应保持输入格式与输入语句的一致性;给所有的输出加注释,并设计输出报表格式。

【例题】

(1) 下面描述中,符合结构化程序设计风格的是(A)。

    A. 使用顺序、选择和重复三种基本控制结构表示程序的控制逻辑

    B. 模块只有一个入口,可以有多个出口

    C. 注重提高程序的执行效率

    D. 不使用 goto 语句

【解析】 结构化程序设计方法的四条原则是:

自顶向下。程序设计时,应先考虑总体,后考虑细节;先考虑全局目标,后考虑局部目标。

逐步求精。对复杂问题,应设计一些子目标,作过渡,逐步细节化。

模块化。一个复杂问题,肯定是由若干稍简单的问题构成;解决这个复杂问题的程序,也应对应若干稍简单的问题,将复杂问题分解成若干稍小的部分。限制使用 goto 语句。

2. 结构化程序设计(面向过程的程序设计方法)

(1) 结构化程序设计方法的主要原则可以概括为:自顶向下,逐步求精,模块化,限制使用 goto 语句。

① 自顶向下。程序设计时,应先考虑总体,后考虑细节;先考虑全局目标,后考虑局部目标。不要一开始就过多追求众多的细节,先从最上层总目标开始设计,逐步使问题具体化。

② 逐步求精。对复杂问题,应设计一些子目标作过渡,逐步细化。

③ 模块化。一个复杂问题,肯定是由若干稍简单的问题构成。模块化是把程序要解决的总目标分解为分目标,再进一步分解为具体的小目标,把每个小目标称为一个模块。

④ 限制使用 goto 语句。

(2) 结构化程序的基本结构:顺序结构,选择结构,重复结构。

① 顺序结构。一种简单的程序设计,即按照程序语句行的自然顺序,一条语句一条语句地执行程序,它是最基本、最常用的结构。

② 选择结构。又称分支结构,包括简单选择和多分支选择结构,可根据条件,判断应该选择哪一条分支来执行相应的语句序列。

③ 重复结构。又称循环结构,可根据给定的条件,判断是否需要重复执行某一相同的或类似的程序段。

仅仅使用顺序、选择和循环三种基本控制结构就足以表达各种其他形式结构,从而实现

任何单入口/单出口的程序。

【例题】

（1）结构化程序设计的三种结构是（　D　）。

    A. 顺序结构、选择结构、转移结构　　　　B. 分支结构、等价结构、循环结构

    C. 多分支结构、赋值结构、等价结构　　　D. 顺序结构、选择结构、循环结构

（2）在设计程序时，应采纳的原则之一是（　D　）。

    A. 不限制 goto 语句的使用　　　　　　　B. 减少或取消注释行

    C. 程序越短越好　　　　　　　　　　　D. 程序结构应有助于读者理解

（3）程序设计语言的基本成分是数据成分、运算成分、控制成分和（　D　）。

    A. 对象成分　　　　　B. 变量成分　　　　C. 语句成分　　　　D. 传输成分

（4）结构化程序设计主要强调的是（　D　）。

    A. 程序的规模　　　　　　　　　　　　B. 程序的效率

    C. 程序设计语言的先进性　　　　　　　D. 程序易读性

（5）结构化程序所要求的基本结构不包括（　B　）。

    A. 顺序结构　　　　　　　　　　　　　B. goto 跳转

    C. 选择（分支）结构　　　　　　　　　D. 重复（循环）结构

【解析】 1966 年 Boehm 和 Jacopini 证明了程序设计语言仅仅使用顺序、选择和重复三种基本控制结构就足以表达出各种其他形式结构的程序设计方法。

3. 面向对象的程序设计

客观世界中任何一个事物都可以被看成是一个对象，面向对象方法的本质就是主张从客观世界固有的事物出发来构造系统，提倡人们在现实生活中常用的思维来认识、理解和描述客观事物，强调最终建立的系统能够映射问题域。也就是说，系统中的对象及对象之间的关系能够如实地反映问题域中固有的事物及其关系。

面向对象方法的主要优点如下：

（1）与人类习惯的思维方法一致；

（2）稳定性好；

（3）可重用性好；

（4）易于开发大型软件产品；

（5）可维护性好。

面向对象的程序设计主要考虑的是提高软件的可重用性。

对象是面向对象方法中最基本的概念，可以用来表示客观世界中的任何实体，对象是实体的抽象。面向对象的程序设计方法中的对象是系统中用来描述客观事物的一个实体，是构成系统的一个基本单位，由一组表示其静态特征的属性和它可执行的一组操作组成。对象是属性和方法的封装体。

属性即对象所包含的信息，它在设计对象时确定，一般只能通过执行对象的操作来改变。

操作描述了对象执行的功能，操作也称为方法或服务。操作是对象的动态属性。

一个对象由对象名、属性和操作三部分组成。

对象的基本特点：标识唯一性，分类性，多态性，封装性，模块独立性好。

（1）标识唯一性。指对象是可区分的，并且由对象的内在本质来区分，而不是通过描述来区分。

（2）分类性。指可以将具有相同属性的操作的对象抽象成类。

（3）多态性。指同一个操作可以是不同对象的行为。

（4）封装性。从外面看只能看到对象的外部特性，即只需知道数据的取值范围和可以对该数据施加的操作，根本无须知道数据的具体结构以及实现操作的算法。对象的内部，即处理能力的实行和内部状态，对外是不可见的。从外面不能直接使用对象的处理能力，也不能直接修改其内部状态，对象的内部状态只能由其自身改变。

信息隐蔽是通过对象的封装性来实现的。

（5）模块独立性好。对象是面向对象的软件的基本模块，它是由数据及可以对这些数据施加的操作所组成的统一体，而且对象是以数据为中心的，操作围绕对其数据所需做的处理来设置，没有无关的操作。从模块的独立性考虑，对象内部各种元素彼此结合得很紧密，内聚性强。

类是指具有共同属性、共同方法的对象的集合。所以类是对象的抽象，对象是对应类的一个实例。

消息是一个实例与另一个实例之间传递的信息。消息的组成包括：

（1）接收消息的对象的名称；

（2）消息标识符，也称消息名；

（3）零个或多个参数。

在面向对象方法中，一个对象请求另一个对象为其服务的方式是通过发送消息实现的。

继承是指能够直接获得已有的性质和特征，而不必重复定义它们。继承分单继承和多重继承。单继承指一个类只允许有一个父类，多重继承指一个类允许有多个父类。

类的继承性是类之间共享属性和操作的机制，它提高了软件的可重用性。多态性是指同样的消息被不同的对象接受时可导致完全不同的行动的现象。

【例题】

（1）以下不属于对象的基本特点的是（　C　）。

　　A. 分类性　　　　　B. 多态性　　　　　C. 继承性　　　　　D. 封装性

（2）对象实现了数据和操作的结合，是指对数据和数据的操作进行（　C　）。

　　A. 结合　　　　　B. 隐藏　　　　　C. 封装　　　　　D. 抽象

（3）信息屏蔽的概念与下述哪一种概念直接相关？（　B　）

　　A. 软件结构定义　B. 模块独立性　　C. 模块类型划分　D. 模块耦合度

（4）在面向对象方法中，不属于"对象"基本特点的是（　A　）。

　　A. 一致性　　　　　B. 分类性　　　　　C. 多态性　　　　　D. 标识唯一性

【解析】　对象有如下一些基本特点：标识唯一性、分类性、多态性、封装性、模块独立性好。

（5）面向对象方法中，继承是指（　D　）。

　　A. 一组对象所具有的相似性质　　　　B. 一个对象具有另一个对象的性质

　　C. 各对象之间的共同性质　　　　　　D. 类之间共享属性和操作的机制

【解析】 继承是面向对象的方法的一个主要特征,是使用已有的类的定义作为基础建立新类的定义技术。广义地说,继承是指能够直接获得已有的性质和特征,而不必重复定义它们,所以说继承是指类之间共享属性和操作的机制。

4. 练习题

(1) 结构化程序设计主要强调的是(　　　)。

　　A. 程序的规模　　　　　　　　　　　　B. 程序的易读性
　　C. 程序的执行效率　　　　　　　　　　D. 程序的可移植性

(2) 对建立良好的程序设计风格,下面描述正确的是(　　　)。

　　A. 程序应简单、清晰、可读性好　　　　B. 符号名的命名只要符合语法
　　C. 充分考虑程序的执行效率　　　　　　D. 程序的注释可有可无

(3) 在面向对象方法中,一个对象请求另一对象为其服务的方式是通过发送(　　　)实现的。

　　A. 调用语句　　　　B. 命令　　　　　　C. 口令　　　　　　D. 消息

(4) 信息隐蔽的概念与下述哪一种概念直接相关?(　　　)

　　A. 软件结构定义　　B. 模块独立性　　　C. 模块类型划分　　D. 模块耦合度

(5) 下面对对象概念描述错误的是(　　　)。

　　A. 任何对象都必须有继承性　　　　　　B. 对象是属性和方法的封装体
　　C. 对象间的通信靠消息传递　　　　　　D. 操作是对象的动态属性

(6) 下面描述中,不符合结构化程序设计风格的是(　　　)。

　　A. 使用顺序、选择和重复(循环)三种基本控制结构表示程序的控制逻辑
　　B. 自顶向下
　　C. 注重提高程序的执行效率
　　D. 限制使用 goto 语句

(7) 下面概念中,不属于面向对象方法的是(　　　)。

　　A. 对象、消息　　　B. 继承、多态　　　C. 类、封装　　　　D. 过程调用

C.3　软件工程基础

大纲要求

(1) 软件工程基本概念,软件生命周期概念,软件工具与软件开发环境。

(2) 结构化分析方法,数据流图,数据字典,软件需求规格说明书。

(3) 结构化设计方法,总体设计与详细设计。

(4) 软件测试的方法,白盒测试与黑盒测试,测试用例设计,软件测试的实施,单元测试、集成测试和系统测试。

(5) 程序的调试,静态调试与动态调试。

1. 软件工程基本概念

(1) 软件的相关概念

计算机软件是包括程序、数据及相关文档的完整集合。软件的特点包括：

① 软件是一种逻辑实体，而不是物理实体，具有抽象性；

② 软件的生产与硬件不同，它没有明显的制作过程；

③ 软件在运行、使用期间不存在磨损、老化问题；

④ 软件的开发、运行对计算机系统具有依赖性，受计算机系统的限制，这导致了软件移植的问题；

⑤ 软件复杂性高，成本昂贵；

⑥ 软件开发涉及诸多的社会因素。

（2）软件危机与软件工程

软件工程源自软件危机。所谓软件危机是泛指在计算机软件的开发和维护过程中所遇到的一系列严重问题。具体地说，在软件开发和维护过程中，软件危机主要表现在：

① 软件需求的增长得不到满足。用户对系统不满意的情况经常发生。

② 软件开发成本和进度无法控制。开发成本超出预算，开发周期大大超过规定日期的情况经常发生。

③ 软件质量难以保证。

④ 软件不可维护或维护程度非常低。

⑤ 软件的成本不断提高。

⑥ 软件开发生产率的提高跟不上硬件的发展和应用需求的增长。

总之，可以将软件危机可以归结为成本、质量、生产率等问题。

软件工程是应用于计算机软件的定义、开发和维护的一整套方法、工具、文档、实践标准和工序。软件工程的目的就是要建造一个优良的软件系统，它所包含的内容概括为以下两点：

① 软件开发技术，主要有软件开发方法学、软件工具、软件工程环境。

② 软件工程管理，主要有软件管理、软件工程经济学。

软件工程的主要思想是将工程化原则运用到软件开发过程，它包括三个要素：方法、工具和过程。方法是完成软件工程项目的技术手段；工具是支持软件的开发、管理、文档生成；过程支持软件开发的各个环节的控制、管理。软件工程过程是把输入转化为输出的一组彼此相关的资源和活动。

（3）软件生命周期

软件生命周期：软件产品从提出、实现、使用维护到停止使用退役的过程。软件生命周期分为软件定义、软件开发及软件运行维护三个阶段。

① 软件定义阶段：包括制订计划和需求分析。

制定计划：确定总目标；可行性研究；探讨解决方案；制订开发计划。

需求分析：对待开发软件提出的需求进行分析并给出详细的定义。

② 软件开发阶段：包括软件设计、软件实现和软件测试。

软件设计：分为概要设计和详细设计两个部分。

软件实现：把软件设计转换成计算机可以接受的程序代码。

软件测试：在设计测试用例的基础上检验软件的各个组成部分。

③ 软件运行维护阶段：软件投入运行，并在使用中不断地维护，进行必要的扩充和删

改。软件生命周期中所花费最多的阶段是软件运行维护阶段。

（4）软件工程的目标与原则

① 软件工程目标：在给定成本、进度的前提下，开发出具有有效性、可靠性、可理解性、可维护性、可重用性、可适应性、可移植性、可追踪性和可互操作性且满足用户需求的产品。

② 软件工程需要达到的基本目标应是：付出较低的开发成本；达到要求的软件功能；取得较好的软件性能；开发的软件易于移植；需要较低的维护费用；能按时完成开发，及时交付使用。

③ 软件工程原则：抽象、信息隐蔽、模块化、局部化、确定性、一致性、完备性和可验证性。

a. 抽象：抽象是事物最基本的特性和行为，忽略非本质细节，采用分层次抽象，自顶向下，逐层细化的办法控制软件开发过程的复杂性。

b. 信息隐蔽：采用封装技术，将程序模块的实现细节隐蔽起来，使模块接口尽量简单。

c. 模块化：模块是程序中相对独立的成分，一个独立的编程单位，应有良好的接口定义。模块的大小要适中，模块过大会使模块内部的复杂性增加，不利于模块的理解和修改，也不利于模块的调试和重用；模块太小会导致整个系统表示过于复杂，不利于控制系统的复杂性。

d. 局部化：保证模块间具有松散的耦合关系，模块内部有较强的内聚性。

e. 确定性：软件开发过程中所有概念的表达应是确定、无歧义且规范的。

f. 一致性：程序内外部接口应保持一致，系统规格说明与系统行为应保持一致。

g. 完备性：软件系统不丢失任何重要成分，完全实现系统所需的功能。

h. 可验证性：应遵循容易检查、测评、评审的原则，以确保系统的正确性。

（5）软件开发工具与软件开发环境

① 软件开发工具

软件开发工具的完善和发展将促使软件开发方法的进步和完善，促进软件开发的高速度和高质量。软件开发工具的发展是从单项工具的开发逐步向集成工具发展的，软件开发工具为软件工程方法提供了自动的或半自动的软件支撑环境。同时，软件开发方法的有效应用也必须得到相应工具的支持，否则方法将难以有效地实施。

② 软件开发环境

软件开发环境（或称软件工程环境）是全面支持软件开发全过程的软件工具集合。

计算机辅助软件工程（Computer Aided Software Engineering，CASE）将各种软件工具、开发机器和一个存放开发过程信息的中心数据库组合起来，形成软件工程环境。它将极大降低软件开发的技术难度并保证软件开发的质量。

【例题】

（1）软件生命周期中所花费用最多的阶段是（　D　）

    A. 详细设计　　　　B. 软件编码　　　　C. 软件测试　　　　D. 软件维护

（2）下列不属于软件工程的三个要素的是（　D　）

    A. 工具　　　　　　B. 过程　　　　　　C. 方法　　　　　　D. 环境

（3）下面不属于软件设计原则的是（　C　）

    A. 抽象　　　　　　B. 模块化　　　　　C. 自底向上　　　　D. 信息隐蔽

（4）开发大型软件时，产生困难的根本原因是（　A　）

    A．大系统的复杂性   B．人员知识不足

    C．客观世界千变万化   D．时间紧、任务重

（5）软件工程的出现是由于（　C　）

    A．程序设计方法学的影响   B．软件产业化的需要

    C．软件危机的出现   D．计算机的发展

（6）软件生命周期是指（　A　）

    A．软件产品从提出、实现、使用维护到停止使用退役的过程

    B．软件从需求分析、设计、实现到测试完成的过程

    C．软件的开发过程

    D．软件的运行维护过程

【解析】　通常，将软件产品从提出、实现、使用维护到停止使用退役的过程称为软件生命周期。也就是说，软件产品从考虑其概念开始，到该软件产品不能使用为止的整个时期都属于软件生命周期。

（7）下面描述中，不属于软件危机表现的是（　A　）。

    A．软件过程不规范   B．软件开发生产率低

    C．软件质量难以控制   D．软件成本不断提高

【解析】　软件危机主要表现在：软件需求的增长得不到满足；软件开发成本和进度无法控制；软件质量难以保证；软件不可维护或维护程度非常低；软件的成本不断提高；软件开发生产率的提高赶不上硬件的发展和应用需求的增长。

（8）软件生命周期中，能准确地确定软件系统必须做什么和必须具备哪些功能的阶段是（　D　）。

    A．概要设计   B．软件设计

    C．可行性研究和计划制订   D．需求分析

【解析】　通常，将软件产品从提出、实现、使用维护到停止使用退役的过程称为软件生命周期。也就是说，软件产品从考虑其概念开始，到该软件产品不能使用为止的整个时期都属于软件生命周期。软件生命周期的主要活动阶段为：

可行性研究和计划制订。确定待开发软件系统的开发目标和总的要求，给出它的功能、性能、可靠性以及接口等方面的可能方案，制订完成开发任务的实施计划。

需求分析。对待开发软件提出的需求进行分析并给出详细定义，即准确地确定软件系统的功能。编写软件规格说明书及初步的用户手册，提交评审。

软件设计。系统设计人员和程序设计人员应该在反复理解软件需求的基础上，给出软件的结构、模块的划分、功能的分配以及处理流程。

软件实现。把软件设计转换成计算机可以接受的程序代码。即完成源程序的编码，编写用户手册、操作手册等面向用户的文档，编写单元测试计划。

软件测试。在设计测试用例的基础上，检验软件的各个组成部分。编写测试分析报告。

运行和维护。将已交付的软件投入运行，并在运行使用中不断地维护，根据新提出的需求进行必要而且可能的扩充和删改。

2. 结构化分析方法

结构化方法的核心和基础是结构化程序设计理论。

（1）需求分析

需求分析方法有：

① 结构化需求分析方法；

② 面向对象的分析方法。

需求分析的任务就是导出目标系统的逻辑模型，解决"做什么"的问题。需求分析一般分为需求获取、需求分析、编写需求规格说明书和需求评审 4 个步骤进行。

（2）结构化分析方法

结构化分析方法是结构化程序设计理论在软件需求分析阶段的应用。

结构化分析方法的实质：着眼于数据流，自顶向下，逐层分解，建立系统的处理流程，以数据流图和数据字典为主要工具，建立系统的逻辑模型。（　　　）

结构化分析的常用工具：①数据流图（DFD）；②数据字典（DD）；③判定树；④判定表。

数据流图以图形的方式描绘数据在系统中流动和处理的过程，它反映了系统必须完成的逻辑功能，是结构化分析方法中用于表示系统逻辑模型的一种工具。

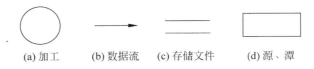

(a) 加工　　　(b) 数据流　　　(c) 存储文件　　　(d) 源、潭

附图 C-5　数据流图的基本图形元素

附图 C-5 是数据流图的基本图形元素：

- 加工（转换）：输入数据经加工变换产生输出。
- 数据流：沿箭头方向传送数据的通道，一般在旁边标注数据流名。
- 存储文件（数据源）：表示处理过程中存放各种数据的文件。
- 源、潭：表示系统和环境的接口，属系统之外的实体。

画数据流图的基本步骤为：自外向内、自顶向下、逐层细化、完善求精。

附图 C-6 是一个数据流图的示例。

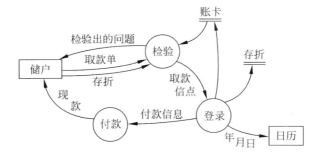

附图 C-6　数据流图的示例

数据字典：对所有与系统相关的数据元素的一个有组织的列表，以及精确的、严格的定义，使得用户和系统分析员对于输入、输出、存储成分和中间计算结果有共同的理解。

数据字典的作用是对数据流图中出现的被命名的图形元素的确切解释。

数据字典是结构化分析方法的核心。

（3）软件需求规格说明书（SRS）

软件需求规格说明书是需求分析阶段的最后成果，通过建立完整的信息描述、详细的功能和行为描述、性能需求和设计约束的说明、合适的验收标准，给出对目标软件的各种需求。

【例题】

（1）数据流图用于抽象描述一个软件的逻辑模型，数据流图由一些特定的图符构成。下列图符名标识的图符不属于数据流图合法图符的是（　A　）。

    A. 控制流　　　　　　　　B. 加工　　　　　　　C. 数据存储　　　　　D. 源和流

（2）在数据流图（DFD）中，带有名字的箭头表示（　D　）。

    A. 模块之间的调用关系　　　　　　　　B. 程序的组成成分

    C. 控制程序的执行顺序　　　　　　　　D. 数据的流向

（3）下列不属于结构化分析的常用工具的是（　D　）。

    A. 数据流图　　　　B. 数据字典　　　　C. 判定树　　　　　D. PAD 图

（4）下列工具不是需求分析常用工具的是（　D　）

    A. PAD　　　　　　B. PFD　　　　　　C. N-S　　　　　　D. DFD

（5）在软件开发中，需求分析阶段可以使用的工具是（　B　）。

    A. N-S 图　　　　　B. DFD 图　　　　　C. PAD 图　　　　D. 程序流程图

【解析】　在需求分析阶段可以使用的工具有数据流图 DFD 图，数据字典 DD，判定树与判定表。

（6）下面不属于需求分析阶段任务的是（　D　）。

    A. 确定软件系统的功能需求　　　　　　B. 确定软件系统的性能需求

    C. 需求规格说明书评审　　　　　　　　D. 制订软件集成测试计划

【解析】　需求分析阶段的工作有：需求获取；需求分析；编写需求规格说明书；需求评审，所以选择 D。

（7）数据流图由一些特定的图符构成。下列图符名标识的图符不属于数据流图合法图符的是（　B　）。

    A. 加工　　　　　　B. 控制流　　　　　C. 数据存储　　　　D. 数据流

【解析】　数据流图从数据传递和加工的角度来刻画数据流从输入到输出的移动变换过程。数据流图中的主要图形元素有：加工（转换）、数据流、存储文件（数据源）等。

3. 结构化设计方法

（1）软件设计的基础

需求分析主要解决"做什么"的问题，而软件设计主要解决"怎么做"的问题。

从技术观点来看，软件设计包括软件结构设计、数据设计、接口设计、过程设计。

- 结构设计：定义软件系统各主要部件之间的关系。
- 数据设计：将分析时创建的模型转化为数据结构的定义。

- 接口设计：描述软件内部、软件和协作系统之间以及软件与人之间如何通信。
- 过程设计：把系统结构部件转换成软件的过程性描述。

从工程角度来看，软件设计分两步完成，即概要设计和详细设计。

- 概要设计：又称结构设计，将软件需求转化为软件体系结构，确定系统级接口、全局数据结构或数据库模式。
- 详细设计：确定每个模块的实现算法和局部数据结构，用适当方法表示算法和数据结构的细节。

软件设计的基本原理包括：抽象、模块化、信息隐蔽和模块独立性。

① 抽象。抽象是一种思维工具，就是把事物本质的共同特性提取出来而不考虑其他细节。

② 模块化。解决一个复杂问题时自顶向下逐步把软件系统划分成一个个较小的、相对独立但又不相互关联的模块的过程。

③ 信息隐蔽。每个模块的实施细节对于其他模块来说是隐蔽的。

④ 模块独立性。软件系统中每个模块只涉及软件要求的具体的子功能，而和软件系统中其他的模块的接口是简单的。

模块分解的主要指导思想是信息隐蔽和模块独立性。

模块的耦合性和内聚性是衡量软件的模块独立性的两个定性指标。

内聚性：是一个模块内部各个元素间彼此结合的紧密程度的度量。

按内聚性由弱到强排列，内聚可以分为以下几种：偶然内聚、逻辑内聚、时间内聚、过程内聚、通信内聚、顺序内聚及功能内聚。

耦合性：是模块间互相连接的紧密程度的度量。

按耦合性由高到低排列，耦合可以分为以下几种：内容耦合、公共耦合、外部耦合、控制耦合、标记耦合、数据耦合以及非直接耦合。

一个设计良好的软件系统应具有高内聚、低耦合的特征。

在结构化程序设计中，模块划分的原则是：模块内具有高内聚度，模块间具有低耦合度。

（2）总体设计（概要设计）和详细设计

① 总体设计（概要设计）

软件概要设计的基本任务是：

a. 设计软件系统结构；

b. 数据结构及数据库设计；

x. 编写概要设计文档；

d. 概要设计文档评审。

常用的软件结构设计工具是结构图，也称程序结构图。程序结构图的基本图符：模块用一个矩形表示，箭头表示模块间的调用关系。在结构图中还可以用带注释的箭头表示模块调用过程中来回传递的信息。还可用带实心圆的箭头表示传递的是控制信息，空心圆箭心表示传递的是数据信息。如附图 C-7 所示。

经常使用的结构图有 4 种模块类型：传入模块、传出模块、变换模块和协调模块。其表示形式如附图 C-8 所示。

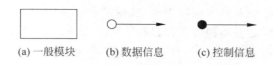

(a) 一般模块　　　(b) 数据信息　　　(c) 控制信息

附图 C-7　程序结构图的基本图符

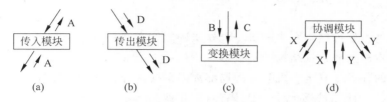

(a)　　　　　　(b)　　　　　　(c)　　　　　　(d)

附图 C-8　程序结构图的 4 种模块类型

它们的含义分别如下。

- 传入模块：从下属模块取得数据，经处理再将其传送给上级模块。
- 传出模块：从上级模块取得数据，经处理再将其传送给下属模块。
- 变换模块：从上级模块取得数据，进行特定的处理，转换成其他形式，再传送给上级模块。
- 协调模块：对所有下属模块进行协调和管理的模块。

程序结构图的例图（附图 C-9）及有关术语列举如下。

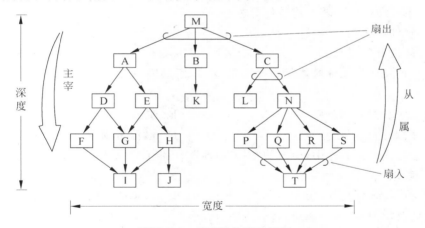

附图 C-9　程序结构图的例图

- 深度：表示控制的层数。
- 上级模块、从属模块：上、下两层模块 a 和 b，且有 a 调用 b，则 a 是上级模块，b 是从属模块。
- 宽度：整体控制跨度（最大模块数的层）的表示。
- 扇入：调用一个给定模块的模块个数。
- 扇出：一个模块直接调用的其他模块数。
- 原子模块：树中位于叶子结点的模块。

面向数据流的设计方法定义了一些不同的映射方法，利用这些方法可以把数据流图变换成结构图表示软件的结构。

全国计算机等级考试基础知识

数据流的类型：大体可以分为两种类型，变换型和事务型。

变换型：变换型数据处理问题的工作过程大致分为三步，即取得数据、变换数据和输出数据。变换型系统结构图由输入、中心变换、输出三部分组成。

事务型：事务型数据处理问题的工作机理是接受一项事务，根据事务处理的特点和性质，选择分派一个适当的处理单元，然后给出结果。

（2）详细设计

详细设计是为软件结构图中的每一个模块确定实现算法和局部数据结构，用某种选定的表达工具表示算法和数据结构的细节。

详细设计的任务是确定实现算法和局部数据结构，不同于编码或编程。

常用的过程设计（即详细设计）工具有以下几种：

图形工具：程序流程图、N-S（方盒图）、PAD（问题分析图）和 HIPO（层次图＋输入/处理/输出图）。

表格工具：判定表。

语言工具：PDL（伪码）

【例题】

（1）软件设计包括软件的结构、数据接口和过程设计，其中软件的过程设计是指（ B ）。

    A. 模块间的关系

    B. 系统结构部件转换成软件的过程描述

    C. 软件层次结构

    D. 软件开发过程

（2）模块独立性是软件模块化所提出的要求，衡量模块独立性的度量标准则是模块的（ C ）。

    A. 抽象和信息隐蔽   B. 局部化和封装化

    C. 内聚性和耦合性   D. 激活机制和控制方法

（3）在结构化设计方法中，生成的结构图（SC）中，带有箭头的连线表示（ A ）。

    A. 模块之间的调用关系   B. 程序的组成成分

    C. 控制程序的执行顺序   D. 数据的流向

（4）下列选项中，不属于模块间耦合的是（ C ）。

    A. 数据耦合   B. 同构耦合   C. 异构耦合   D. 公用耦合

（5）下面描述中错误的是（ A ）。

    A. 系统总体结构图支持软件系统的详细设计

    B. 软件设计是将软件需求转换为软件表示的过程

    C. 数据结构与数据库设计是软件设计的任务之一

    D. PAD 图是软件详细设计的表示工具

【解析】 详细设计的任务是为软件结构图中而非总体结构图中的每一个模块确定实现算法和局部数据结构，用某种选定的表达工具表示算法和数据结构的细节。

（6）在软件设计中不使用的工具是（ C ）。

    A. 系统结构图   B. PAD 图

C. 数据流图(DFD 图)   D. 程序流程图

【解析】 系统结构图是对软件系统结构的总体设计的图形显示。在需求分析阶段,已经从系统开发的角度出发,把系统按功能逐次分隔成层次结构,是在概要设计阶段用到的。PAD 图是在详细设计阶段用到的。程序流程图是对程序流程的图形表示,在详细设计过程中用到。数据流图是结构化分析方法中使用的工具,它以图形的方式描绘数据在系统中流动和处理的过程,由于它只反映系统必须完成的逻辑功能,所以它是一种功能模型,是在可行性研究阶段用到的而非软件设计时用到的,所以选择 C。

4. 软件测试

(1) 软件测试定义:使用人工或自动手段来运行或测定某个系统的过程,其目的在于检验它是否满足规定的需求或是弄清预期结果与实际结果之间的差别。

软件测试的目的:尽可能地多发现程序中的错误,不能也不可能证明程序没有错误。软件测试的关键是设计测试用例,一个好的测试用例能找到迄今为止尚未发现的错误。

(2) 软件测试方法:静态测试和动态测试。

- 静态测试:包括代码检查、静态结构分析、代码质量度量。不实际运行软件,主要通过人工进行。
- 动态测试:是基于计算机的测试,主要包括白盒测试方法和黑盒测试方法。

① 白盒测试

白盒测试方法也称为结构测试或逻辑驱动测试。它是根据软件产品的内部工作过程,检查内部成分,以确认每种内部操作符合设计规格要求。

白盒测试的基本原则:保证所测模块中每一独立路径至少执行一次;保证所测模块所有判断的每一分支至少执行一次;保证所测模块每一循环都在边界条件和一般条件下至少各执行一次;验证所有内部数据结构的有效性。

白盒测试法的测试用例是根据程序的内部逻辑来设计的,主要用软件的单元测试,主要方法有逻辑覆盖、基本路径测试等。

逻辑覆盖:逻辑覆盖泛指一系列以程序内部的逻辑结构为基础的测试用例设计技术。通常程序中的逻辑表示有判断、分支、条件等几种表示方法。

语句覆盖:选择足够的测试用例,使得程序中每一个语句至少都能被执行一次。

路径覆盖:执行足够的测试用例,使程序中所有的可能的路径都至少经历一次。

判定覆盖:使设计的测试用例保证程序中每个判断的每个取值分支(T 或 F)至少经历一次。

条件覆盖:设计的测试用例保证程序中每个判断的每个条件的可能取值至少执行一次。

判断-条件覆盖:设计足够的测试用例,使判断中每个条件的所有可能取值至少执行一次,同时每个判断的所有可能取值分支至少执行一次。

逻辑覆盖的强度依次是:语句覆盖＜路径覆盖＜判定覆盖＜条件覆盖＜判断-条件覆盖。

基本路径测试:其思想和步骤是:根据软件过程性描述中的控制流程确定程序的环路复杂性度量,用此度量定义基本路径集合,并由此导出一组测试用例,对每一条独立执行路

343

径进行测试。

② 黑盒测试

黑盒测试方法也称为功能测试或数据驱动测试。黑盒测试是对软件已经实现的功能是否满足需求进行测试和验证。

黑盒测试主要诊断功能不对或遗漏、接口错误、数据结构或外部数据库访问错误、性能错误、初始化和终止条件错误。

黑盒测试不关心程序内部的逻辑，只是根据程序的功能说明来设计测试用例，主要方法有等价类划分法、边界值分析法、错误推测法等，主要用于软件的确认测试。

价类划分法：这是一种典型的黑盒测试方法，它是将程序的所有可能的输入数据划分成若干部分（及若干等价类），然后从每个等价类中选取数据作为测试用例。

边界值分析法：它是对各种输入、输出范围的边界情况设计测试用例的方法。

错误推测法：人们可以靠经验和直觉推测程序中可能存在的各种错误，从而有针对性地编写检查这些错误的用例。

（3）软件测试过程一般按 4 个步骤进行：单元测试、集成测试、确认测试和系统测试。

① 单元测试

单元测试是对软件设计的最小单位——模块（程序单元）进行正确性检测的测试，目的是发现各模块内部可能存在的各种错误。

单元测试根据程序的内部结构来设计测试用例，其依据是详细设计说明书和源程序。单元测试的技术可以采用静态分析和动态测试。对动态测试通常以白盒测试为主，辅之以黑盒测试。

单元测试的内容包括：模块接口测试、局部数据结构测试、错误处理测试和边界测试。

在进行单元测试时，要用一些辅助模块去模拟与被测模块相联系的其他模块，即为被测模块设计搭建驱动模块和桩模块。其中，驱动模块相当于被测模块的主程序，它接收测试数据，并传给被测模块，输出实际测试结果；而桩模块是模拟其他被调用模块，不必将子模块的所有功能带入。

② 集成测试

集成测试是测试和组装软件的过程，它是把模块在按照设计要求组装起来的同时进行测试，主要目的是发现与接口有关的错误。

集成测试的依据是概要设计说明书。

集成测试所涉及的内容包括：软件单元的接口测试、全局数据结构测试、边界条件和非法输入的测试等。

集成测试通常采用两种方式：非增量方式组装与增量方式组装。

非增量方式组装：也称为一次性组装方式。首先对每个模块分别进行模块测试，然后再把所有模块组装在一起进行测试，最终得到要求的软件系统。

增量方式组装：又称渐增式集成方式。首先对一个个模块进行模块测试，然后将这些模块逐步组装成较大的系统，在组装的过程中边连接边测试，以发现连接过程中产生的问题。最后通过增值逐步组装成要求的软件系统。增量方式组装又包括自顶向下、自底向上、自顶向下与自底向上相结合等三种方式。

③ 确认测试

确认测试的任务是验证软件的有效性,即验证软件的功能和性能及其他特性是否与用户的要求一致。

确认测试的主要依据是软件需求规格说明书。

确认测试主要运用黑盒测试法。

④ 系统测试

系统测试的目的在于通过与系统的需求定义进行比较,发现软件与系统定义不符合或与之矛盾的地方。

系统测试的测试用例应根据需求分析规格说明来设计,并在实际使用环境下来运行。

系统测试的具体实施一般包括:功能测试、性能测试、操作测试、配置测试、外部接口测试、安全性测试等。

5. 程序的调试

程序调试的任务是诊断和改正程序中的错误,主要在开发阶段进行,调试程序应该由编制源程序的程序员来完成。

程序调试的基本步骤:①错误定位;②纠正错误;③回归测试。

软件调试后要进行回归测试,防止引进新的错误。

软件调试可分为静态调试和动态调试。静态调试主要是指通过人的思维来分析源程序代码和排错,是主要的调试手段,而动态调试是辅助静态调试。

对软件主要的调试方法可以采用:

(1) 强行排错法。主要方法有:通过内存全部打印来排错;在程序特定部位设置打印语句;自动调试工具。

(2) 回溯法。发现了错误,分析错误征兆,确定发现"症状"的位置。一般用于小程序。

(3) 原因排除法。是通过演绎、归纳和二分法来实现的。

① 演绎法。根据已有的测试用例,设想及枚举出所有可能出错的原因作为假设;然后再用原始测试数据或新的测试,从中逐个排除不可能正确的假设;最后,再用测试数据验证余下的假设确定出错的原因。

② 归纳法。从错误征兆着手,通过分析它们之间的关系来找出错误。大致分 4 步:收集有关的数据;组织数据;提出假设;证明假设。

③ 二分法。在程序的关键点给变量赋正确值,然后运行程序并检查程序的输出。如果输出结果正确,则错误原因在程序的前半部分;反之,错误原因在程序的后半部分。

【例题】

(1) 下列叙述中,不属于测试的特征是(C)。

    A. 测试的挑剔性　　　　　　　　　　B. 完全测试的不可能性

    C. 测试的可靠性　　　　　　　　　　D. 测试的经济性

(2) 在软件工程中,白盒测试法可用于测试程序的内部结构。此方法将程序看做是(A)。

    A. 路径的集合　　　B. 循环的集合　　　C. 目标的集合　　　D. 地址的集合

(3) 完全不考虑程序的内部结构和内部特征,而只是根据程序功能导出测试用例的测试方法是(　A　)。

    A. 黑箱测试法　　　　B. 白箱测试法　　　　C. 错误推测法　　　　D. 安装测试法

(4) 检查软件产品是否符合需求定义的过程称为(　A　)。

    A. 确认测试　　　　B. 集成测试　　　　C. 验证测试　　　　D. 验收测试

(5) 在黑盒测试方法中,设计测试用例的主要根据是(　B　)。

    A. 程序内部逻辑　　B. 程序外部功能　　C. 程序数据结构　　D. 程序流程图

【解析】 黑盒测试是对软件已经实现的功能是否满足需求进行测试和验证,黑盒测试完全不考虑程序内部的逻辑结构和内部特性,只根据程序的需求和功能规格说明,检查程序的功能是否符合它的功能说明。

6. 练习题

(1) 在软件生命周期中,能准确地确定软件系统必须做什么和必须具备哪些功能的阶段是(　　　)。

    A. 概要设计　　　　B. 详细设计　　　　C. 可行性研究　　　　D. 需求分析

(2) 下面不属于软件工程的三要素的是(　　　)。

    A. 工具　　　　　　B. 过程　　　　　　C. 方法　　　　　　D. 环境

(3) 检查软件产品是否符合需求定义的过程称为(　　　)。

    A. 确认测试　　　　B. 集成测试　　　　C. 验证测试　　　　D. 验收测试

(4) 数据流图用于抽象描述一个软件的逻辑模型,数据流图由一些特定的图符构成。下列图符名标识的图符不属于数据流图合法图符的是(　　　)。

    A. 控制流　　　　　B. 加工　　　　　　C. 数据存储　　　　D. 源和潭

(5) 下面不属于软件设计原则的是(　　　)。

    A. 抽象　　　　　　B. 模块化　　　　　C. 自底向上　　　　D. 信息隐蔽

(6) 程序流程图(PFD)中的箭头代表的是(　　　)。

    A. 数据流　　　　　B. 控制流　　　　　C. 调用关系　　　　D. 组成关系

(7) 下列工具中不属于需求分析的常用工具的是(　　　)。

    A. PAD　　　　　　B. PFD　　　　　　C. N-S　　　　　　D. DFD

(8) 在结构化方法中,软件功能分解属于下列软件开发中的阶段是(　　　)。

    A. 详细设计　　　　B. 需求分析　　　　C. 总体设计　　　　D. 编程调试

(9) 软件调试的目的是(　　　)。

    A. 发现错误　　　　　　　　　　　B. 改正错误

    C. 改善软件的性能　　　　　　　　D. 挖掘软件的潜能

(10) 软件需求分析阶段的工作,可以分 4 四个方面:需求获取,需求分析,编写需求规格说明书,以及(　　　)。

    A. 阶段性报告　　B. 需求评审　　　C. 总结　　　　　D. 都不正确

参 考 文 献

[1] 刘卫国. Visual FoxPro 程序设计教程. 北京：北京邮电大学出版社,2003.

[2] 陈娟,刘海莎,彭琛,唐自航. Visual FoxPro 程序设计教程. 北京：人民邮电大学出版社,2009.

[3] 袁九惕,彭小宁. Visual FoxPro 程序设计教程. 长沙：湖南教育出版社,2004.

[4] 教育部考试中心. 全国计算机等级考试二级教程：Visual FoxPro 数据库程序设计. 北京：高等教育出版社,2007.

[5] 廖明潮,唐谦,崔洪芳. Visual FoxPro 及其应用. 武汉：华中科技大学出版社 2006.

[6] 梁锐城. Visual FoxPro 程序设计教程. 北京：人民邮电大学出版社,2011.

[7] 李人贤. 任务驱动式 Visual FoxPro 实用教程. 北京：清华大学出版社,2010.

[8] 姜桂洪,孙芳,张慧. Visual FoxPro 数据库基础教程. 北京：清华大学出版社,2010.